PUHUA BOOKS

我
们
一
起
解
决
问
题

45 Techniques Every
Counselor Should Know

Third Edition

这就是心理咨询

全球心理咨询师都在用的
45项技术

（第3版）

[美] 布拉德利·T.埃尔福特（Bradley T. Erford）◎著

谢丽丽　田　丽◎译

人民邮电出版社
北　京

图书在版编目（CIP）数据

这就是心理咨询 ：全球心理咨询师都在用的45项技术：第3版 /（美）布拉德利·T. 埃尔福特（Bradley T. Erford）著 ；谢丽丽，田丽译. -- 北京：人民邮电出版社，2024.4
ISBN 978-7-115-63638-6

Ⅰ. ①这… Ⅱ. ①布… ②谢… ③田… Ⅲ. ①心理咨询 Ⅳ. ①B849.1

中国国家版本馆CIP数据核字(2024)第021051号

内 容 提 要

出色的咨询技术能促成咨询目标的有效达成，为来访者带来建设性的改变。

本书介绍了咨询师常用的45项技术，所有咨询技术本质上都是整合性的，根据各个主流理论，这些技术被划分为焦点解决短期咨询、阿德勒学说或心理动力学、格式塔和心理剧、正念、人本现象学、认知行为理论、社会学习理论等11大类别。每项技术都以统一的形式呈现：介绍技术起源、实施技术的步骤或程序、技术的变式、相关案例、技术的有效性及评价，此外，每章都新增了技术的应用。第3版新增了正念冥想法、叙事疗法、基于优势法、来访者支持法等新兴咨询技术；还增加了布置任务法，其与阅读疗法和日记疗法共同组成了咨询会谈之外的技术。在保留经典文献的基础上，第3版更新了大量的参考文献，其中50%以上发表于2000年之后，便于读者与时俱进地更新自己的知识体系。

本书可以作为心理咨询领域学习者的参考书和从业者的案头书。无论是正在接受培训的新手咨询师，还是具有高超的沟通技巧、熟悉丰富的理论方法的成熟咨询师，都可以从本书中受益。

◆ 著　[美]布拉德利·T. 埃尔福特（Bradley T. Erford）
　　译　谢丽丽　田 丽
　　责任编辑　田　甜
　　责任印制　彭志环

◆ 人民邮电出版社出版发行　北京市丰台区成寿寺路 11 号
　邮编 100164　电子邮件 315@ptpress.com.cn
　网址 https://www.ptpress.com.cn
　北京天宇星印刷厂印刷

◆ 开本：787×1092　1/16
　印张：26.25　　　　　　　　2024 年 4 月第 1 版
　字数：450 千字　　　　　　2025 年 6 月北京第 6 次印刷

著作权合同登记号　图字：01-2022-3855 号

定　价：128.00 元
读者服务热线：（010）81055656　印装质量热线：（010）81055316
反盗版热线：（010）81055315

本书赞誉

心理咨询的过程是咨询师跟随来访者，一路陪伴、一路共情地走下去，是心灵互动的艺术。心理咨询师需要掌握的具体操作技术，请阅读《这就是心理咨询》这本书。

丛中

北京大学第六医院主任医师、精神医学博士

北京大学临床心理中心副主任

中国心理卫生协会精神分析专业委员会常务理事

在咨询领域，人们常说，心理咨询是一门科学，也是一门艺术。其中理论的学习是科学的主要体现，而在实践理论的过程中，如何使用技术则是艺术的体现。谢丽丽老师翻译的《这就是心理咨询》一书，给了学习者一个可以将科学与艺术结合起来的工具。该书既有理论阐述，又有具体的实践方法，非常利于新手咨询师有效地掌握方法，也可以启发心理咨询师在实施干预时创造性地应用于自己的个案。该书是非常有实用价值的应用指南。

侯志瑾

北京师范大学心理学部教授、博士生导师

中国心理学会临床与咨询心理学专业委员会委员

国际应用心理学会咨询专业委员会主席

社会各界对心理健康问题的关注与日俱增，心理咨询自然而然地站到了台前。尴尬的是，不明就里的一般大众往往捕风捉影地认为心理咨询不过是聊聊天而已，甚至涌现了不计其数形形色色的热心"咨询师"。殊不知，心理咨询背后有着林林总总的理论基础，以及需要经年累月不断精进的专业技能。经验丰富的谢丽丽老师翻译的《这就是心理咨询》

一书，系统、全面地解析了心理咨询中的理论立场与技术路径，既可帮助一般大众对心理咨询形成科学认识，也可为专业人士从业素养的提升助一臂之力。

雷雳

中国人民大学教育学院二级教授、博士生导师

中国心理学会认定心理学家

本书涵盖了当今咨询师需要掌握的主要理论知识与基本技能，利用咨询师与来访者间的对话展示了每项咨询技术在实际案例中的使用过程，非常实用。建议每位新手咨询师阅读。同时，即便掌握了各项咨询技术的资深咨询师，也能从本书中收获新的见解和技术的提升。

王建平

北京师范大学二级教授

中国心理卫生协会认知行为治疗专业委员会副主任委员

国家越来越重视心理工作，提出了"社会心理服务体系建设"的国家政策。社会心理服务遇到的最大问题是人才的缺乏，虽然我国心理学专业毕业生数量不少，但目前看社会心理服务工作的核心力量还是获得学历外培训的心理咨询工作者，他们急需提升实践技能，高校心理学专业的学生也有这样的需求。《这就是心理咨询》一书是给这类从业人员的福音，可以帮助他们尽快找到适合自己的技术，不断提升自己。在这个意义上，这本书将极大地助力社会心理服务体系建设。

王俊秀

中国社会科学院社会心理学研究中心主任、研究员、博士生导师

中国社会心理学会副会长

本书第3版更新和修订了很多内容，新增了5项咨询技术。整合性的心理咨询与治疗，不仅要求咨询师具备整合不同流派的理论和技术的能力，还要能灵活、恰当地运用各种技术，更要能适时地精进自己的技能。而这本书能满足所有咨询师的这三个需求，案头必备，常翻常新。

伍新春

北京师范大学心理学部教授

中国心理学会临床与咨询心理学专业委员会主任

总序
构建基于胜任力模型的咨询师培养体系

樊富珉

近期，人民邮电出版社旗下的普华心理准备引进和出版一套"心理咨询与心理治疗精选书系"，邀请我作序。我看了这套书系所列书目，非常兴奋，也非常认同，符合心理咨询与心理治疗专业人才培养的要求，相信这套书系的出版能够为国内心理咨询师、心理治疗师，以及准备进入这个专业领域的后备人才提供重要的学习参考，所以，我欣然应允为书系的出版写序。

心理咨询与心理治疗专业人才培养是我的主要研究方向之一，也是我近年来最关心、最投入的研究和探索领域。在30多年的心理咨询的教学、研究、实践以及人才培养工作中，我深知国内在这个专业领域发展中的困难和瓶颈。

习近平总书记在全国卫生与健康大会上的讲话中指出，要加大心理健康问题基础性研究，做好心理健康知识和心理疾病科普工作，规范发展心理治疗、心理咨询等心理健康服务。在我看来，规范发展心理咨询与心理治疗服务最重要的因素是要有一批靠谱的、具有基本胜任力的心理咨询师与心理治疗师，以及规范的行业入门及行业监管制度。目前，国内心理咨询师的数量、质量，以及行业管理都与社会大众急需的心理健康服务的要求及规模有很大的差距。中国太需要建立一个专业的、规范的心理咨询师与心理治疗师培养体系，从而培养出合格的、规范的、有专业胜任力的、大众信任的专业人才。

心理咨询与心理治疗是要求很高的专业工作，专业人才的培养是有规律可循的。在国外，成为一名专业的心理咨询师或心理治疗师需要几千小时的专业培训和临床实习，需要花费几年到十几年系统的、规范的训练和养成。20多年前，由于缺乏临床与咨询心理学方向的学历教育，我国高校研究生层次培养的心理咨询与心理治疗专业人才少之又少。2001

年，人力资源和社会保障部颁布了《心理咨询师国家职业标准》，2002 年，心理咨询师国家职业资格项目正式启动。这个项目启动的积极意义在于心理咨询首次成为国家认可的职业，推动了国民对心理健康服务的认识和了解。但由于培训入门标准低、培训时间短、培训方式不规范、缺乏实习和督导，并且缺乏后续行业管理，该项考试已于 2017 年停止了。2002 年开始，国家卫生健康委员会在医疗系统内开展了心理治疗师初级和中级职称考试，现在还在进行中，但数量与质量亟待提升。

随着大众对心理健康服务需求的日益强烈，心理健康服务越来越受到国家、社会的关注，培养有专业胜任力的心理咨询与心理治疗专业人才的工作越来越被重视。为了加强心理健康专业人才的培养，国家卫生健康委员会、中宣部等 22 个部门联合印发了《关于加强心理健康服务的指导意见》，文件指出："教育部门要加大应用型心理健康专业人才培养力度，完善临床与咨询心理学、应用心理学等相关专业的学科建设，逐步形成学历教育、毕业后教育、继续教育相结合的心理健康专业人才培养制度。鼓励有条件的高等院校开设临床与咨询心理学相关专业，建设一批实践教学基地，探索符合我国特色的人才培养模式和教学方法。"北京师范大学心理学部为响应社会需要，专门成立了临床与咨询心理学院，探索和构建了以胜任力培养为目标的心理咨询师与心理治疗师培养体系。

胜任力是指影响一个人大部分工作、学习、角色及职责的相关知识、技能和态度，它与工作绩效紧密相连，可被测量，而且可以通过教育与培训加以改善和提高。心理咨询师与心理治疗师的胜任力是指在经过专业的教育、实践、督导、研究基础上获得的专业能力。

心理咨询与心理治疗在专业领域及工作范围方面是有一定联系和区别的。心理咨询的工作对象更多是正常人群，这项工作是建立在良好的咨询关系基础上，由经过专业训练的心理咨询师运用咨询心理学的相关理论和技术，对有一般心理问题的求助者进行帮助的过程，以消除或缓解求助者的心理问题，疏导情绪，促进其良好适应和协调发展。心理治疗的工作对象更多是达到诊断标准的心理疾病患者，它是由经过专业训练的临床心理学家或心理治疗师运用临床心理学的有关理论和技术，对心理障碍患者进行帮助的过程，目标是消除或缓解患者的心理障碍或问题，促进其人格向健康、协调的方向发展。在实际专业人才培养中，心理咨询与心理治疗的课程有 80% 是相同的，但实习阶段会在不同机构进行。实习咨询师在学校的心理健康教育与心理咨询中心实习，而实习治疗师在专科医院临床心理科或综合医院的心理科实习。

从咨询实习生到新手咨询师，再到资深咨询师的成长过程是非常不容易的，他们需要在知识、技能、态度三个方面进行培养。一般需要经历四个重要的途径，包括知识学习、专业实习、接受督导、个人体验。

第一是知识学习，心理咨询师需要拥有完备的知识储备，这项任务主要通过专业课程的学习和演练完成。北京师范大学应用心理学专业硕士（临床与咨询心理学方向）的课程体系包括：心理学理论基础（发展心理学、人格心理学、社会心理学、心理病理学等），心理咨询专业基础（咨询伦理、心理评估与诊断、心理咨询理论与技术、心理咨询过程与方法、心理咨询研究方法），心理咨询流派（短程动力、认知行为治疗、家庭治疗、后现代心理咨询等），心理咨询专项技能（团体心理咨询、心理危机干预、儿童心理干预、生涯发展、箱庭治疗）。

第二是专业实习，它是指初学及未获得心理咨询或心理治疗专业胜任力的人员（也包括有一定经验但未达到胜任力要求的新手咨询师）在规范的实习机构，在有效督导的监管下，直接与来访者、病人进行心理咨询或心理治疗实务工作的专业活动。在美国，大学心理咨询中心是主要的咨询心理学专业博士实习机构，临床心理学专业博士在医院实习，但必须是被美国心理学会认证的实习机构。中国心理学会临床心理学注册工作委员会认证的实习机构主要是大学心理咨询中心和精神专科医院。实习的前提是经过见习，见习包括心理健康服务见习和精神科见习。通过实习，实习咨询师可以将所学用于接待真实来访者（有可能是儿童、青少年、成年人、老年人），并且进行心理评估、个别咨询、团体咨询等，在实战中提升心理咨询的专业能力。目前，根据国内本专业发展现状，北京师范大学临床与咨询心理学院制定了 100 小时的见习和 100 小时的实习的要求，并且设有专门的实习基地。心理咨询师积累的个案小时数是评估咨询师专业成熟度和能力的关键指标。

第三是接受督导，这是指心理咨询师与心理治疗师在咨询实习和实践中接受具备专业资格的督导师的帮助。督导师被称为临床与咨询专业的守门人。督导师帮助被督导者理解咨询与治疗过程的专业行为是否符合专业伦理，是否对来访者有益，是否使用恰当的助人方法和技术。接受专业督导是心理咨询师与心理治疗师成长的必经之路。北京师范大学应用心理学专业硕士（临床与咨询心理学方向）必须接受 100 小时的专业督导（包括个体督导和团体督导）。督导过程也是对实习咨询师进行评估的过程。在考核环节，实习不合格的学生不能进行学位申请。督导不仅是新手咨询师成长必不可少的过程，那些有经验的咨询师在专业实践中也需要督导师的协助，以应对复杂的心理咨询案例，同时不断提升专业能力。

第四是个人体验，这是指心理咨询师自己作为来访者参与咨询的经历，这种体验包括咨询师作为来访者接受个体咨询，也包括咨询师作为团体成员参与团体咨询。当然，并非所有流派都要求咨询师这样做，但这种经历在我看来是心理咨询师专业训练不可或缺的，这一过程可以为咨询师提供体验层面的经验，以便他们与服务对象建立更专业的、更具有疗愈功能的咨询关系。

综上所述，心理咨询师的成长蜕变过程非常不易。我在对心理咨询师的督导实践中发现，有不少人在专业学习过程中走了很多弯路，进入这个领域后产生了迷茫，怀疑自己的助人效能，甚至让他们的学习和实践事倍功半。究其原因，就是他们缺少对该领域知识框架的基本了解，缺乏对心理咨询师成长规律、训练过程及养成途径的了解。可见，想成为有胜任力的心理咨询师，想少走弯路，专业的"导航"非常必要。

"心理咨询与心理治疗精选书系"的引入和出版恰逢时机，它构成了咨询师培养的完整的知识和技能体系。这套书系有三个鲜明的特点：第一是知识体系完整，第二是知识内容新颖，第三是理论结合案例。在上文中提到的咨询师专业成长的四个重要途径中，该先迈哪一步呢？我认为知识储备应该是最关键的基础。

普华心理推出的这套"心理咨询与心理治疗精选书系"的第一个特点是知识体系完整，涉及心理咨询与心理治疗专业胜任力的三个方面：从知识领域看，涉及心理咨询专业发展趋势，精神病理学，心理咨询研究方法，心理评估的过程、诊断与技术；从技能方面看，涉及助人艺术，心理咨询常用技术，伴侣与家庭治疗，团体咨询，心理危机干预与预防，儿童青少年心理咨询，成瘾心理咨询与治疗指南；从态度方面看，涉及心理咨询专业伦理，多元文化咨询，与咨询相关的法律。这套书系为未来的咨询师提供了最新的专业培训标准和实践指导。如果读者能按照这个书目有条不紊地学习，就会逐渐构建出自己在心理咨询领域乘风破浪的"航海图"，形成专业的胜任力。

这套书系的第二个特点是知识内容新颖，提供了咨询基础、新兴问题和最新发展的丰富信息。书系中的每本书都在保留经典文献的基础上，增加了许多心理咨询理论和技术的最新发展成果和有效治疗的最新研究，例如关于正念冥想法、叙事疗法、基于优势法、来访者支持法等新兴咨询技术的介绍。无论新手咨询师还是资深咨询师都可以根据自己的实务经验，有选择性地学习和提高。尤其是心理危机干预与预防、儿童青少年心理咨询更是当前心理咨询师急需学习和掌握的专业技能。

这套书系的第三个特点是理论结合案例，实操性非常强，每本书都能将理论整合到临床和咨询的实践中，对常见的心理问题及咨询干预结合多样化和多元文化的案例研究加以阐述，进一步强调了在咨询工作中必备的技能、基本的理念及先进的技术。其中，有的书的每一章都以一个独特的、现实的来访者案例开始，这种基于案例的方法可以帮助读者将理论、原则、假设和技术应用到实践中，更好地理解和掌握相关的知识及技能。

　　我衷心希望这套"心理咨询与心理治疗精选书系"的引进能够进一步促进我国心理咨询与心理治疗工作者在专业性和规范性方面的提升，为我国心理咨询与心理治疗专业人才培养提供积极参考。

樊富珉

北京师范大学心理学部临床与咨询心理学院院长

清华大学心理学系咨询心理学退休教授、博士生导师

中国心理学会临床心理学注册工作委员会监事组组长

2024 年 2 月

前　言

✝
—

　　有些人很反对甚至反感专门撰写心理咨询技术的文章，因为从他们的角度来看，心理咨询是一个过程，也是一门艺术。它应该是来访者与咨询师之间建立的一种基于真诚、共情、尊重等核心要素的关系，正如卡尔·罗杰斯（Carl Rogers）主张的那样。在这个过程中应使用有效的沟通技巧，如艾伦·艾维（Allen Ivey）的微技能；在这个过程中还应该使用一些咨询理论，如威廉·格拉瑟（William Glasser）、阿尔伯特·埃利斯（Albert Ellis）、阿尔弗雷德·阿德勒（Alfred Adler）或弗里茨·珀尔斯（Fritz Perls）的理论。

　　我赞同以上观点。世界各地针对咨询师的培训方案都很出色，培训出的咨询师都具有很高的水平，确实很好地体现了上述几点。

　　不过，我写此书是基于以下基本事实：即使是那些具备所有条件的咨询师，如掌握高超的沟通技巧、熟悉丰富的理论方法并具备核心技能，有时也会在达成来访者既定目标的过程中遇到困难；而正在接受培训的新手咨询师更容易遇到这种困难，他们希望得到一些具体而直接的指导，以便明确如何在困难中取得进展。因此，恰当地运用那些以主流咨询理论为基础的专业技术，可以帮助咨询师摆脱这些困境。

　　这些具体的培训需求是本书成文的真正动力。我们将这些技术以解构的形式逐一呈现，每种技术都有其理论起源及丰富的文献基础，并以此为基础向咨询师介绍合适且有效的使用方式。我们将那些有较大关联、基于同一理论的技术归类为同一部分。我们认为所有技术本质上都是整合性的，未来的心理咨询也一定会越来越具有综合性，因此最终也会按照这种方式分类。但就目前而言，我们还是根据各个主流理论对一些咨询程序和技术进行了划分（见表 a）。

表 a　本书中基于主流理论方法进行的技术分类

	理论方法	技术
第一部分	焦点解决短期咨询	量表技术；例外技术；与问题无关的谈话技术；奇迹问句技术；标记雷区技术
第二部分	阿德勒学说或心理动力学	自我信息法；仿佛法；泼冷水法；互讲故事法；矛盾意向法
第三部分	格式塔和心理剧理论	空椅技术；肢体动作与夸张技术；角色逆转技术
第四部分	正念理论	视觉意象/引导性意象法；深呼吸法；渐进式肌肉放松训练；正念冥想法
第五部分	人本现象学理论	自我表露；面质；动机式访谈；优点轰炸法
第六部分	认知行为理论	自我对话；重构；思考中断法；认知重构；理性情绪行为疗法；系统脱敏疗法；应激预防训练
第七部分	应用于咨询会谈之外的技术	布置任务法；阅读疗法；日记疗法
第八部分	社会学习理论	示范法；行为演练法；角色扮演法
第九部分	运用正强化的行为疗法	普雷马克原理；行为图表；代币法；行为契约法
第十部分	运用惩罚的行为疗法	消退法；暂停法；反应代价法；过度矫正法
第十一部分	新兴技术	叙事疗法；基于优势法；来访者支持法

本书中的技术都将以如下统一的形式呈现。

（1）每章都先介绍技术的起源，有些技术起源于单一的理论，有着丰富的历史，有些则是由几种理论方法整合而成的。

（2）每章都介绍了实施技术的基本步骤或程序。

（3）每章都介绍了相关文献中这些程序的常见变式。

（4）为演示每种技术在实际咨询中的应用，每章还展示了相关案例。这些案例大多为实际咨询的文字记录，但为使内容简洁明了，本书删除了现实情境中来访者与咨询师之间没有实际意义的对话，以及存在思想分歧和离题的内容。

（5）每章都使用现有文献资料评估每项技术的有效性，文献提供了每项技术曾用于或可用于解决某些问题的方法及其有效性的丰富思路，方便读者做出基于经验的决策，以使来访者受益，并最大限度地提升咨询效果。

（6）在每章的最后，本书都启发读者思考如何将这项技术应用于现实生活中。

　　我将在前言中介绍几个案例，以便启发读者从当前的、以前的甚至预期的未来的来访者和学生中构建更多的案例。读者考虑如何在现实生活中应用每项技术将有助于他们为未来的挑战做好准备。这45项技术可以且应该在现实中帮助他们的来访者和学生达成目标！

本书中的技术之所以入选是因为它们在推动来访者向达成共识目标前进的过程中发挥了较好的作用。当然，制定可测量的咨询目标本身就是非常重要的，因此，我们接下来先讨论咨询目标。

咨询目标

为了编写可测量的目标，我分别在 2016 年和 2019 年的研究中提出了 ABCD 模型，这个模型易于实施且很具体，它包含以下基本要素。

A：观众（audience）。在个体咨询中，观众是指个体来访者；在其他咨询中，观众可以是夫妻、家庭、团体或其他构成。

B：行为（beavior）。行为通常是指来访者和咨询师观察到的、干预后的变化，即明显发生变化的实际行为、想法或感受。

C：情境（condition）。情境是指技术应用及行为发生的特定环境，在咨询中常指实施干预措施的背景或环境。

D：对预期行为标准的描述（description of the expected performance criterion）。这通常是目标的定量部分，即行为增加或减少的量。

咨询目的与咨询目标的区别在于特异性和可测量性。咨询目的是宽泛且难以直接测量的，而咨询目标则是具体且可测量的。一个合理的咨询目的可能是"提高来访者管理压力和焦虑的能力"，请注意，这里的措辞是模糊的，不能依其内容进行测量。在制定与此目的相关的咨询目标时，应着重强调可测量的具体行为，例如，基于以上目的制定的目标可能为"在学习思考中断法后，来访者在 1 周内减少 50% 的强迫思维"；也可能为"在学习深呼吸法后，来访者每天至少练习深呼吸 5 分钟，每天 3 次"；还可能为"在学习暂停法后，来访者的不当行为将从目前平均每周 25 次减少到平均每周不超过 5 次"。在这里需要提醒大家的是，目标应明确来访者、所述行为、需要解决的问题及期望的行为水平。

在咨询关系中，尽早明确咨询目标很重要，主要有以下五个原因。

第一，很多经典研究以及一些新兴研究都表明了一个共识：一部分进展发生在前八次咨询中；咨询效果的最佳指标之一是咨询师与来访者就咨询目标快速达成共识，这通常应在前两次咨询中完成。正如大家所见，在咨询关系早期建立咨询目标对来访者取得成功至关重要，这并不是说来访者能够立即意识到并理解问题的本质，但这意味着那些可以立即建立咨询目标的来访者确实更有可能获得成功；同时这也意味着咨询师帮助来访者迅速制定咨询目标可以更好地帮助来访者达到期望的结果。但这并非假设在咨询早期阶段可以找到"真正的问题"。很多时候，先在较明显的表层问题上取得进展往往有助于来访者与咨询师建立信任，而这是解决更深层心理问题的基础。

第二，咨询目标提供了具体的、可操作的实施方向，也为来访者和咨询师提供了判断咨询是否有进展的依据。在项目评估中，这个过程被称为形成性评价，定期实施该评估可帮助咨询师判断是应继续使用当前的咨询方法并停留在本阶段，还是应改变方法以改善咨询效果。

第三，咨询目标就是咨询活动的目标。目标对咨询非常重要，因为它可以激励来访者采取行动。事实上，咨询的核心就是激发来访者达到咨询目的和实现咨询目标，使其在咨询结束后也能继续独立朝着人生目标前进。

第四，精心设计的目标需要咨询师从现有的对来访者有所帮助的文献中收集有效的方法、干预措施和技术。咨询领域有丰富的研究文献，这些文献为咨询师提供了解决来访者问题的最佳实践案例。每章都介绍了该技术的有效性及评价，此部分内容基于相关咨询文献，指导咨询师更有效地应用这项技术。其具体内容包括每项技术已被证明可以解决的问题及其有效性，为咨询师恰当地使用这项技术提供了参考。

第五，可测量的目标可以让来访者和咨询师确定咨询何时取得成功、何时制定新的目标并向其迈进，以及何时终止咨询。

咨询目标是确定咨询取得成功的指标。值得注意的是，关于咨询目标重要性的这五个原因中的任何一个都既能激励来访者和咨询师，又能推动咨询进展。在阐述了本书主旨并讨论了咨询目标的制定及其有效应用后，接下来我要开始讨论多元文化应用的重要内容。

多元文化咨询与技术

可以说，所有咨询都是多元文化咨询，每个来访者都有其独特的世界观，种族、民族、性别、性取向、社会经济地位和年龄等文化经验会影响其对理论方法及相应技术或干预的接受度。胜任多元文化咨询的咨询师应该能够认识到，应用于咨询的理论应能回答关于"为什么"的问题，例如，"来访者为什么要寻求咨询""为什么会出现问题"，以及"为什么是现在出现问题"。他们也能意识到，虽然人的经验具有局限性，但对经验的感知与理解是无限的。奥尔（Orr，2018）指出："人类能够表达的情绪是有限的，但这些情绪所包含的意义却是动态的，会因为不断变化的文化及环境而有所不同。"他建议咨询师要不断努力调整咨询理论，以满足不同的来访者对这种动态变化的需求，同时还要意识到，在涉及文化的情况下，群体内的差异几乎总是大于群体间的差异。将理论应用于来访者所处的具体环境，有助于咨询师以独特的方式构建来访者的问题，这既是挑战，也是机遇，而我们可以运用技术来解决这些问题。咨询师可以选择主要的理论，并将技术整合到所选的理论中，以帮助不同背景的来访者做出改变。

那么，具有多元文化咨询能力的咨询师要如何让理论适用于来访者独特的世界观呢？虽然这个问题的答案因为每位来访者的个体差异而有所不同，但奥尔提出了四个一般性指导方针。

（1）**阐明假设**。所有理论的建立都是基于心理健康和世界观的某些假设，因此咨询师在对来访者使用所选理论前要熟悉相关理论的基本假设。

（2）**确定局限**。任何理论都无法适用于所有人。在与来访者合作前，咨询师要先确定所选理论的局限性、理论方向中的灰色地带及不足之处，并制定补偿方案。

（3）**简化概念**。理论往往包含大量术语，而且通常不同的理论还会使用多个术语来指代类似的现象。例如，弗洛伊德最先提出了"治疗联盟"的概念，之后的理论家又使用了"合作""建立融洽关系"等诸多术语来描述同一过程，所以咨询师要为所选理论提供非专业人士可以理解的解释，使用容易理解的概念替代术语。

（4）**多样干预**。许多理论都有一套特定的干预方法，它可能是这个理论的主要方法，但绝不是唯一方法。大众熟知的空椅技术要求来访者想象自己与一个和其有冲突的人的对话，并进行角色扮演，好像那个人实际在场一样。这个技术通常被归于格式塔和心理剧理论，也适用于其他很多理论。不管咨询师的主要理论取向如何，这项技术对持有集体主义世界观倾向的来访者都适用，他们可以想象空椅子上坐着家庭成员、社区成员、长辈或其他需要采用这一治疗方法的支持者。

将技术应用于案例和来访者

在每章的最后，我们建议你将这些技术应用于下面的几个案例，但我们也非常支持你对过去所遇到的、现在正在面临的或将来可能遇到的来访者或学生进行案例研究，创造性地深入思考如何将每项技术或技术的变式应用于某个或多个案例。请记住，技术的目的是在治疗过程中创建活动，并帮助来访者完成某项治疗目标。

现在，联系 3 ~ 5 个你过去遇到的或现在正在面临的具有挑战性的案例。接下来，当你阅读书中的 45 项技术时，反思这些具有挑战性的案例，并尽可能地尝试将这些技术应用其中。此外，请结合以下 5 种不同的案例情况，考虑应用合适的技术。请想象一下，在多元文化的背景下，来访者可能来自不同的种族、民族或地区，也可能有不同的情感取向。

案例 A。阿里是一个有行为问题的青少年。在学校里，阿里经常不听从指示，未经允许就离开座椅，不举手就大声喊叫，并经常侵犯他人的个人空间。在家里，阿里也不服从父母的指示，经常叛逆，卧室乱到令人难以置信的程度，还经常和哥哥、姐姐打架。最近阿里变得非常悲观，常常闷闷不乐，并常常抱怨："每个人都对我大喊大叫！"

案例 B。贝利是一个常常焦虑和抑郁的青少年，他喜怒无常！贝利还有一些特定恐怖症：考试焦虑症和恐高症。最近，贝利天天和父母发生冲突，经常哭着跑到卧室，然后重重地关上门。贝利曾经是一名优秀的学生，但目前成绩一直在下滑。他还经常被情感问题困扰。"我的朋友都不喜欢我的约会对象！"

案例 C。科里是一个心理压力很大的大学生。他因为进入大学后获得了自由，开始疯狂地参加派对并酗酒。好几次晕倒已经是一个危险信号，特别是有时他都不记得自己是否发生过性行为。他的成绩正在下滑，体重却在增加。"低迷期"这个词很好地描述了他当前的情绪状态。"如果无法毕业，我就没法参加这些精彩的派对了！我得做出改变。"

案例 D。达科塔是一个对生活感到迷茫的年轻人。当然，他其实有完整的职业生涯规划，他还获得了很多不错的学位！"我一直在从一个死胡同到另一个死胡同，我需要找到出路。"关于人生伴侣的问题非常令他困扰：从青春期开始，他就喜欢同性，但并未采取行动。然而宗教和传统文化中的"成为父母后再等待成为祖父母"的生活方式又很让人痛苦。"呃！如果我的父母知道了……一定会杀了我……"所有这些纠结都让他变得非常抑郁、焦虑，并需要借助药物来消除痛苦。

案例 E。埃勒里是一个成熟而理性的老人，他因为失去相伴 25 年的伴侣而深陷悲痛。由于没有孩子，埃勒里不仅质疑生命的意义，还质疑生命是否该继续下去。埃勒里原本拥有一个充满爱的家庭与和谐的社会关系，但埃勒里在悲伤中忽视了这些，并没有去维护这些关系。

本版新增内容

第 3 版增加了许多新的内容。

（1）前言中新加了 5 个简短的案例。在每章的最后会有一个应用性问题，它会提示你将该章的技术应用于这些案例或你的来访者。

（2）增加了关于正念冥想法的内容（第 17 章）。正念冥想法是一种重要的新兴咨询方法，其应用价值已经变得越来越突出。

（3）增加了关于其他新兴咨询方法的内容，包括叙事疗法（第 43 章）、基于优势法（第 44 章）和来访者支持法（第 45 章）。

（4）增加了关于布置任务法的内容（第 29 章），其与新增的阅读疗法（第 30 章）和日记疗法（第 31 章）共同组成了应用于咨询会谈之外并关注咨询目标的咨询技术。

（5）添加、编辑并扩展了许多内容，以便更清楚地说明每章的技术。

（6）更新并添加了引用资料，第 3 版中 50% 以上的参考文献发表于 2000 年以后，但仍保留了一些经典文献。本书制作了电子版参考文献，扫描文末二维码即可查看。

写在开始前的话

成功的咨询能将来访者从问题情境、问题识别转向成功实现其目的和目标。请注意这句话中的"转向"一词。

所有咨询师都知道如何建立咨询目的，以及如何确定达到这些目的的时间点。所有咨询师都擅长实施咨询程序，无论是基于单一理论还是采用综合方法。但是，当咨询过程停滞不前、来访者因此变得沮丧、进展缓慢甚至没有进展、咨询关系有提前终止的风险时，该怎么办呢？

在本书中，我主张采取一种灵活的咨询方式，即咨询师可以在已有文献中选择合适的技术，同时在咨询中强调具体的咨询目标，创造对成功而言至关重要的进展。我不主张滥用书中的技术，这种做法既不专业也不道德。然而，当你面对一位停滞不前的来访者时，我希望你能够回忆起本书中的知识和方法，以推动来访者在咨询过程中继续前进，并不断接近来访者的预期咨询目标。咨询确实是一门艺术，而技术可以使"艺术家"创作出杰出的作品。

现在，是时候开始踏上本书的阅读之旅了！祝你旅途愉快！

目　录

——————— 第一部分　基于焦点解决短期咨询方法的技术

✝ **第1章　量表技术　005**

量表技术的起源　005

如何实施量表技术　005

量表技术的变式　006

量表技术的案例　006

量表技术的有效性及评价　013

量表技术的应用　014

✝ **第2章　例外技术　015**

例外技术的起源　015

如何实施例外技术　015

例外技术的变式　016

例外技术的案例　017

例外技术的有效性及评价　020

例外技术的应用　021

✝ **第3章　与问题无关的谈话技术　022**

与问题无关的谈话技术的起源　022

如何实施与问题无关的谈话技术　023

与问题无关的谈话技术的变式　023

与问题无关的谈话技术的案例　024

与问题无关的谈话技术的有效性及评价　025

与问题无关的谈话技术的应用　026

✚ 第 4 章　奇迹问句技术　027

　　奇迹问句技术的起源　027

　　如何实施奇迹问句技术　028

　　奇迹问句技术的变式　029

　　奇迹问句技术的案例　029

　　奇迹问句技术的有效性及评价　031

　　奇迹问句技术的应用　032

✚ 第 5 章　标记雷区技术　033

　　标记雷区技术的起源　033

　　如何实施标记雷区技术　033

　　标记雷区技术的案例　034

　　标记雷区技术的有效性及评价　037

　　标记雷区技术的应用　038

第二部分　基于阿德勒学说或心理动力学的技术

✚ 第 6 章　自我信息法　043

　　自我信息法的起源　043

　　如何实施自我信息法　044

　　自我信息法的变式　044

　　自我信息法的案例　045

　　自我信息法的有效性及评价　047

　　自我信息法的应用　048

✚ 第 7 章　仿佛法　049

仿佛法的起源　049

如何实施仿佛法　050

仿佛法的变式　050

仿佛法的案例　051

仿佛法的有效性及评价　054

仿佛法的应用　054

✚ 第 8 章　泼冷水法　055

泼冷水法的起源　055

如何实施泼冷水法　055

泼冷水法的变式　057

泼冷水法的案例　057

泼冷水法的有效性及评价　059

泼冷水法的应用　059

✚ 第 9 章　互讲故事法　060

互讲故事法的起源　060

如何实施互讲故事法　061

互讲故事法的变式　063

互讲故事法的案例　064

互讲故事法的有效性及评价　069

互讲故事法的应用　070

✚ 第 10 章　矛盾意向法　071

矛盾意向法的起源　071

如何实施矛盾意向法　072

矛盾意向法的变式　073

矛盾意向法的案例　073

矛盾意向法的有效性及评价　080

矛盾意向法的应用　081

第三部分　基于格式塔和心理剧理论的技术

✛ 第11章　空椅技术　086

空椅技术的起源　086

如何实施空椅技术　087

空椅技术的变式　088

空椅技术的案例　088

空椅技术的有效性及评价　092

空椅技术的应用　094

✛ 第12章　肢体动作与夸张技术　095

肢体动作与夸张技术的起源　095

如何实施肢体动作与夸张技术　095

肢体动作与夸张技术的变式　096

肢体动作与夸张技术的案例　096

肢体动作与夸张技术的有效性及评价　098

肢体动作与夸张技术的应用　098

✛ 第13章　角色逆转技术　099

角色逆转技术的起源　099

如何实施角色逆转技术　099

角色逆转技术的变式　099

角色逆转技术的案例　100

角色逆转技术的有效性及评价　103

角色逆转技术的应用　103

—— 第四部分　基于正念理论的技术

✛ 第 14 章　视觉意象 / 引导性意象法　109

视觉意象 / 引导性意象法的起源　109

如何实施视觉意象 / 引导性意象法　110

视觉意象 / 引导性意象法的变式　110

视觉意象 / 引导性意象法的案例　111

视觉意象 / 引导性意象法的有效性及评价　115

视觉意象 / 引导性意象法的应用　116

✛ 第 15 章　深呼吸法　117

深呼吸法的起源　117

如何实施深呼吸法　117

深呼吸法的变式　119

深呼吸法的案例　120

深呼吸法的有效性及评价　120

深呼吸法的应用　122

✛ 第 16 章　渐进式肌肉放松训练　123

渐进式肌肉放松训练的起源　123

如何实施渐进式肌肉放松训练　123

渐进式肌肉放松训练的变式　125

渐进式肌肉放松训练的案例　125

渐进式肌肉放松训练的有效性及评价　127

渐进式肌肉放松训练的应用　129

✛ 第 17 章　正念冥想法　130

正念冥想法的起源　130

如何实施正念冥想法　131

正念冥想法的变式　132

正念冥想法的案例　133

正念冥想法的有效性及评价　136

正念冥想法的应用　137

第五部分 基于人本现象学理论的技术

✚ 第18章 自我表露 143

自我表露的起源 143

如何实施自我表露 143

自我表露的变式 145

自我表露的案例 145

自我表露的有效性及评价 148

自我表露的应用 149

✚ 第19章 面质 150

面质的起源 150

如何实施面质 150

面质的变式 153

面质的案例 154

面质的有效性及评价 156

面质的应用 157

✚ 第20章 动机式访谈 158

动机式访谈的起源 158

如何实施动机式访谈 159

动机式访谈的变式 161

动机式访谈的案例 161

动机式访谈的有效性及评价 163

动机式访谈的应用 165

✚ 第21章 优点轰炸法 166

优点轰炸法的起源 166

如何实施优点轰炸法 166

优点轰炸法的变式 168

优点轰炸法的案例 168

优点轰炸法的有效性及评价 171

优点轰炸法的应用 171

———— 第六部分　基于认知行为理论的技术

✝ 第 22 章　自我对话　177

　　自我对话的起源　177

　　如何实施自我对话　178

　　自我对话的变式　179

　　自我对话的案例　179

　　自我对话的有效性及评价　182

　　自我对话的应用　183

✝ 第 23 章　重构　184

　　重构的起源　184

　　如何实施重构　185

　　重构的变式　185

　　重构的案例　186

　　重构的有效性及评价　191

　　重构的应用　192

✝ 第 24 章　思考中断法　193

　　思考中断法的起源　193

　　如何实施思考中断法　193

　　思考中断法的变式　194

　　思考中断法的案例　194

　　思考中断法的有效性及评价　198

　　思考中断法的应用　199

✝ 第 25 章　认知重构　200

　　认知重构的起源　200

　　如何实施认知重构　200

　　认知重构的变式　202

　　认知重构的案例　203

　　认知重构的有效性及评价　208

　　认知重构的应用　208

✦ 第 26 章　理性情绪行为疗法：ABCDEF 模型及理性情感想象技术　209

理性情绪行为疗法的起源　209

如何实施理性情绪行为疗法　210

理性情绪行为疗法的变式　214

理性情绪行为疗法的案例　214

理性情绪行为疗法的有效性及评价　220

理性情绪行为疗法的应用　221

✦ 第 27 章　系统脱敏疗法　222

系统脱敏疗法的起源　222

如何实施系统脱敏疗法　223

系统脱敏疗法的变式　225

系统脱敏疗法的案例　226

系统脱敏疗法的有效性及评价　236

系统脱敏疗法的应用　237

✦ 第 28 章　应激预防训练　238

应激预防训练的起源　238

如何实施应激预防训练　239

应激预防训练的变式　240

应激预防训练的案例　240

应激预防训练的有效性及评价　245

应激预防训练的应用　247

第七部分 应用于咨询会谈之外的技术

✝ 第29章 布置任务法 253

布置任务法的起源 253

如何实施布置任务法 253

布置任务法的变式 254

布置任务法的案例 255

布置任务法的有效性及评价 256

布置任务法的应用 256

✝ 第30章 阅读疗法 257

阅读疗法的起源 257

如何实施阅读疗法 258

阅读疗法的变式 258

阅读疗法的案例 259

阅读疗法的有效性及评价 259

阅读疗法的应用 262

✝ 第31章 日记疗法 263

日记疗法的起源 263

如何实施日记疗法 264

日记疗法的变式 264

日记疗法的案例 264

日记疗法的有效性及评价 265

日记疗法的应用 266

—— 第八部分　基于社会学习理论的技术

✛第32章　示范法　270

示范法的起源　270

如何实施示范法　271

示范法的变式　272

示范法的案例　272

示范法的有效性及评价　275

示范法的应用　276

✛第33章　行为演练法　277

行为演练法的起源　277

如何实施行为演练法　277

行为演练法的变式　278

行为演练法的案例　279

行为演练法的有效性及评价　281

行为演练法的应用　282

✛第34章　角色扮演法　283

角色扮演法的起源　283

如何实施角色扮演法　283

角色扮演法的变式　285

角色扮演法的案例　286

角色扮演法的有效性及评价　291

角色扮演法的应用　292

第九部分　基于运用正强化的行为疗法

✛第35章　普雷马克原理　298

普雷马克原理的起源　298

如何实施普雷马克原理　299

普雷马克原理的变式　299

普雷马克原理的案例　299

普雷马克原理的有效性及评价　303

普雷马克原理的应用　303

✛第36章　行为图表　304

行为图表的起源　304

如何实施行为图表　304

行为图表的案例　305

行为图表的有效性及评价　307

行为图表的应用　308

✛第37章　代币法　309

代币法的起源　309

如何实施代币法　309

代币法的变式　310

代币法的案例　311

代币法的有效性及评价　313

代币法的应用　315

✛第38章　行为契约法　316

行为契约法的起源　316

如何实施行为契约法　317

行为契约法的变式　318

行为契约法的案例　319

行为契约法的有效性及评价　323

行为契约法的应用　324

—— 第十部分　基于运用惩罚的行为疗法

✦ 第 39 章　消退法　328

消退法的起源　328

如何实施消退法　328

消退法的变式　329

消退法的案例　329

消退法的有效性及评价　335

消退法的应用　335

✦ 第 40 章　暂停法　336

暂停法的起源　336

如何实施暂停法　336

暂停法的变式　337

暂停法的案例　338

暂停法的有效性及评价　345

暂停法的应用　347

✦ 第 41 章　反应代价法　348

反应代价法的起源　348

如何实施反应代价法　348

反应代价法的案例　349

反应代价法的有效性及评价　357

反应代价法的应用　358

✦ 第 42 章　过度矫正法　359

过度矫正法的起源　359

如何实施过度矫正法　359

过度矫正法的变式　360

过度矫正法的案例　361

过度矫正法的有效性及评价　363

过度矫正法的应用　364

第十一部分　新兴技术

✣ **第43章　叙事疗法　368**

叙事疗法的起源　368

如何实施叙事疗法　368

叙事疗法的变式　370

叙事疗法的案例　370

叙事疗法的有效性及评价　373

叙事疗法的应用　373

✣ **第44章　基于优势法　374**

基于优势法的起源　374

如何实施基于优势法　375

基于优势法的变式　377

基于优势法的案例　377

基于优势法的有效性及评价　378

基于优势法的应用　379

✣ **第45章　来访者支持法　380**

来访者支持法的起源　380

如何实施来访者支持法　380

来访者支持法的变式　381

来访者支持法的案例　382

来访者支持法的有效性及评价　384

来访者支持法的应用　384

译后记　385

参考文献　387

第一部分

基于焦点解决短期咨询方法的技术

自 20 世纪 80 年代以来，由于健康管理式医疗和问责制倡议的兴起，人们更加注重成本和时间效益，因此以解决方案为重点的短期咨询方法越来越受到欢迎。虽然以解决方案为重点的短期咨询方法有很多名称，但目前咨询界更倾向于使用焦点解决短期咨询（Solution-Focused Brief Counseling，SFBC）这一术语。焦点解决短期咨询是一种社会建构模式，它建立的基础是，来访者通过个人叙述解释他们经历的生活事件所表达的个人意义。SFBC 的咨询师重视治疗联盟，强调共情、合作、好奇心和对尊重的理解，而非专业性。许多开创性作者和经典的研究为我们理解 SFBC 方法做出了贡献。史蒂夫·德·沙泽尔（Steve de Shazer）、奥汉隆（O'Hanlon）和维纳-戴维斯（Weiner-Davis）是 SFBC 领域公认的杰出学术和理论力量。他们认为：传统的治疗关注来访者的问题，而不是对来访者有效的解决方案或来访者做出的成功转变，以及来访者生活中不存在问题的例外情境。1992 年，伯格（Berg）和米勒（Miller）简要地总结了 SFBC 方法，提出了咨询师运用 SFBC 的三个基本原则：

（1）如果没有问题，就没有必要治疗；

（2）如果治疗有效，就继续进行；

（3）如果治疗无效，就立刻停止。

不难看出，这些看似是常识的咨询原则表达了这种咨询方法的基本诉求。

1992 年，沃尔特（Walter）和佩勒（Peller）在这三个基本原则的基础上，提出了 SFBC 的五个基本假设：

（1）关注引发建设性改变的成功；

（2）来访者能够意识到，每个问题都会有例外情况，这样可以帮助来访者有效地解决问题；

（3）小的积极变化会导致更大的积极变化；

（4）来访者可以通过接触、详细描述和成功地复制例外情况来解决自己的问题；

（5）目标需要以积极的、可测量的、活跃的方式来表述。

墨菲（Murphy，2015）和斯克拉（Sklare，2014）使用上述规则和假设，成功地将SFBC应用于儿童和青少年，专注于改变来访者的行为，而不是发展洞察力。斯克拉总结道："洞察力并不能带来解决方案，行动才能成功地解决问题。"

本部分介绍的五项技术包括：量表技术（scaling）、例外技术（exceptions）、与问题无关的谈话技术（problem-free talk）、奇迹问句技术（miracle question）和标记雷区技术（flagging the minefield）。每项技术都不是SFBC所独有的，事实上，所有这些技术都可以用于综合咨询方法（Erford，2018）。

在咨询中，量表是一种常用的技术，其适用于任何年龄群体和任何理论。量表为来访者提供了10分（或100分）的连续等级，并要求他们对自己目前的状态进行评分，例如，悲伤（1）或幸福（10），极度愤怒（1）或平静（10），恨（1）或爱（10），完全没有动力（1）或动力十足（10）。就多数问题而言，量表有助于测量来访者现有的一系列问题。如果定期重测，它将会更加有效。量表技术是一种快速、有效的评估技术，在心理咨询中具有广泛的适用性。

例外技术对于SFBC方法是必不可少的，因为其为来访者提供了问题解决方案。咨询师对来访者的背景进行多次调查、提问，探明来访者的问题在何时不构成问题，以确定例外情况，为来访者提供可选方案并依此行事。

与问题无关的谈话技术允许咨询师将咨询访谈从聚焦于问题的情境切换至聚焦于解决方法的情境。SFBC咨询师所秉持的核心信念是，当来访者把注意力集中在问题上时，他们会变得气馁并且缺乏动力。任何会将他们引向问题起源及令问题持续的内省都是没有治疗价值的。与之互补的信念则是找到例外情况，作为问题情境下的解决方案，以鼓励、推动来访者，从而产生行动上的成功转变。

奇迹问句技术可以帮助来访者重建对问题情境的看法，将其转化为一种成功的愿景，从而激励来访者继续保持成功的行为。

最后一项技术是一种治疗依从性技术，被称为标记雷区技术。治疗依从性技术在来访者或患者寻求并接受帮助的任何领域都是至关重要的。绝大多数来访者得到了他们所寻求的帮助，但不管出于什么原因，他们都没有遵循治疗方案，并最终导致治疗难以维持长效。例如，患者可能会去看医生，以治疗身体方面的疾病，但却没有听从医生的建议。对于医生开出的处方，患者不按处方配药或不遵从医嘱服药。标记雷区技术通常于咨询阶段的后期实施，它有助于来访者思考在咨询期间产生的积极结果和策略可能不起作用的情况，它让来访者提前思考在这些情况下应如何做才能坚持并且成功。治疗依从性是咨询中的一个关键问题，如果来访者在咨询结束后不久就重新回到了问题功能，那么所有关于改变问题想法、感觉和行为的工作与努力就毫无价值了。

基于焦点解决短期咨询方法的技术的多元文化意义

SFBC 是一种尊重文化差异的方法，适用于多元文化背景的来访者，因为它不鼓励咨询师进行诊断，而是关注来访者个人的信仰和准则，并鼓励来访者整合和增加符合其个人信仰和准则的行为。SFBC 认为，来访者就是解决自身问题的专家，而咨询师的作用是帮助来访者识别对其有效的方法、鼓励来访者改变行为，并为来访者取得的成功欢呼、助威。SFBC 方法特别受到那些喜欢以行为为导向、直接干预和具体目标的来访者的赞赏，如大多数男性、阿拉伯裔美国人、亚裔美国人、拉丁裔美国人等（Hays & Erford，2018）。迈耶和科顿（Meyer & Cotton，2013）也发现，许多印第安人对焦点解决咨询方法和量表中的问题都有较好的反应。SFBC 是较为有效的跨文化方法之一，因为它鼓励来访者的个人价值观、信念和行为，而非试图对其进行质疑或改变（Orr，2018）。

量表技术

量表技术的起源

量表技术是一种帮助咨询师和来访者使复杂问题具体化的咨询技术。量表起源于行为导向的咨询方法。时至今日，它主要用于 SFBC，SFBC 由德·沙泽尔首创，源于策略家庭疗法。

由于来访者的想法、感受和行为并不总是现实的、具体的、以事实为依据的，因此量表提问可以将这些较为抽象的概念转化为可实现的目标。例如，咨询师可以提问："在从 1 到 10 的等级量表上，1 代表的是最糟糕的情况，10 代表的是最好的情况，你今天处于第几级？"量表提问还可以帮助来访者设置任务，帮助其进入下一个等级。通过这种方式，量表技术可以用来评估来访者的进展情况。量表技术给来访者一种对咨询的控制感和责任感，因为它可以帮助来访者明确改进目标，并衡量他们实现这些目标的进展。

如何实施量表技术

咨询师一般会通过量表提问要求来访者给出 1 到 10 之间的任一数字，以此表示其处于某个特定的位置。咨询师通常将 10 定为量表中最积极的一端（数字越大，表示越积极的结果或体验）。量表可用于确定目标或帮助来访者朝着既定目标前进。来访者通过确定特定的行为指标来明确既定目标。这些指标表明他们在量表上达到了更高的等级（7、8、9、10 级）。

一旦确定目标，咨询师就可以使用量表技术来帮助来访者实现目标。在来访者确定了其在量表上的位置后（10 表示来访者已经达到目标），咨询师就可以通过提问来发现来访者可以采取哪些小步骤来进入下一个阶段。这些问题包括"你认为如何表明你已经达到 6 级""接下来你打算做些什么"。咨询师还可以通过量表提问鼓励来访者的进步，例如，向来访者提出诸如"你是如何从 1 级达到 5 级的"这样的问题。

量表技术的变式

当量表技术应用于儿童时，可以将 1 级到 10 级的等级量表以图形化的形式呈现。例如，咨询师可以使用一系列面部表情（如皱眉、微笑），或者用编号阶梯引导儿童表达所期望的变化。当量表用于小组时，咨询师应该要求每一位组员都进行评分，以此探索差异，并发现这些差异背后的原因。此外，关系量表提问可以用于帮助来访者确定生活中其他人对自己的观点。咨询师可能会问来访者："你认为你的父母（或老师）会如何评价你？"

然后，这些答案可以与来访者的自我评价进行比较，从而使来访者意识到他们需要采取哪些行动，以便让他人看到自己所取得的进步。

量表技术的案例

以下几个简短的场景向我们呈现了如何正确、有效地使用量表来协助来访者和咨询师更为直观地观察、评估问题。

案例 1：用于减少糟糕想法的量表

玛丽亚（M）： 我完全惊慌失措了，一想到我不是以一名学生的身份，而是作为一名教师走进学校，我就几乎要崩溃了。

咨询师（C）： 你感受到自己几乎要崩溃了吗？

M：（语速很快）就在崩溃的边缘。我一想到这件事就想吐。我认为我真的做不到。

C： 仅仅是谈论这件事，我就能看出你现在很紧张。

M： 是！只要想到这件事或谈到这件事，我就非常紧张……如果仅仅这样我都难以控制，那么真的到了那个时候我该怎么办？我完全不知道该怎么做。

C: 好的，没关系。现在我想让你闭上眼睛，想象一下你进入学校的第一天，好吗？你站在讲台前。（停顿）学生们坐在各自的座位上看你。你正准备教授一堂你以前从未教过的课。（停顿）现在，请你继续想象，同时体会此时此刻你的情绪。不要试图阻止这些情绪的产生。（语速很慢）感受你的焦虑、恐惧和畏惧，体会随之而来的情绪。现在你可以向我描述一下你的感受吗？

M: 嗯，我有恶心的感觉，手心有点黏，好像出了很多汗。我想知道学生们的想法，想确定他们是否喜欢上我的课。我脑子里有很多想法，例如，接下来的几分钟会发生什么？我应当从什么时候开始授课？一想到这些情景，我就很焦虑……

C: 这里有一个从 1 级到 10 级的等级量表，1 级代表非常极端的焦虑，焦虑的程度到了你甚至无法站在讲台上；10 级代表非常自信，感觉舒适，你觉得你在量表的第几级？

M: 我猜可能是第 4 级。

C: 好的，所以这听起来没那么可怕。你可能会在 4 级这个水平上坚持上完这节课，对吗？

M: 是的，我想我可以。虽然这不是最舒适或最愉快的经历，但你说得对，我绝对可以渡过难关。也许害怕是最糟糕的部分。

C: 的确如此。

M: 我只是觉得有些事情会很糟，这会让我心烦意乱。

C: 好，接下来请你试着告诉我，你作为教师进校的第一天，可能发生的最糟糕的事情是什么？我猜你已经想象过了。

M: 嗯……（微笑）我确实想过。有时我想象学生对我的课不感兴趣，最初只是少数几个人，后来不感兴趣的人越来越多，甚至一些学生开始交头接耳。接下来更多的学生跟着他们说起话来，而且声音越来越大，边说边笑，很明显他们没有把注意力集中在我身上。很快，教室里喧闹起来，大家想干什么就干什么，没有人听讲。

C: 好的，你已经想到了这种情况！这里有一个从 1 级到 10 级的等级量表，1 级是你完全无法克服的、灾难性的、可能会结束你的职业生涯且令人羞愧的事件，而 10 级代表没什么大不了的。你觉得你刚才的想象处在量表的第几级？

M: 第 5 级。

C: 接下来我们把这件事与另一件事进行比较，这样做不是说你的焦虑不合理，而是为了帮助你更客观地看待它。想象一下，在你一生中可能会发生的最糟糕的事情，如你爱的人被谋杀、你的孩子被绑架这种可怕的事情。现在请重新评估你想象到的课堂情况。1 级代表灾难性的，10 级代表没什么大不了的，你会给你想象到的课堂情况评为几级？

M：可能是 8 级或 9 级。和那些重要的事情相比，这没什么大不了的。但是如果其他老师看到我无法管理自己的课堂，我可能会觉得有点尴尬，但除此之外，这点事真的没什么大不了的。

C：好的。如果那天可能发生的最糟糕的情况，在严重程度上只是 8 级或 9 级，那么你的焦虑水平在 1 级到 10 级的范围内会有什么变化？

M：焦虑水平会降低，并且会降低很多。除了第一天的紧张外，并没有其他什么了。

案例 2：用于评估改变动机的量表

咨询师（C）：艾米，到目前为止，茉莉一直在报告她的进展，以及她如何朝着自己的目标迈进。她和你一起生活的必要条件是：她朝着自己的目标迈进，并且保持她的生活状态朝着积极的方向发展。

艾米（A）：是的，她的确有所进步。

C：好的。为了确保和监督你姐姐的进步，我们要建立某种监督体系来确保她能坚持下去，这样你在看到她接近自己的目标时，也能增强你对她的信心。

A：好的。

C：现在请你想想你察觉到的，茉莉的改变动机的强弱和她对目标的贯彻情况，将她现在的表现与你们第一次见到我时的情况做比较，在 0 到 100 分这个范围内进行打分。100 分代表非常有信心，你察觉到茉莉正在朝着积极的方向改变，并且肯定会贯彻并实现她的目标；0 分意味着你对她完全没有信心，你没有看到任何实质性的进展，甚至看不到她的任何努力。你认为茉莉目前应该得多少分？

A：（思考）大概是 65 分。

C：65 分？

A：是的。

C：好的，在达到 100 分之前，我们还要再拿 35 分。很不错！她做出了哪些改变让你给她 65 分？和我讲讲这 65 分。

A：我之所以给了她 65 分而不是更高的分数是因为，她还没有开始为那些即将开始的课程存钱，我不确定她是否能够获得那么多的资助，这令我感到担心。但与此同时，她开始为 GED 考试做准备，并在大学注册了课程。所以我认为她的态度很认真。这就是我给她 65 分的原因，但是学费的事令我担忧。

C：好的，所以 65 分来自为 GED 考试做准备和注册课程。没得到的那 35 分源于她的学费短缺，或者说是因为她没有为了学费而努力存钱？

A：是的，我是这么认为的（看向茉莉）。

C：茉莉，你觉得 65 分合理吗？你会给自己的动机和进步打出同样的分数吗？

茉莉（M）：嗯，当你最初问艾米这个问题时，我想我会得到 80 分或 85 分。但后来听她解释她是如何给出这个分数的，我想 65 分是合理的。（思考）也许我会给自己高于 65 分的分数。这是因为我知道我想要做出改变的动机很强，但我不能指望其他人也知道这一点，因为动机存在于我的内心。

C：是的，其他人只能通过观察你的行为来评估你的动机。

案例 3：人际关系评估

咨询师（C）：你们都提到"不能"和对方说话。凯文，你说塔玛拉"不吵架就无法交谈"。塔玛拉，你说当你试图和凯文说话时，凯文无视你，几乎什么都不说。（停顿）但你们都觉得自己是这段关系中更好沟通的一方，是吗？

凯文：是的。

塔玛拉（T）：至少我试着沟通，而他根本就不在乎。如果我们都不能就这些问题相互沟通，那我不知道我们将如何解决这些问题。

C：我同意，沟通对于解决你们目前的困境及其他问题和感受是非常重要的。因此，或许我们应该将注意力集中在沟通上。凯文，你对此有什么想法？

K：我们从来都不擅长谈论事情。在此之前，所有问题似乎都能自行解决。因此，我希望你能帮助塔玛拉改善沟通，而不是把话题转向其他方向。

C：好吧，我想要做的是帮助你们改善自己与对方沟通的方式。我现在给你们每人一张纸，请你们给自己打分，打分依据是你们认为自己在多大程度上是一个善于沟通的人。在 1 ～ 10 分之间，1 分代表自己是一个糟糕的沟通者，10 分代表自己是一个很出色的沟通者（凯文和塔玛拉都能不假思索很快完成打分）。现在，我希望你们每个人都思考一下你的伴侣与你沟通时的表现。思考结束后，你们将把关注点转向自己。目前，你们可以专注于你们的伴侣及其缺点上，并给对方打分，把分数写在纸的上半部分，分数也是 1 ~ 10 分。1 分代表对方是最糟糕的沟通者，对方所做的每一件事情都会带来问题并导致沟通不畅，都属于无效沟通；10 分代表对方是一个非常有效的沟通者，每一次沟通的结果都令人满意，并且能达成既定目标。（几分钟后）好了，我想听听你们每个人的想法。

T: 我先来吧。你想知道我们给自己打了多少分，还是给对方打了多少分？

C: 都可以。

T: 好的，我给自己打了 8 分，因为我还有一两件小事需要改进，但在大多数情况下，我是一个有效的沟通者。

C: 我了解了。

T: 好的，我给凯文打了 4 分。

K:（突然插话）只有 4 分？

T: 是的，只有 4 分，因为每次只要他加入沟通，结果肯定会很糟糕。

C: 你呢，凯文？你是怎么打分的？

K: 嗯，我给自己打了 9 分，因为我不是问题的始作俑者。我给塔玛拉打了 6 分。

C: 好消息是，你们都没有给对方打 1 分，所以你们都同意对方在沟通方面做对了一些事情。现在，请问你们是否愿意重新给自己打分？

T: 为什么？

C: 假设一下，如果在 1 分到 10 分之间，塔玛拉真的能获得 8 分，而凯文真的能获得 9 分，那就说明你们几乎都是完美的沟通者，问题就没有那么复杂了。相反，我想帮助你们放下自我感知的沟通技能，转而专注于你们的伴侣如何看待你们。如果你们要改善沟通，就必须真正考虑你们双方是如何看待彼此的。塔玛拉，凯文感知你的方式和你感知他的方式一样重要。你也一样，凯文。只要我们觉得自己在这方面近乎完美，就不会有所改进。所以，我想让你们写下自己的分数并交换，现在让我们假设，塔玛拉的得分是 6 分，而凯文的得分是 4 分。

T: 我会给凯文打 5 分。

C: 好的，凯文，你的分数是 5 分。

K: 我可以把她的分数变成和我一样的 5 分吗？

T: 不行！（笑）

K:（笑了笑）。

C: 现在，看看你们的新分数，我希望你们考虑一下，是什么原因让自己得不到10分。

K:（经过一番思考）好吧，当她试图和我说话时，我有时会非常戒备，而且我不该拒绝听她说话。

C: 这当然是一个好的开始。塔玛拉，你的新分数呢？你认为是什么原因没有让你得到10分？

T: 我想我并不擅长寻找合适的谈话时机，而且我总是倾向于主导谈话，还很容易生气。

案例4：用于识别旧包袱和个人反应的量表

安东尼（A）：我很生气，我真的无法冷静下来，我甚至不知道我为什么会这么生气。她就是能令我……我不知道该怎么表达。我只能尖叫……我确实尖叫了，当然不是冲她尖叫。我一旦挂断电话，就会尽可能大声地尖叫，把坏情绪都释放掉。前几天，她打电话祝我生日快乐，但那天不是我的生日，而是我妹妹的生日。而我只是和她开玩笑，说她年纪大了并且健忘，但是我感觉我想迫不及待地挂断电话，因为我的内心正在沸腾。我一挂断电话就尖叫起来，接着就哭了。我真的不明白，为什么她能用这种愚蠢的事情轻易地影响我的情绪，也许她真的老了，帮不上什么忙了。

咨询师（C）：与你母亲的这次通话，为我们的合作提供了一个很好的例子，我也许可以通过它帮助你深入了解你内心真实的想法。

A: 好的。那我们该怎么做呢？

C: 请给你那天挂断电话后的情绪打分，分数在1分到100分的范围内。1分代表没有任何情绪反应，100分代表强烈的、压倒性的、无法控制的情绪反应。你觉得那天你的反应是多少分？

A:（低着头，坐立难安）大概是90分吧，感觉难以控制，情绪压倒了一切，好像吞噬了我。

C: 好的。你妈妈当时在电话里说的那些话，在不是你生日的那天祝你生日快乐，你认为她会觉得自己在多大程度上伤害了你？在1分到100分的范围内，1分代表没什么大不了的，100 分代表对你做这样的事太可怕了。

A：给她说的话打分？

C：是的，如果可以的话，请在 1 分到 100 分的范围内打分。

A：好吧，我知道她不是故意这样做的，我想我会打 15 分。

C：好的，安东尼。对于你母亲说话的真实意图，你打了 15 分，对于你的反应，你给出了 90 分。

A：是的，我确实给出了分数。这是怎么发生的？（微笑）

C：让我们来设想一下，如果这两个分数分别是 16 分和 89 分，那么它们究竟代表什么呢？通常，如果他人说话的意图是 15 分，而我们的情绪反应是 90 分，那就意味着我们的反应背后应该有别的原因。你觉得这些数字代表着什么？你母亲所说的话又触动了什么？

A：（低着头想了一会儿，然后开始哭泣）我甚至为说出这些话而感到难过，我知道这件事应该过去了，我一次又一次努力地尝试让自己感激她为了成为一名母亲所做出的可怜的尝试。但她仍然无法做对，而我只想尖叫，因为每次我和她说话时，都好像在提醒我自己，她仍然很糟糕！（哭得更厉害了）当我们很小的时候，她离开了我们，因为对她而言，她的男朋友更加重要，而他不喜欢孩子，所以她选择了男朋友而不是我们。我们始终不明白，她为什么会离开我们，我们做错了什么。那是很久以前的事了，她为此道歉了几百次，但是她仍然不是，或者说她永远也不会成为我想要的那个母亲。我永远都无法忘记她对我们所做的一切。（愤怒）她选择不和我们生活在一起，我们对她来说没有那么重要，以至于她都不记得我们的生日！

案例 5：校园环境下青少年自杀评估量表

咨询师（C）：胡安，你对自己现在的生活感觉如何？从 1 分到 10 分进行打分，10 分代表满意和快乐，1 分代表难以忍受，你给你的生活打多少分？

胡安（J）：大概是 1 分。

C：好吧，就像你最近一直在考虑的那样，你伤害自己甚至自杀的可能性是多少？从 1 分到 10 分进行打分，10 分代表完全没有伤害自己的打算，1 分代表肯定会自杀，你觉得你现在是多少分？

J: 可能是 2 分，甚至是 1 分。

C: （暂停片刻）胡安，我注意到，当我和其他与你有类似情况的同学交谈时，他们的感觉和你一样。我注意到了一些非常有趣的事情——他们不一定真的想死，几乎所有人都是如此。他们只是不想继续生活在 1 分所代表的生活状态下。（停顿）胡安，对你来说可能也是这样的，对吗？

J: 我从来没有那样想过。我的意思是……（再一次思考）我真的不想死，我只是不想继续生活在 1 分所代表的这种生活状态下。（再次思考）如果我不知道如何摆脱 1 分所代表的生活状态，那么我觉得我只有一个选择。

C: 如果你愿意的话，我想我们可以一同想办法让你从 1 分所代表的生活状态转变为……

J: 什么都比 1 分好。

C: 好的，那么我们一起努力，看看怎样才能让你进入比 1 分更好的生活状态。为了实现这个目标，你需要做出什么改变？可能是有关学业、人际关系或者父母的改变……

量表技术的有效性及评价

量表技术适用于测量具体目标的完成情况，因此，其适用于实效研究（Lethem，2002）。量表技术使用范围广泛，已有案例包括：对解决方案进展的评估，对找到解决方案的信心的评估，对动机、问题的严重程度的评估，对伤害自己或他人的可能性的评估，以及对自尊的评估（De Jong & Miller，1995）。对涉及青少年司法系统的青少年及其家庭，以及涉及儿童福利服务的家庭的评估也使用了量表技术（Corcoran，1999）。来自多个问题家庭、社会经济地位低下或不同背景的青少年都得到了目标上的改善。

量表技术已被全面纳入 SFBC。富兰克林等人（Franklin，et al.，2001）指出，在中学环境中使用量表技术作为 SFBC 的一部分时，71% 的中学生的行为有所改善。纽瑟姆（Newsome，2004）使用 SFBC 小组模型，以有行为问题的中学生为研究对象，将原有平均学分绩点（GPA）作为协变量，发现这些学生的出勤率或平均学分绩点没有得到改善。斯普林格、林奇和鲁宾（Springer，Lynch，& Rubin，2000）研究了一个 SFBC 互助组织对父母被监禁的西班牙裔儿童的影响，在这个研究中使用的 SFBC 包含了量表技术。教师报告说，参与研究的中学生，其内倾性［效应量（ES）=1.40］和外倾性的困难程度（ES=0.61），显著相抵，减少到低于临床意义的标准。与此同时，青少年参与者的自我报告显示，外倾性问题效应量 ES 为 0.86，但在内倾性问题的自我报告中没有发现差异（ES=0.08）。

在对成年人的研究中，林德福尔斯和马纽松（Lindforss & Magnusso，1997）报告说，对参与 SFBC 的瑞典犯罪分子使用量表技术作为咨询的一个组成部分，在接下来的 12 个月和 16 个月的随访中，累犯变少，严重犯罪变少。迈耶和科顿（Meyer & Cottone，2013）发现，改良后的量表技术可以有效地适用于印第安人。李（Lee，1997）报告说，以 SFBC 作为家庭疗法，使 65% 的家庭成功实现了设定的目标。

最后，在一项系统综述中，贝耶巴赫（Beyebach，2014）报告说，从第一次治疗到终止治疗和随访，使用量表技术可以有效地评估治疗效果。本综述包括贝耶巴赫等人的临床试验。科尔特斯等人（Cortés et al.，2007）使用进展量表问题作为结果衡量标准。里士满等人（Richmond et al.，2014）发现，与聚焦于问题的方法相比，SFBC 包括了使目标更加具体的扩展，实际上减少了患者在入院和第一次治疗之间表现出的症状。

量表技术的应用

现在，将量表技术应用于与你合作的来访者或学生，或者重温本书前言中介绍的简短案例研究。你将如何使用量表技术来解决问题，并在心理咨询中取得进展呢？

第
2
章

✛

例外技术

例外技术的起源

寻找例外情况是焦点解决短期咨询的典型技术。所谓"例外"，是指问题在没有发生时，来访者已经拥有的暂时性解决方案（Presbury，Echterling，& McKee，2002）。例外技术基于这样一个假设：所有问题都有例外情况，而例外情况有助于生成解决方案。我们有时会把遇到的问题当作持续存在的问题，不存在哪怕只是短暂的间歇。即使我们确实认识到问题有例外情况的存在，也会倾向于否认它们的重要性。这很可能是由大脑过滤、加工和存储信息的方式造成的。然而，几乎所有问题都会有间歇期（即便很短），期间不会出现问题。咨询师必须仔细倾听这些例外情况，并将其指出来，然后利用它们来形成解决方案。通过这种方式，来访者获得了希望，并激发自身的力量来影响环境。

如何实施例外技术

咨询师可采取非指引式的方式实施例外技术，即倾听来访者提供的实例，其中可能包含问题改善时的情况（即便只是轻微改善），或没有问题发生的情况（如"她从来都不听别人说话，唯一能和她沟通的只有她的祖母"）。这段对问题进行描述的话（或抱怨）包含一个未被注意到也未加以利用的例外情况（Linton，2005）。

问题不会永远存在，总会有例外情况。但是，由于来访者通常难以识别或不相信这就是例外情况，咨询师必须注意到它们并有效地使用它们。毕竟来访者在与咨询师交流时常常会发生问题，他们通常会告诉咨询师他们的问题，并期待咨询师能够解决这些问题。此外，咨询师接受的培训中包含如何倾听问题细节的技巧，但为了更好地运用例外技术，他们还必须提高自己的倾听能力，从而找到潜在的解决方案、力量源泉和个人资源。

例如，一个 16 岁的女性来访者每周都会抱怨家中发生冲突的案例。她和双胞胎哥哥每天都会发生争执，甚至无法容忍对方与自己同处一室。有一次，她在咨询时谈到了过去一周发生的事情："托尼开车带我去商场。我和朋友们约好一起逛街，他也可以给女朋友买礼物。"这就属于例外情况，但容易被忽略，咨询师应进一步追问，并使来访者详细说明并识别那天与以往有什么不同，以至于她和哥哥不但没有争吵，还进行了一次积极的合作。如果咨询师指出这个例外情况的存在，而来访者回答"我认为他只是决定不在那天惹人讨厌"，那么为促使来访者对个人进行关注，咨询师可以回应："也许是的，但让我们假设也许还有其他原因，可能是因为你做了什么不一样的事情，然后导致了这种例外情况。"

咨询师也可以通过提出类似下列问题来直接使用例外技术，例如，"告诉我当……时……"或"你是否曾经……"。这些问题在来访者完成奇迹问句（见第 4 章）后，依然能起到帮助作用。咨询师可以询问奇迹的任何部分是否已经发生，或者来访者是否可以回忆起奇迹发生的时间。然后，咨询师倾听来访者做了哪些不同的事从而使问题消失或得到改善。

例外技术的变式

咨询师可通过倾听来访者的叙述获知例外情况，并向来访者指明其存在，也可通过直接询问获得。作为一项技术，它可以与奇迹问句技术结合使用，也可以与量表技术结合使用。如果来访者意识不到例外情况，那么咨询师就要给来访者布置作业，用来说明问题的例外情况。这种例外技术的变式是在不同环节之间给来访者布置作业，通常采取以下形式："在进入下一环节前，请重点关注（进行记录，列出时间）你体验到的奇迹（关注的重点不在于问题本身，而是用有意义的方式做出回应）。"

当直接询问来访者的例外情况时，咨询师必须谨言慎行，因为该技术的某些措辞可能导致来访者感到被轻视，或者被误解为暗示来访者的问题是无足轻重、微不足道的。为避免上述情况发生，咨询师要以一种满怀希望的鼓励式的方式指出所听到的例外情况（例如，"哇，你是如何渡过难关的？绝大多数人都不可能做到这一点"）。当直接询问例外情况时，要先确认对来访者来说重要的事及观点（例如"你的处境似乎特别艰难，请问你能回忆起在什么情况下你感觉会好一点儿吗？"）。

除了谨慎的措辞外，咨询师还可以借助聚焦于某种特定的情况或环境的方式来询问（例如，"当时你身边发生的事与平时有什么不同"或"在问题似乎不那么明显时，谁在你的身边"），也可以继续围绕来访者的资源进行提问（例如，"你做了什么不一样的事情，可能导致这种例外情况的发生"或"自从我们上次咨询以来，你知道该怎么做才能使例外情况发生吗"）。无论是变式还是后续问题，都要以例外情况存在为前提进行询问。事实上，例外情况确实存在，并始终要让来访者对其进行详细阐述和评估，提供足够多的细节来制定解决方案。

例外技术的案例

斯坦是一个 16 岁的男孩，他经常以身体不适为由缺课。医生在对男孩进行全面体检后，建议男孩的母亲寻求心理咨询师的帮助，因为他躯体不适的根源并非身体原因，而是由其他原因导致的。斯坦给人的印象是虽然缺乏社交技巧和自信，但在情绪和智力上非常成熟。他很快就开始谈论他对新学校的强烈不满，很难交到朋友，以及常常遭受他人的嘲笑。

斯坦（S）：我希望我永远不要回到那里。我似乎不适合那个地方，那儿就是个帮派。如果你没有在本地长大，或没有钱，他们就会对你很残忍。

咨询师（C）：他们，指的是其他学生吗？

S：是的，这真的特别糟糕。他们好像从第一天就盯上我了，从没停止和松懈过。

C：那究竟有多糟糕呢？

S：真的很糟糕，因为我身上似乎没有什么优点能够取悦周围的人。他们认为我所做的一切都是错的，而且一向如此。我在那里一刻也不得安宁。从踏进校门的那一刻起，直至我踏出校门，他们才罢休。这一切永远都不会结束。

C：我明白你为什么不喜欢去学校了。

S：真的是这样，不是吗？谁想每天都过这样的生活呢？开学第一周，他们就占用了我的储物柜，我不知道他们是怎么做到的。我有一半的时间都无法用自己的储物柜，就算是这样也会被他们取笑。他们撬开我的储物柜，发现了我写在记事本上的一些歌词，便将它们复印出来贴得到处都是。事情就是这样开始的，而且从未停止过。

C： 这感觉就像隐私遭到了侵犯。

S： 是的。这些对我来说是私人的东西，很多内容都是关于我想念我的前女友和我的家乡的。因为这个，我被贴上了"爱哭鬼"的标签。他们对我的取笑就是这么来的："斯坦不是个男人。"这简直太荒谬了，也太可怕了。不管我做什么都改变不了这一切。我发誓，总有一天我会败下阵来，真的。

到目前为止，咨询师耐心地倾听斯坦讲述发生在他身上的事，并给予他支持，也对事实进行了确认。咨询师现在将以支持性的方式询问有关例外情况的问题，以避免斯坦感觉受到轻视。

C： 对你来说，这听起来确实非常困难，但你几乎撑过了整个学期，大多数人在这样的情况下已经认输了，然而你没有，你是怎么做到的？

S： 我不认为我很坚强，显然我不能阻止这一切。我一直在缺课，以此来避免这一切。

C： 但你没有认输，所以你做对了一些事情。

S： 我试着告诉自己，这无关紧要，这些人对我来说并不重要，或者他们将来对我无关紧要，这一切都是暂时的，总有一天会改变的。

C： 所以你试着转换角度，意识到这只是你生活中的一小部分，以后你就不会感觉这么糟糕了。

S： 是的，我试过了。这对我有好处，特别是当我沮丧并且觉得自己一无是处时，我会想到以前学校的朋友，他们真的很喜欢我，这对我也很有帮助，让我感觉自己不那么失败。

C： 很好。换个角度想想你曾被公平对待，并且受人喜爱的时光，这有助于你向前看。

S： 没错，但这并没有让问题消失，它只能避免让事情变得更糟糕。

C： 说得对。斯坦，自从你转入新学校后，有没有情况不那么糟糕的时候？

S： 情况似乎总是很糟糕。

C： 我敢肯定你是对的（停顿），但也许他们在戏弄你时可能会存在一段间歇期，或者在某件事情上对你略微友善一些？

S： 他们从未对我友善过，但有时我确实能得到休息，通常在第四节课前后。

C： 第四节课是什么？

S： 历史课。在我上历史课的时候，他们似乎没有那么糟糕。

C: 历史课上有什么不同?

咨询师想要对例外情况的环境进行评估。

S: 哦, 只是因为当时有贾森在身边。

C: 贾森是谁?

S: 他是个很酷的家伙, 每个人都尊重他, 他对我很好, 所以当他在我身边时, 那些人都不会为难我。

C: 很好! 这是个好消息! 那个受人尊敬的酷家伙喜欢你并且支持你, 对吗?

S: 是的。谢天谢地, 多亏有他在, 否则真的让人难以忍受!

C: 好的, 所以我们很高兴有贾森在。当贾森在的时候, 你有什么不一样吗?

现在, 咨询师想要了解斯坦的所作所为是如何使例外情况发生的。

S: 你是什么意思?

C: 我猜你在第四节课, 也就是历史课前后会遇到一些不同的情况。你觉得呢?

S: 我可能会松口气, 这是肯定的。

C: 你是对的。那是什么感觉?

S: 我可能会更平静、更放松, 不那么紧张和害怕, 因为我知道接下来将进行一些积极的互动, 而不全是消极的互动。

C: 很好, 还有什么?

S: 你的意思是, 我还喜欢什么?

C: 是的。在历史课上, 你还有什么不同?

S: 嗯, 我可能不会那么沮丧, 走路时不会低着头盯着地面。

C: 非常好, 还有什么?

S: 嗯……我从来没想过这个。我的意思是, 如果我抬起头来, 那么我可能会看起来更乐观。

C: 没错。在历史课上, 你看起来是否会更自信一点?

S: 当然。

C: 不像被欺负的人, 对吗?

S: 当然。

C: 他们在那段时间不招惹你, 有没有可能是出于别的原因? 而不仅仅是因为贾

　　森在？

S: 我从来没这么想过，我想也许是的。

C: 即使当贾森不在你身边时，你是否也能多表现出一些那样的行为？试试看，在这周的其他时间也那样做，看看会发生什么。

S: 好的，这可能值得一试！

　　斯坦现在很兴奋，因为他已经被认可，他意识到自己的痛苦经历中存在一个例外情况。更重要的是，他意识到自己可能在那个例外情况中起到了一定作用，这意味着他可以控制这种情况。

例外技术的有效性及评价

　　一般来说，寻找问题的例外情况是 SFBC 的基本原则，有利于咨询师识别来访者自身的优势和资源，它们出现在使问题消失的例外情况中。来访者可以借助这种方式从内部可控的角度观察自身情况，从而增加自己对问题的责任意识。咨询师通过要求来访者回忆问题中的例外情况，帮助他们加强积极心境，使他们从 SFBC 的方法中获益。例外技术也可帮助来访者将这一短暂的放松时刻当作解决问题的关键。

　　有文献显示，不同群体在不同环境下使用包括例外技术在内的 SFBC 方法均能收获有益的结果。有两项研究结果表明，在家庭咨询的 SFBC 程序中使用例外技术的前景。奇默尔曼、佩尔斯特和韦策尔（Zimmerman, Prest, & Wetzel, 1997）在伴侣咨询的 SFBC 中使用了例外技术，显著改善了配偶调整程度；李（Lee, 1997）报告说，使用包括例外技术在内的 SFBC 程序，在达成多项家庭目标方面的成功率为 65%。

　　一些研究证明了 SFBC 程序中例外技术的应用对学龄期儿童和青少年的有效性。研究人员调查了针对高中生的三种短期咨询变式，并发现在每个环节中使用例外技术都有助于减少来访者与问题相关的不适感（Littrell, Malia, & Vanderwood, 1995）。他们还发现，短期（单一环节）方法取得了与长期聚焦于解决方案的方法相同的效果。科克伦（Corcoran, 1998）发现，针对中学阶段的高危个体，使用重视问题例外情况的 SFBC 方法是很有效的。1999 年，他与提供儿童保护服务的来访者一起工作时再次证明了这项技术的适用性，并且上述两类群体均对治疗有抵抗性，经常需要参与非自愿治疗（Corcoran, 1999）。在另一项针对中学生的研究中，纽瑟姆（Newsome, 2004）得出了不同的结论：接受 SFBC 方法的高危学生组的出勤率没有提高，但成绩有了显著提高。基涅和施图德（Quigney & Studer，1999）的研究记录了例外技术与其他 SFBC 方法联合用于全纳教育[①]，能使来访者在行为问题方面产生积极的变化，包括奥克斯曼和钱布利斯（Oxman & Chambliss，2003）研究的住院精神病患者的暴力行为、赖特（Reiter，2004）研究的家庭问题，以及科克伦（Corcoran，1997）研究的少年犯问题。

例外技术的应用

现在，将例外技术应用于与你合作的来访者或学生，或者重温本书前言中介绍的简短案例研究。你将如何使用例外技术来解决问题，并在咨询过程中取得进展呢？

---

① 全纳教育（inclusive education）是 1994 年 6 月 10 日在西班牙萨拉曼卡召开的《世界特殊需要教育大会》上通过的一项宣言中提出的一种新的教育理念和教育过程。全纳教育作为一种教育思潮，容纳所有学生，反对歧视和排斥，促进积极参与，注重集体合作，满足不同需求，是一种没有排斥、没有歧视、没有分类的教育。——译者注

第 3 章

与问题无关的谈话技术

与问题无关的谈话技术的起源

与问题无关的谈话技术以解决方案为重点，是一种与来访者建立联系的有效工具（George，Iveson，& Ratner，1990）。通过使用该技术，咨询师可以与来访者及其家人共同探讨生活中的积极因素，以及目前进展顺利的方面和对他们有用的方面，以便了解他们。与其他的 SFBC 技术一样，咨询师可以使用与问题无关的谈话技术开启与来访者的交谈，从中发掘来访者自身的优势和资源。人们已经意识到，拥有能力、兴趣、资源和优势，与摆脱抱怨、疾病、应激和症状一样重要。

使用与问题无关的谈话技术有多种用途。首先，在咨询的初始阶段，它能帮助咨询师与个人、夫妻或寻求咨询服务的家庭建立融洽的关系。这是因为，与问题无关的谈话可以展现出咨询师对来访者的关注。其次，很多刚刚开始接触咨询的来访者会因认为咨询颇为神秘而感到紧张，因此与问题无关的谈话技术有助于减轻来访者的紧张感。最后，许多来访者认为自己与咨询师之间存在权力上的不平衡，借助与问题无关的谈话技术可以消除这种感觉，使来访者认识到咨询师也只是一个人而已，而不是一个无所不知的专家。然而，对 SFBC 来说最重要的是，与问题无关的谈话可以为咨询师提供一个机会，让他看到来访者除去问题情况之外的东西，同时将来访者的优势和资源记录下来，以备在接下来的过程中将其用于生成解决方案。

如何实施与问题无关的谈话技术

在咨询的初始阶段，或者是整个咨询过程中的任一环节，以及有新的家庭成员加入咨询时，咨询师均可有意识地使用与问题无关的谈话技术。由于正常社交的需要，在咨询的初始阶段或后续环节的初期，与问题无关的谈话往往会自然而然地出现。然而，尽管这可能很自然地发生，但是在此期间，咨询师应当有意识地倾听来访者的谈话内容，尤其是那些包含其能力及潜力的部分。同时，将这些内容记录下来，可作为问题的例外信息，当作解决方案的一部分。

当咨询开始时，如果与问题无关的谈话没有自然而然地发生，那么咨询师可以通过提出特定问题来引发谈话。通常，这些问题可以是下面这些形式："在进一步讨论你的问题之前，我想更多地了解你。你喜欢做什么，尤为擅长什么？"接下来，咨询师可以提问："哪些事情你可以处理得得心应手？""你过去是如何应对这些情况的？""其他人觉得你在哪些方面做得好？"咨询师也可以使用另一种形式进行提问："在这一切开始之前，请告诉我你的生活是什么样子的？""你是什么样的人？"咨询师应开启这样的谈话，以营造一种轻松、自然的氛围。在这种双向谈话中，咨询师应该多次倾听来访者的优良品质及其曾经有过的更好的体验。

在初始阶段，咨询师应当谨慎地进行这样的谈话，在探讨来访者所关心的问题前，或者在交谈足够长的时间后，咨询师同时要保证来访者有重复的机会全面讨论问题。否则，直接将焦点转向与问题无关的谈话会令来访者感觉受到冷漠、不被尊重、惹人讨厌，或者咨询师在摆架子。洛（Lowe，2004）曾提出，来访者初次可能无法从冗长的与问题无关的谈话中受益，他可能只想讨论目前的问题，或者可能充满敌意，这时谈论积极的事情只会适得其反。

与问题无关的谈话技术的变式

在咨询之初，咨询师可以使用与问题无关的谈话技术来了解来访者；也可以将其穿插在谈论严重问题的咨询环节中，以使来访者放松；还可以在咨询过程中需要寻找解决方案时，使用该技术来获取与解决方案有关的信息和资源。与刚开始接受咨询的来访者进行一些与问题无关的谈话是至关重要的，这样既可以令他们安心和放松，又可以了解他们在问题情境之外的关系及互动情况。咨询师可以使用一系列问题来推进谈话的展开，例如，"请告诉我更多关于你的情况"或"你的生活中有什么积极的事情"。从本质上讲，与问题无关的谈话的时机、意图和形式都可以根据需要加以调整。沙里（Sharry，2004）提出了这种技术的变式，将其用于家庭咨询中的游戏或练习，某位家庭成员假装自己是家庭中的其他成员，讲述他们的优点，说出他们最喜欢的家庭旅行或团聚时光，抑或设计他们的家规。

与问题无关的谈话技术的案例

17 岁的杰琳常常与她 35 岁的母亲发生激烈的冲突。她们会大声用脏话辱骂彼此，有时还会向对方扔东西，甚至会用这样的话来威胁对方："也许我会死的，到那时你一定会后悔的。"杰琳是大多数人眼中的"好孩子"，在超过一年的时间里做着同一份兼职工作，在学校里从不惹麻烦，除了时常违反宵禁的规定外，能遵守绝大多数家规，课程均以高分通过。然而，她和母亲有着非常相似的冲突风格，她们之间的"开战"频率极高。杰琳一直坚持独自来进行咨询，处理和应对与母亲无关的问题，而母亲只来过一次。杰琳的其他问题已经得到解决，今天，她和母亲应要求一起前来进行咨询，咨询师将问题聚焦于二人的关系上。进入咨询室后，咨询师与她们二人的对话如下。

咨询师（C）： 你好，杰琳的妈妈，很高兴今天你能来！

母亲（M）： 我没想到杰琳会叫我过来。我只是想给她一些空间，你知道她有多特别！

杰琳（J）：（轻松地说）随你怎么说！

C： 对你们来说，这周发生了什么好事呢？

M： 天啊，我们刚刚度过了疯狂的一周！我为杰琳感到骄傲。杰琳跟她的同学刚刚为了一个男生发生了争执，她同学的母亲跑到杰琳打工的商场去找她理论。要是有个女人突然找上门来对杰琳大喊大叫，我通常会认为事情不会这么容易过去——我的意思是，这个人的女儿不是小孩子！她完全可以自己处理啊！而我的杰琳呢，只是对那个女人微笑着点点头。

咨询师注意到这是一个例外情况，并赞扬了杰琳。

C： 哇，杰琳你太棒了，你是如何做到保持冷静的呢？

咨询师予以简短的鼓励，并询问这次例外情况的细节。

J：我不想在工作时惹麻烦，我很尊重我的老板。

这是可以用来减少杰琳与母亲之间冲突的重要信息，即尊重对方意味着可以恰当地做出回应并避免冲突。

C：很好啊！这周还发生了什么好事是关于你们的？

M：这周五晚上，杰琳和我一起待在家里，我们点了比萨，还一起看了一部电影。我简直不敢相信她放弃了原有的外出安排，和我待在一起！

J：（轻松地说，揽住妈妈的手臂并靠向她）哦，妈妈，我会感情用事的！

咨询师有点惊讶地看到杰琳和她的母亲以这种轻松有趣的方式进行互动。因为之前获得的信息全是关于二人关系毁灭性的一面。这种互动为咨询师提供了关于将来优先事项的细节和例外情况的重要信息。然而，最有帮助的是咨询师观察到她们充满爱意的、轻松的互动，这有助于咨询师对这对母女的关系做出判断，将之视为一种非常独特的互动模式——尽管这不是一种典型的模式，而且还需做出一些改进。

与问题无关的谈话技术的有效性及评价

与其他 SFBC 技术一样，与问题无关的谈话技术有助于提供来访者被低估的或被忽视的优势及能力的信息。意识到这些隐藏的优势及潜在的资源，能减少无望感，同时强化动机。有些人担心这样做会干扰咨询，但赫格和惠勒（Hogg & Wheeler，2004）发现，与问题无关的谈话技术既能使来访者放松，也能让咨询师获取信息。

研究人员发现，与问题无关的谈话技术对护士而言也是一种实用的工具（Bowles，Mackintosh，& Torn，2001）。护士在与患者互动的初始阶段可以持续地使用这一技术，以表达对患者的关心，而不仅是关心其躯体状况。史密斯（Smith，2005）讨论了一位来访者的情况，与问题无关的谈话技术在其中发挥了作用。"有人看到戴夫和他的护工在一起。当我们第一次见面时，他似乎对自己的所作所为深感羞愧，不愿讨论这个问题。我们最初的两次会面，大部分时间都在讨论与问题无关的事。"史密斯继续谈道，在这个例子中，咨询师因使用了与问题无关的谈话技术而发现了戴夫的积极属性。这样就不难推测，当来访者害羞或不愿交谈，固执或并非自愿前来时，这项技术就能发挥作用。

与问题无关的谈话技术也被纳入许多研究，用于评估 SFBC 方法的有效性。2000 年，巴克内尔大学（Bucknell University）在教师培训的课堂教学中引用了与问题无关的谈话技术。林奇（Lynch，2006）记录了在吸毒人员中使用这一技术的情况，他指出："与问题无关的谈话，能帮助研究人员了解吸毒人员处理生活中诸多方面的方式。"研究发现，在 SFBC 方法中加入与问题无关的谈话可以改善伴侣咨询的效果（Zimerman，Prest，& Wetzel，1997）。

与问题无关的谈话技术的应用

现在，将与问题无关的谈话技术应用于与你合作的来访者或学生，或者重温本书前言中介绍的简短案例研究。你将如何使用与问题无关的谈话技术来解决问题，并在咨询过程中取得进展呢？

第 4 章

奇迹问句技术

奇迹问句技术的起源

米尔顿·埃里克森（Milton Erickson）的水晶球技术鼓励来访者想象一个没有任何问题的未来，然后告知他们如何解决问题以创造出那样的未来。这项技术是奇迹问句的基础，将其与德·沙泽尔提出的来访者无法制定目标的挫折技术相结合，就形成了如今公认的 SFBC 方法的关键技术之一——奇迹问句技术。

从历史上看，咨询一直需要以问题为导向。奇迹问句技术促使来访者思考什么是他们真正想要的，而不是简单地考虑他们不想要什么，从而将聚焦于问题的视角转向聚焦于解决方案的视角。很显然，来访者希望不再感到沮丧，父母希望孩子不再有不良的行为，丈夫或妻子希望配偶不再把自己的付出看作理所应当。然而，奇迹问句技术让来访者思考：变化会呈现出什么样子？如果这些问题真的不再发生了，那意味着什么？和现在相比会有什么区别？你是怎么知道的？

在思考这些问题时，来访者通常会自己找到解决问题的方案，或者至少发现以前没有被自己意识到的可能性。来访者会忽视自己在咨询中取得的进展，甚至不予认可。换句话说，如果来访者从未考虑过什么才是"更好"的，那么当"更好"的情况出现时，他们又怎么会知道这就是他们想要达到的状态呢？为了切实说明这一问题，奇迹问句技术可以设置标准以评估来访者所取得的进展。除了用具体细节定义来访者的进步外，咨询师还在奇迹问句中形成以解决问题为中心的风格，强调对美好未来的希望，帮助来访者负起责任，并激发其内部资源，以明确什么才是他们真正想要的。

如何实施奇迹问句技术

虽然咨询师可以在整个咨询过程中随时使用这项技术，但奇迹问句技术在设立目标时尤为有效。它可以帮助来访者描述出清晰、具体的目标。此外，这项技术关注来访者所拥有的，而非其所缺乏的，从而有助于来访者设立一个积极的目标（Stith et al., 2012）。当咨询师能在咨询过程中自然而然地应用这项技术时，这项技术则会更有价值。在使用这项技术时，尤为重要的一点是，咨询师必须避免为来访者解决问题，而是要耐心地帮助来访者了解如何弥合奇迹问句与实际可能产生的变化之间的差距。

德·沙泽尔（de Shazer, 1988）提出，咨询师通常可以采用以下方式提出奇迹问句："假设在某一天晚上，当你熟睡时发生了奇迹，这个问题得到了解决。你怎么知道发生了奇迹？有什么不同吗？"然而，对于专业的咨询师而言，重要的是协助来访者形成实际的、合理的、聚焦于自身的解决方案。如果来访者说她之所以知道发生了奇迹，是因为她醒来后发现丈夫正在打扫房间，并把早餐端到了床前，这时咨询师就需要让来访者重新关注自身，询问来访者自己有什么不同，而不是他人（除非也一同前来咨询）有什么不同。例如，如果一个来访者说是奇迹引发了他人行为的变化，那么咨询师可通过如下问题，来帮助她理解自己的行为产生的互动和连锁效应："如果你的丈夫打扫了房间并给你端来了早餐，你对待他的方式会有什么改变吗？"咨询师可以帮助来访者明白，即使她的行为只是发生了微小的改变，也会引起他人行为的改变。

墨菲（Murphy, 2015）就如何提出奇迹问句给出了以下建议。

> 如果这个问题突然消失了，那么明天你在学校会做出哪些和平时不一样的行为呢？这个奇迹最初的征兆会是什么？然后又会怎么样？

> 假如有两部关于你生活的电影，在第一部电影中，你的生活存在这些问题，在第二部电影中没有问题，我已经对第一部电影了解很多，请告诉我第二部电影会是怎样的？谁会出现在其中？他们会做什么？在第二部电影中，你会有什么不同？

> 如果有人挥了挥魔杖，施了魔法，就让这个问题消失了，那么你怎样才能分辨两部电影的区别？

魔杖、神奇的药丸、神灯问题似乎更适合儿童，他们往往难以理解"奇迹"这一概念。不管咨询师以哪种方式提出问题，重要的都是将话拓展到解决方案，使来访者更深入地探索解决方案，继而采用方法加深对解决问题这一想法及不存在问题的未来的理解。要求来访者想象有一个旁观者，也能帮助其进一步明确会发生什么变化。

奇迹问句技术的变式

奇迹问句技术可用来识别并审查问题的例外情况，当来访者回答完奇迹问句后，咨询师可继续询问："是否有任何改善的迹象正在发生，或是曾经发生过？如果有这样的迹象发生，那有什么区别？如果是你做了与以往不同的行为，那么你做了什么？你是否可以继续这样做？"这项技术强调的是行为上的改变，而非认知或思维变化。这项技术假设，一旦个体在行为上做出改变，他的认知和思维就会随之发生改变。

奇迹问句技术可以与量表技术（见第 1 章）结合使用，在来访者报告了一个无问题出现的情境后，咨询师可以让其思考，如果做出一个微小的改进会是怎样的？一个中等程度的改进看起来又是什么样的？例如，咨询师可能会问："如果这就是你理想的生活状态，是你期待的不存在问题的生活，那么它在哪些方面取得了改进呢？换句话说，从 1 ~ 10 分打分，如果你刚刚描述的情境是 10 分，10 分代表最好的情况，那么 5 分会是什么样的？"奇迹问句技术也可以与仿佛法（见第 7 章）相结合，为来访者设立一个挑战，看看来访者会如何表现。

奇迹问句技术的案例

杰西是一名 14 岁的男孩，他因所谓的"态度恶劣"与父母产生分歧并影响家庭氛围而被送来进行咨询。在过去的 6 个月里，他与父母有很多分歧，还与兄弟姐妹发生冲突，他不做家务，也不理会家人对他的其他要求，成绩也下降了。他认为自己对这些问题没有任何责任，也厌倦了其他人责怪他。

杰西（J）： 我不明白这有什么大不了的，我受够了每个人都对我指手画脚。

咨询师（C）： 所以你不知道大家都在烦恼什么？

J： 不知道。如果他们能不打扰我……

C： 你会没事的。

J： 但现在并不是这样的，对吗？

C： 对，（停顿）那么你觉得其他人认为什么是重要的？

J：我的态度不好。天啊，他们让我心烦意乱。

C：你的态度不好？

J：是的，每个人都说我愤愤不平。

C：你并不同意？

J：我不同意。我不需要来这儿。

C：那么我们能做些什么来证明这一点呢？

J：你说的是什么意思？

C：你和我怎么能向他们证明你不需要在这里接受咨询呢？

J：直接告诉他们我不需要咨询。

C：可能没那么简单，假如我们一起向他们证明你不需要来这儿，那么我们该怎么做？

J：我不知道。

C：假如现在你可以开启一场时光旅行，穿越到几个月后。在这几个月里，我们一同努力解决了导致你来接受咨询的那个问题。在你穿越到几个月后，你醒来后发现一切都变好了，你会发现生活中有哪些事变得不同，而让你知道自己不需要来咨询吗？

J：好吧，我会注意到，大家不再来烦我了。

来访者给出一个消极的、聚焦于他人的目标（如某件事消失）。咨询师的任务是使来访者的目标转到一个积极的、聚焦于自身的目标上。

C：他们会做什么呢？

J：他们会对我很好。

C：很好。如果他们对你很好，那么你会有什么感受？

J：我会很高兴。

来访者给出了一种情绪状态，咨询师的工作是再次尝试将来访者引向以行为、行动为导向的目标。

C：好的。如果他们对你很好，令你开心，你会怎么做？

J：我会微笑，并且会善待他们。

C：好的。那你如何善待他们呢？

J: 我可能会和弟弟一起出去玩, 与他和睦相处。

C: 好的, 你会与弟弟相处得很好, 带他出去玩。你还会做什么?

J: 我不会和父母吵架。

C: 如果不和父母争吵, 你会做些什么?

咨询师再次尝试将目标从消极的转向积极的。

J: 我会恭敬地说"是的, 亲爱的妈妈"或"不是, 亲爱的妈妈"。我可能会告诉他们, 在这一天我做了什么事。

C: 所以你会和他们相处得很融洽, 交谈时用词恭敬, 并会和他们聊聊你的生活。

J: 是的。如果我们能够以这样的方式相处, 那么我会做好我分内的家务, 他们也会为我感到骄傲。

C: 你怎么知道他们会为你感到骄傲?

J: 因为他们这样说过, 他们都会感到震惊和高兴。

C: 如果他们说为你感到自豪、高兴, 那么你会怎样做?

J: 那会让我想做得更多, 甚至可能在学业方面也做得更好。

C: 也就是说, 当你发现自己做出改变时他们也变得与以往不同了, 进而使你想要做出更多的改变?

重要的是帮助来访者看到, 专注于改变自己的行为, 而不是坚持改变他人是非常重要的, 由此他们意识到可以通过连锁反应改变他人。

J: 是的, 我明白了。

C: 你看, 如果你进行时光旅行而且把问题解决了, 那么你会发现你和弟弟相处得很好。你能恭敬地对待父母, 和他们谈你自己的事情, 做好你分内的家务, 他们为你感到自豪。所有人都很开心, 你甚至在学业方面也表现得更好, 对吧?

J: 是的, 是这样的。看来我们有一些事情要做了。

奇迹问句技术的有效性及评价

奇迹问句技术不仅在确定解决方案和形成具体目标方面非常有效, 而且对于那些对未来失去乐观态度和希望的来访者也是有益的。来访者经常坚持其固有的情绪、感受、想法及行为，通过使用这项技术，咨询师可以挖掘并重振来访者的希望和改善的意愿，而这些想法再加上动机是切实发生改变的必要条件。

奇迹问句还能使焦点从以问题为导向转向以解决方案为导向，它能界定具体有什么不同，通常能将目标设定得更为具体且更具可行性；它还可作为衡量咨询进展的工具，因为它提供了具体的目标，而不是模糊的、泛化的意见。

迄今为止，还没有关于奇迹问句作为独立干预工具的有效性的研究报告，但有报告已证明 SFBC（如例外技术、量表技术、与问题无关的谈话技术）的有效性，其中就包含奇迹问句技术在多种人群样本和问题中适用的记录，特别是与其他 SFBC 方法结合使用能获得更好的效果。例如，阿特金森（Atkinson，2007）将奇迹问句技术与其他 SFBC 方法相结合，评估那些过度使用烟草、酒精，以及药物滥用的人的动机水平。伯韦尔和陈（Burwell & Chen，2006）对寻求职业咨询的来访者使用了这项技术，以帮助他们成为自身转变的推动者和问题的解决者。富兰克林等人（Franklin et al.，2007）评估了一项可供选择的、以学校为基础的 SFBC 的有效性，发现其有助于降低高危青少年的辍学率。特雷格等人（Treyger et al.，2008）审查了奇迹问句技术及 SFBC 应用于伴侣咨询的有效性。琼斯（Jones，2007）审查了这项技术对成瘾咨询的有效性。

一些研究关注嵌入 SFBC 中的奇迹问句技术在中学生群体中的应用：富兰克林等人（Franklin et al.，2001）报告称，在使用嵌入了 SFBC 的奇迹问句技术后，71% 的中学生患者的行为有所改善（根据老师的报告）；斯普林格等人（Springer et al.，2000）针对父母是服刑人员的西班牙裔中学生使用了嵌入焦点解决互助组的奇迹问句技术，教师报告参与该项目的中学生的内倾性［效应量（ES）=1.4］和外倾性（ES=0.61）困难降低到临床意义的标准以下。此外，青少年的自陈报告也显示外倾性问题（ES=0.86），但内倾性问题在自陈报告中并无差异（ES=0.08）；纽瑟姆（Newsome，2004）对初中生使用了嵌入 SFBC 的奇迹问句技术，他发现这些学生的出勤率并没有提高，但平均学分绩点显著提高。

奇迹问句技术的应用

现在，将奇迹问句技术应用于与你合作的来访者或学生，或者重温本书前言中介绍的简短案例研究。你将如何使用奇迹问句技术来解决问题，并在咨询过程中取得进展呢？

第 5 章

标记雷区技术

标记雷区技术的起源

我们曾经都有过就医的经历，医生会给我们开药方并叮嘱我们谨遵医嘱，但我们是否总是能不打折扣地遵守医嘱呢？同样，咨询师也会给来访者布置不同阶段的任务，但来访者是否能完全执行呢？斯克拉雷（Sklare，2014）提出了标记雷区技术，这是一种形成治疗依从性和预防复发的技术，旨在帮助来访者将他们在咨询中所学的内容应用到将来可能遇到的情境中。许多来访者都会经历无数个咨询环节，但很难将所学应用到现实生活中。在各个治疗的转折点，例如，从一个目标转向另一个目标，或者从一项技术或策略转向另一项技术或策略时，特别是在结束时，采用标记雷区技术可以帮助来访者识别将会遇到的困难情境，进而应对或适应困难情境，因为他们在咨询过程中似乎无法应用所学内容。在咨询中建立的安全关系下考虑这些潜在问题情境，咨询师可帮助来访者思考如何应对和适应现实生活。标记雷区技术是一项概括性和预防复发的技术，它帮助来访者将其在咨询中的所见所学和代偿行为、思维和情感转移到现实生活中。

如何实施标记雷区技术

标记雷区技术通常在咨询结束时使用。顾名思义，咨询师与来访者会标记出来访者将来可能会遇到的情境，来访者可用所学的内容来避免挫折，就像矿工在开矿时标记工作区域中的地雷以防止爆炸一样。咨询师会与来访者设想他们尚未讨论，但是将来可能遇到的情境，要求来访者用其在先前各个阶段所学的内容解决情境问题，然后预测自己在特定情境中的行为。一旦来访者完成预测，咨询师就会运用他们在咨询中所讨论的内容，来帮助来访者将其所学应用到应对外部生活和未来的事件中。

标记雷区技术的案例

为了将咨询中的内容推广到将来的问题，确定最佳功能需要设置潜在陷阱和障碍物。许多咨询师担心，讨论这些事情可能会使来访者怀疑咨询的有效性，从而不重视咨询。然而，识别此类问题是咨询过程的必要成分，可以让来访者获得独立解决问题的能力，而增强来访者的自信是赋权的一部分，因此咨询师对来访者的进步给予赞扬，并鼓励其继续争取有意义的收获极其重要。在标记雷区的过程中，识别警告标志和潜在的陷阱至关重要，识别前瞻性问题和制订计划也是产生持久变化的关键组成部分。

> **咨询师（C）：** 重要的不是需要一个体系，而是在没有这些干预的情况下，做出负责任和令人尊重的行为，对吧？你肯定会做得很好，你已经用行动证明了自己。你看，你进步得很明显。所以，我们已经准备好迎接最后一个阶段，也就是标记雷区。在这个阶段，我们将展望未来，并帮助你做好准备以应对某些情境，它们会考验你取得的进步。标记雷区是指找出成功的阻碍并克服它。"戴蒙经受住了考验"只是一种轻描淡写的说法，有时这会变得令人非常沮丧，并且很可能会在将来的某个时刻发生，所以我们需要思考这些时刻。尽管你已经很好地掌握了这些技巧和技能，但是暂停法、代币法、过度矫正法、正强化法等在过去表现得再好，在将来也可能会出现不适用的情境。总是有些时刻，戴蒙会进入被我们称为"情绪不稳定"的状态，变得非常沮丧并且情绪化，似乎没有方法可以奏效。因此，我们应提前想到这些问题，并进行讨论，也许我们还要思考一下，这些问题最有可能发生的时刻及解决方法。那么，你知道哪些时刻对他而言会特别具有挑战性呢？

> **母亲（M）：** 有时，我们全家围坐在一起，做一些对他而言不是特别有趣的事，但因为这是家庭活动，所以他必须在场。还有些时候，当他不喜欢做某些事时，他一定会让我们知道他不高兴。

C: 嗯，他必须参与那些他并不一定想参与的家庭活动。

M: 是的。这可能是一个非常困难的局面，因为大多数时候我们需要外出就餐，或者身处一个……

C: 公共场所。

M: 对，在公共场所特别困难。

C: 很好。你已明确了将来会出现的两种情境，意识到即使是现在，它们也比其他情境更难以应对。而且，我所说的"困难"不仅是指戴蒙感到将理论付诸行动很困难，你也认为很难把在咨询中所学的技巧应用到这些情境中，主要原因在于，你不得不组织家庭活动或出现在公共场所。

M: 我同意这一点。接下来一定会出现更困难的情境。

C: 是的，请设想一下，你身处其中一个情境，你会怎么做呢？

父亲（D）： 谈到家庭活动，我第一个想到的就是戴蒙会支持哥哥姐姐的活动，因为我们全家都支持他们，而戴蒙是其中一员。嗯……例如，他哥哥打高尔夫球，我们一家人经常观看他的高尔夫球比赛。预测并对戴蒙抱有现实性的期待，对我来说可能会有所帮助，我们应该明白他只能接受这么多东西。

C: 的确如此，所以你会提前提醒自己，戴蒙只能接受观看哥哥打高尔夫球这件事，会抱有现实性期待，但是不会对他的注意广度抱有过多的希望。

D: 是的，这你是知道的，即使对有些成年人而言，也不一定想观看整场高尔夫球比赛，当然有些比赛实在是糟糕，让人难以坚持看下去。然后我回想起有一天，我们全家购物 4 小时左右，我的妻子和女儿都很愉快，戴蒙有 3 小时表现很好，这已经到了他的极限了。因此，我认为我们应该意识到这一点，并在规划一天的活动时将其考虑在内，而不是想当然地认为，既然他有 3 小时表现得很好，我们就可以继续活动 3 小时。否则他可能会把它看作对他的惩罚。我认为我们必须在一定程度上尊重他的想法和感受，并能够将"考虑他的感受"与"对他的要求做出让步"区分开来。

C: 很好，对他的行为和情绪抱有现实性期待有助于应对潜在雷区。此外，了解他的极限是什么，并在合理范围内尽量不要越过它们。然后，预测哪些家庭活动有益但戴蒙不感兴趣。

M: 对。此外，我认为提前与他交谈活动的益处，而不能单纯地寄希望于他不会注意到自己花了一整天都在做他不想做的事情。也许我会提前告诉他，在今天的这段时间里，我们会进行家庭活动，每个人都会有自己的时间。我们甚至可以运用普雷马克原理或延迟奖励来应对这些情境，例如，提前告诉他："戴蒙，今天上午我们打算去看你哥哥的高尔夫球比赛，一旦比赛结束，下午你就可以玩你的遥控汽车。"

C：看来你们已经制定了有效的策略。我想问一下，你们在过去尝试过哪些方法？它们是否有效？

M：我们的方法有时有效，有时无效，这在很大程度上与你之前所说的他的情绪化有关，你用的是哪个专业词汇？

C：情绪不稳定。

M：对，有时无法预测他的情绪。

C：是的，了解这些会有帮助。

D：嗯，我认为当我们想做一些明知道他不感兴趣的事情时，重点是要给他一个替代方案。例如，当我们知道他不喜欢当天的计划和安排时，我们会想一些其他方法，假如我观看朋友的长棍球比赛，而戴蒙不想坐下来观看，他可以去他的朋友家里玩儿，等到比赛结束后，我们会去接他。我认为我们都存在的问题是，有时我们感觉是在向他屈服，而他是在训练我们。

C：对，我理解你所说的。当然，一定会有一些不需要他参加的活动，与他同龄的孩子都很难坚持下来，在此类情境下，我认为给他安排另一件事是正确的。

M：我喜欢你的说法，有些场合不需要他参加，而且大多数孩子可能都无法融入活动。这种说法表明我们做了一个明智的、有意义且合理的决定，而不是向他屈服，这样说让我们的感觉好受点儿了。

C：好，那就好。让我们将公共场所作为一个潜在的雷区，想出一些针对戴蒙在公共场所的行为能够产生积极作用的方法。在这种情况下，你认为在公共场所，对你自己或戴蒙来说存在哪些困难？

D：我认为他知道在公共场所，只要有不良行为就很容易得逞，因为我们可能向他屈服，只为了让我们自己轻松些，哪怕只有片刻。

C：说得好。如果他提前知道了这一点，我敢肯定，他会在公共场所有不良表现。

M：是啊，这些日子他在家和私下的表现好很多，但是在公众场所，他还是原来的戴蒙。

C：嗯，有没有可能，这是因为戴蒙的父母在公共场所还是"原来的父母"呢？孩子们很会抓住各种机会。

M：我还没有想过这个问题，但应该是这样的。当别人盯着我们看，窃窃私语，或者用评判的眼光看我们时，我们就会恢复老样子，采用老方法了。

C：嗯，那些评判的眼光令你更容易成为"原来的父母"，那在你们眼里，什么是评判的眼光呢？

D：呃……在我们所生活的社区，我们会在意别人怎么看待我们。从陌生人的角度而言，如果要我从"有一个被宠坏了的孩子"或"我是一个刻薄的父亲"中选择，我宁愿他们认为戴蒙被宠坏了。

C：好的，那是否有例外情况出现呢？

M：嗯，我记得有一次，世界上任何的眼光对我而言都无关紧要，当时我要求戴蒙完全按照我说的做，即使他在商店闹脾气，令人非常尴尬。

C：为什么那次你没有像以前一样顺着他呢？

M：呃……我记得当时我们出了城，我记得我在想，我真的不在乎那些人怎么看待我或我的孩子，因为他们都不认识我，而且我也不会再见到他们了。

C：哈，我明白了。也许我们可以把这种想法用到平时的情况，那么你会做什么呢？你可以利用哪些资源让自己更容易应对这些场合，而不必放弃有效的技巧呢？

咨询师继续确定两三个更具体的潜在雷区和解决问题的方案，并找到用于解决这些问题的资源。在这类干预下，当问题情境确实发生时，来访者更有可能进行创造性的思考。这使他们对治疗的依从性更高，而不是放弃治疗，也帮助他们在面临挑战性情境时坚持下来。

标记雷区技术的有效性及评价

标记雷区技术用于帮助来访者了解如何运用他们在咨询中所学的知识去解决他们未来可能遇到的问题，这项技术对因下列原因寻求咨询的来访者均有效：戒烟、饮食变化、增加体育健身活动、减压和减少饮酒、可卡因依赖、社交技能训练、学业问题、抑郁、心境障碍和药物治疗，以及改善夫妻关系。

影响标记雷区技术效果的因素有很多，米勒等人（Miller et al., 2001）建议咨询师应该预料到来访者会出现一些不依从行为，并在整个咨询过程中向来访者解释其行为的重要性。巴顿和基夫利翰（Patton & Kivlighan, 1997）指出，如果来访者对与咨询师的联盟有积极的看法和认知，则更有可能坚持治疗。戴维森和弗里斯塔德（Davidson & Fristad，2006）指出，来访者对问题的看法，以及是否认为自己需要治疗，也会影响这种技术的有效性。诺克和卡兹丁（Nock & Kazdin，2005）指出，当与孩子一起咨询时，如果父母在孩子的参与和坚持中发挥作用，那么这种技术将更为有效。

标记雷区技术的应用

现在，将标记雷区技术应用于与你合作的来访者或学生，或者重温本书前言中介绍的简短案例研究。你将如何使用标记雷区技术来解决问题，并在咨询过程中取得进展呢？

基于阿德勒学说或心理动力学的技术

我们将在第二部分阐述一组起源于心理动力学的疗法，其中有几种是个体心理学创始人、弗洛伊德的同事阿尔弗雷德·阿德勒特别推荐的。阿德勒是一位受人尊敬的理论家，阿尔伯特·埃利斯曾说："阿德勒甚至超越了弗洛伊德，是真正的现代心理治疗之父。"阿德勒是一位早期建构主义者，他认为来访者构建并解读自身所需应对的现实，并称此过程为"虚构"，来访者把虚构当成事实。他还提出了社会兴趣理论，认为人的社会兴趣最初是由儿童与父母之间的早期相互作用产生的，一些人的环境和条件妨碍他们培养正常的社会兴趣，导致他们产生心理和精神障碍及适应问题。

阿德勒提出以下几种理论建构：

✦ 生活方式指个体应对生活挑战产生的独特目标、信念及理念；

✦ 个体对其在家庭中出生次序的心理反应能塑造其认知、经历和人格，如第一个出生的孩子通常有高成就且负责任，而最小的孩子则被宠坏了，不太负责任或能力较弱；

✦ 他认为优越感或自卑感会通过人格表现出来，有时会产生自大情结或自卑情结；

✦ 他认为个体对早期的回忆也很重要，因其表明个体对儿童早期事件的重视程度及为其赋予的意义。

阿德勒学说和心理动力学咨询方法的主要目的是识别并同化来访者对事件的解释，但细节会与来访者虚构的不同，如此才能丰富来访者的经历并找到补偿挑战性生活事件的替代方式。

阿德勒学说的咨询师采用多种经验性、行为性和认知技术改善人际关系和人际理解，本部分疗法包括：自我信息法（I-messages）、仿佛法（acting as if）、泼冷水法（spitting in the soup）、互讲故事法（mutual storytelling）和矛盾意向法（paradoxical intention）。

✦ 自我信息法帮助来访者对自己的想法、情绪和行为负责，同时鼓励其他人也这样做，教授来访者用简单的方式建构对自己的评论，使他们可以在没有指责或批评的情况下告诉他人自己的需要和期望。

- 仿佛法让来访者根据自己的虚构采取行动，或者采取不同的行为方式改变虚构（如建构另一种虚构）。
- 泼冷水法是阿德勒学说咨询中常用的矛盾法，咨询师鼓励来访者提高出现问题性想法、情感或行为的频率，以使他们明白自己实际控制着症状，从而实现改变。
- 互讲故事法由理查德·A. 加德纳（Richard A.Gardner）博士始创，是一种心理动力学疗法，适用于儿童和青少年不能或不愿对治疗内容直接进行口头讨论的情况。咨询师分析来访者讲述的故事的主题和隐喻，然后用相同或类似的角色复述故事，但包含治疗性信息，通常是关于故事角色解决了他们所遇到的冲突的各种可能性情境。
- 矛盾意向法源自多种不同理论，应谨慎使用。矛盾意向通常会涉及重新建构来访者的问题行为，并要求来访者加入想要停止的行为，但要将行为的表达限制在特定环境（如地点、时间），使他们意识到自己可以控制何时表现或停止这个行为，进而打破周期性行为表现。

基于阿德勒学说或心理动力学的技术的多元文化意义

阿德勒学说关注社会兴趣，十分尊重来访者的世界观及多元文化遗产，主要原因在于咨询师明白优越感和自卑感的重要性，二者与来访者的情感和表现出的问题直接相关，他们是被剥夺权利或曾经受压迫的群体，感到沮丧或格格不入。阿德勒的平等主义信念可以抵消自卑感和污名化，对不同文化、种族、民族、性别和性取向的来访者均十分有用，它提供的是一种合作方式，而非竞争方式。

阿德勒学说的疗法因其内在的集体主义原则、社会兴趣、协同目标设置、干预发展及对多代同堂家庭问题的探索而尤为适用于非裔来访者，这些强调家庭和社区建设的内在特质对多种文化群体具有吸引力（Hays & Erford，2018）。

来自某些文化的来访者（如拉丁裔美国人）可能会觉得互讲故事法令人舒服，心理动力学疗法对拉丁裔美国人尤为有效，其情感方面对女性比对男性更有吸引力。相反，情感性心理动力学疗法不适用于阿拉伯人，尤其是较强的互动且需要自我披露情感、个人和家庭信息的部分，因为他们在表达强烈情绪时会不舒服；相反，一些权威型心理动力学说咨询师对他们很有吸引力。另外，分析员倾向于问一些探究性问题，可能被理解为漠不关心，因此使用此类疗法的咨询师必须采用常用技巧额外关注来访者的舒适度。

　　将心理动力学疗法应用于跨文化群体时有一些潜在限制，例如，并非所有文化群体都重视或承认潜在动机和行为的潜意识过程，心理动力学疗法倾向于将一些文化中的特殊行为诊断为病态的（例如，教养实践培养出依赖性而非独立性，注意到对待男女的不平等）。此外，对有些人来说，此类疗法的起效速度也是个问题，尤其是对于那些无法负担长期治疗费用的个体。最后，此类疗法往往不追求具体结果，需要一定时间才能看到起色，这使部分来访者感到焦虑。

自我信息法

自我信息法的起源

人称代词的使用在阿德勒学说、格式塔、人本主义和存在主义疗法等多种理论咨询中都很重要，例如，弗里茨·珀尔斯及其他格式塔治疗师均鼓励来访者使用"我"而非"它""你"或"我们"称呼自己（Corey，2016）。自我信息（有时也被称为"我语言"）迫使来访者对自己的情感、行为或态度负责，而不是将错误归咎于他人，帮助他们意识到自己应该采取行动，而非改变局面。

20 世纪 70 年代，托马斯·戈登（Thomas Gordon）将自我信息的理念引入家庭研究中。戈登专注研究个人主义和关系的自主方面，他认为自我信息是与他人产生关联的有效方式。他指出，自我信息包含最少的负面评价，通常可以促进形成改变的意愿，且不会影响说话人与受话人之间的关系（Gordon，1975）。

科里（Corey，2016）提出，自我信息以弱化反击的方式表达情感，不太可能导致阻抗或不服从。与"你语言"（通常是妄下判断的、指责的）不同，自我信息不会传达判断力或命令，却会表达说话人的内心情感并传达对情境的主观再认，这为其他观点的表达保留了余地，可以让处于冲突中的双方进行对话，帮助他们通过开放和尊重性的沟通解决问题。

戈登也提出，自我信息有时也被称为责任信息，人们通常不会意识到自身行为会对他人产生效应，但使用自我信息时，说话人要对自己的情感负责并与受话人分享，也会传递问题性行为效应，让受话人产生意识并修正相应行为。

如何实施自我信息法

科里提出，当个体对自身行为或情感不负责任时，可以鼓励他们替换人称代词，例如，可以要求其将"它不会再发生"改为"我不会让这件事再发生"。

简单自我信息承认问题、情感或理念的存在，仅涉及说话人，故相对没有威胁性，在想要识别问题又害怕他人进行自我防御时可使用这项技术。伯尔（Burr，1990）指出，当小的行为改变可以解决问题或者说话人想要进行关于更复杂问题的对话时，使用混合自我信息很有帮助，包含三个部分：（1）问题描述（通常是一个行为）；（2）问题或行为对说话人产生的效应；（3）说话人经历的情感。戈登建议，表达自我信息应遵循行为、效应、情感的顺序，表明情感源于效应，而非人的行为。

近来，培训咨询师遵循下列结构使用自我信息：

当你＿＿＿＿＿＿＿＿＿＿（行为）时，我感到＿＿＿＿＿＿＿＿＿＿（情感），这是因为
＿＿＿＿＿＿＿＿＿＿（效应）。

自我信息应该是具体的，强调行为而非人格。雷默（Remer，1984）指出，自我信息的效应部分可以是结果，也可以是解释性的。作为结果的面质聚焦具体结果，而解释性面质针对的是行为的原因，例如，解释性面质可能是："看到你把脏盘子放在水槽中，我就会感到愤怒，因为我认为你这样做是为了激怒我。"

各个年龄群体都有混淆情绪与行为的情况，在教授自我信息技术前，与来访者讨论情绪并演示几个案例会很有帮助。阐明自我信息与你信息之间的区别也特别有用，可帮助儿童处理二者的不同反应，让他们明白为什么自我信息更加有效。

自我信息法的变式

弗雷和多伊尔（Frey & Doyle，2001）提出，有时自我信息也会包含第四个部分：说话人会表达期望发生的事，即在典型的自我信息后增加："我想要＿＿＿＿＿＿＿＿。"借此，说话人积极探索问题的解决方案。另一个变式是使用我们语言，表明说话人认为一个团体或关系出现了问题，例如，一个团体的领导者可能认为："我们似乎更愿意停留在问题的

表面。"与自我信息不同，我们语言无法确定问题的来源，也不会暗示或表明个人责任或解决方案，因此其识别问题的方式不会引发防御或阻抗。我们语言暗示涉及的人是相互关联的，需要通力合作找到解决方案。当强调团结性并解决团体中的问题时，我们语言十分有用，但当说话人试图通过将问题归为团体问题而逃避个人责任时，或说话人试图强迫或控制他人时则不适用。

自我信息法的案例

让我们回想一下第 1 章引用的关于塔玛拉和凯文的咨询摘要。在他们的对话案例中，二人均同意接受对方的人际关系评级及沟通能力，也认同一起处理更困难的问题时，有效沟通的能力会影响他们的婚姻。在下文中，咨询师向他们说明自我信息的重要性，教他们如何在低效沟通情境中使用这项技术。

咨询师（C）： 大家都同意确实需要改进沟通方式，这对于你们的幸福是十分必要的。

塔玛拉（T）： 是，我们都认为与对方的沟通方式低效且不健康。

C： 没错，是这样的。我了解到的是凯文感觉你是在寻衅吵架，所以他把你的话当耳边风，变得谨小慎微。而塔玛拉，你似乎觉得凯文忽略了你，所以你主导话题并感到很生气。

凯文（K）： 这像个恶性循环。

C： 事实上就是。

T： 就好像我在想："如果他能关心我，我就不会继续生气了！"但可能他也在想："如果她能少说点话，说话别那么大声，我就不会把她的话当耳边风或感觉有必要保护自己了！"

C： 是这样的。既然你知道，那是不是应该采取其他方式来沟通呢？

T：（停顿）嗯……好吧，呃……我也不知道。

K： 确实有用，但当我们又发生冲突时，就不知道是否有用了。

C： 好吧，我记得你们说过导致关系紧张的一个原因是家庭责任分工问题，对吗？

咨询师有意提出一个话题，引发塔玛拉和凯文激烈的争论，这样就可以借此观察他们典型的沟通方式了。

K： 这是一个很好的说法，但我不是这么说的。

C: 你怎么看？

K: 嗯，让我想想……什么都不能满足她，无论我做什么她都不满意。

T: 那是因为你做得不够好。你举手之劳就指望我感恩戴德，你所谓的对家庭的"特殊付出"其实只是我每天做的一百件事中的一件。

凯文深呼吸，面部因生气而扭曲变形。

T: 你都没什么可说的吗？

K: 说了又有什么用呢？

T: 没用，你无可辩驳，因为我说的都是事实。

C: 好了，请不要介意，我打断一下，我看到你俩的沟通方式，就知道该从何入手了。听了你们说的话，我感到你们的表达过于关注对方，这容易引发争论，因为当我们这样做时，其实是在逃避对自己的情感和行为负责，而令对方处于防御状态，从而使对方只想要保护自己、反击、责备或从情感上逃避对方。我们应该从基本的沟通技巧开始，要强调你们自身的情感、行为和态度，而不是将矛头指向对方。我们来继续讨论刚才的话题，我希望你们能这样表达："我感到……"塔玛拉，从你开始可以吗？说："我感到……"

T: 我感到理所当然。

C: 很好。请这样说："当你……时，我感到是理所当然的。"

T: 当你想要我承担大部分家庭责任时，我感到是理所当然的。

C: 很好。请再进一步："当你想要我承担大部分家庭责任时，我感到是理所当然的，因为……"

T: 好的。我想想，当你想要我承担大部分家庭责任时，我感到是理所当然的，因为我觉得你肯定会做更多来帮我。

C: 很好，塔玛拉。现在，凯文，我希望你用"我感到……"这样的句子来回答。

K: 好的。我感到……我不知道，我感到很生气。

C: 嗯，请说："当你……时，我感到很生气。"

K: 当你说我什么事都不做时，我感到很生气。

C: 很好。请说："当你说我什么事都不做时我感到很生气，因为……"

K: 因为……

C: 我们从头开始，我们慢慢学习。请说："我感到很生气……"

K：当你说我什么事都不做时，我感到很生气，因为你这样说就代表我原来帮的忙都白干了。

C：好。你们听到对方这样说话有什么感受呢？

K：我感觉这样说代表我们都很成熟，也比较尊重别人，我为自己感到骄傲。

T：（笑）是啊，他确实帮了忙，我感到很糟糕，因为没有夸奖他。

C：你们都说得很好。这种沟通方式就叫自我信息，你会发现用这种方式沟通不仅能让你们自我感觉良好，也能知道对方的想法，了解他人的立场，从而产生同情。

T：我懂了。

C：很好。那么，请你们继续谈话，我可能会突然加入来帮助你们练习，直到你们掌握这项技术。

T：继续说吗？

C：对，用"当你……我感到……因为……"这种句式表达自己的观点。在你们熟练之前，请尽量具体点。

T：好的，应该轮到我了，或者你想继续，凯文？

K：你先说吧。

T：好，我接着你最后一句话说。我似乎忽视了你也帮过忙，因为我很生气。

C：请说："当你……"

T：哦，好的。凯文，我因为生气所以忽视了你也帮过忙，当你做得不多时，我就感到自己不堪家务重负了，可你却不在乎。你知道的，当人愤怒的时候是很难懂得珍惜的。

K：我明白。好了，好了，该我了。嗯，说实话，当你发牢骚时我不在乎你承担了多少责任，因为我感到无论我做什么都不够，反正你也看不到。

自我信息法的有效性及评价

自我信息法可用于多种情境。戈登（Gordon，1975）指出，这项技术对儿童特别有效（尤其是在教养和学校纪律情境中），在伴侣咨询中也能获得较好效果。卡默勒（Kammerer，1998）指出，自我信息法常用于多种冲突情境，可帮助涉事人达成有效的解决方案。菲利普斯－赫尔希和卡纳杰（Philips-Hershey & Kanagy，1996）称，自我信息法通常用于教授人们以积极、非暴力的方式控制自己的情绪。霍兰兹沃思（Hollandsworth，1977）称，可以将其用于对过于积极或太被动的人进行自信训练。马丁内斯（Martinez，1986）发现，自我信息法在应对普通课堂行为问题时很有效。科恩和菲什（Cohen & Fish，1993）称，这项技术在处理特殊问题行为方面非常好用，如大笑、争吵、打嗝等开小差行为。

研究人员针对自我信息法在纪律和冲突情境中的有效性方面开展了大量研究。在审查自我语言在教室对学生行为影响的研究中，彼得森等人（Peterson et al.，1979）发现，使用自我信息法可以减少混乱，尽管并不是对所有人都有效。雷默（Remer，1984）研究了记录中有关冲突情境下人们对自我信息的反应，发现对于自我信息的三个部分（行为、情感、效应），更愿意改变行为的个体更有可能敞开心扉进行协商，并认为三部分组合比单独成分或两部分组合更有效。

另有两项研究探索了自我信息法在冲突情境的有效性，审查了自陈报告中对肯定式和攻击性/指责性语言产生的不同反应。库巴尼和理查德（Kubany & Richard，1992）指出，肯定式语言属于自我信息，而攻击性/指责性语言由你信息组成。库巴尼等人（Kubany et al.，1992）发现，女性被试认为肯定式语言不太令人厌恶，不太会引起敌对情绪，更能引起同情，不太可能导致对抗行为，更可能促成和解行为。他们总结说，在亲密关系中使用指责性语言可能会引起对抗、疏远，并会妨碍冲突的解决。库巴尼和理查德将这项研究扩展至青少年群体，也得出了相似结论，男女青少年均认为相对于自我信息，他们更容易对你信息表现出愤怒和敌对反应。虽然这些研究大多是以自陈报告为基础，而非基于实际行为观察，但研究结果表明，在促进冲突解决方面，自我信息比你信息或其他冲突处理方式更有效。最后，在使用自我信息时，需要注意文化敏感性和特殊性，例如，在东方文化中，父母在表达愤怒情感时会避免并拒绝使用自我信息，但在表达担忧和沮丧时则会使用（Cheung & Kwok，2003）。同样，金（Kim，2014）改编了自我信息量表，以帮助伴侣解决婚姻中的沟通问题。

自我信息法的应用

现在，将自我信息法应用于与你合作的来访者或学生，或者重温本书前言中介绍的简短案例研究。你将如何使用自我信息法来解决问题，并在咨询过程中取得进展呢？

第
7
章

仿佛法

仿佛法的起源

仿佛法是以阿德勒学说为基础的。卡尔森、沃茨与马尼亚奇（Carlson，Watts，& Maniacci，2006）指出，阿德勒学说的目的是提高来访者的社会兴趣和社群感，可以根据以下四项标准来衡量：

（1）症状的减少；

（2）能力的提高；

（3）来访者幽默感的增加；

（4）来访者观点的改变。

仿佛法不仅可以帮助来访者改变观点，还能改变其行为，反过来又可以提高能力。仅仅是帮助来访者从不同角度看待问题是不够的，必须让他们做出与以往不同的行为。

阿德勒认为，每个人都创建了认知地图来指导自身生活，尽管这些认知地图是虚构的，但人们表现得"仿佛"这些地图是真的，并按其生活。阿德勒认为，可以通过改变认知地图来使来访者的行为更有成效。仿佛法让来访者扮演角色，做出仿佛已完成了他们认为无法实现的事的行为。

如何实施仿佛法

2013 年，琳达·塞利格曼（Linda Seligman）和劳里·W. 瑞森伯格（Lourie W.Reichenberg）指出，实施仿佛法时，咨询师会要求来访者假装自己已经具备有效应对困境的技能。2003 年，理查德·K. 詹姆斯（Richard K. James）和伯尔·E. 吉利兰（Burl E. Gilliland）指出，许多来访者会找借口说："要是我能……"这时，咨询师会指导来访者扮演无所不能的角色。卡尔森等人（Carlson et al., 2006）提出，来访者会发现，当想到某个拥有这些技能的人，然后设想这个人将如何处理手头的情况时，是很有帮助的。通过尝试一个新的角色，来访者会发现他们有能力完成，在这个过程中会脱胎换骨，成为一个新的人。

科里（Corey, 2016）指出，扮演想要成为的人会挑战自我极限。咨询师会要求来访者注意自己重复旧行为模式的时刻，承诺是仿佛法的重要组成部分，如果来访者真正希望改变，就必须承诺针对问题采取行动。

仿佛法的变式

部分咨询师会通过使用反思性提问实施仿佛法，即向来访者提问，让其思考如果真正处于想象中的情境，且行为（想法、情感和动作）与以往不同时会做什么。这可以让来访者在现实生活中行动之前先想象一下自己会怎么做，以便提前做好准备。通过对来访者在现实生活中面对挑战性时刻进行角色扮演的探索，咨询师还可以完成标记雷区工作（见第5 章）。

沃茨（Watts, 2003）发明了一种名为"假想反思"的技术，是仿佛法的一种变式，分为以下三个适应阶段，可以鼓励来访者在假设其行为方式与目标一致的前提下，从容不迫地思考如何以不同的方式行动、感受、思考：

（1）咨询师提出一些反思性问题，帮助来访者构建关于对行为改变的理解；

（2）表现得好像与目标一致的行为是由来访者和咨询师共同构建的；

（3）来访者在现实生活中尝试挑战性最小的行为。

在体验过成功并修正方法后，来访者可逐渐尝试越来越具有挑战性的行为，咨询师和来访者会在随后的环节中对这些经验进行加工、庆祝成功并进行修正，以适应将来的情境。

沃茨和加尔扎（Watts & Garza，2008）还提出，咨询师可让儿童表现得像是问题不存在，画出不同的认知地图，来帮助儿童表达自我。可以在随后的仿佛法实践阶段、咨询外的尝试阶段、关键期的最后实现阶段进行详细的讨论，以帮助来访者理解改变的路径，并帮助其发展出改变的能力。

仿佛法的案例

16 岁女孩莱尼与同龄男友在 8 个月前分手了，当时她心烦意乱，拒绝上学。她的母亲表现出情感反应且反复无常，对此过分纵容，超出了教养界限，允许莱尼从公立学校退学，在家接受教育。在家的 4 个月期间，莱尼从未完成过任何家庭作业，还出现了其他棘手的行为问题。4 个月前开始咨询时，她绝食并自残，情绪十分不稳定，具有破坏性。

经过为期 4 个月的每周一次的咨询后，她不再自残也不再绝食，赶上了学习进度，情绪稳定了，破坏性和爆炸性降低了，但仍需努力摆脱躯体过度活动和心烦意乱。最近，她决定在几周后的新学期开始时返校。

莱尼（L）： 我只想变得正常些，像其他女孩一样。

咨询师（C）： 你是指返校吗？

L： 是的。整天待在家里让我感觉好烦，感觉自己就像个隐士似的。如果我真是个隐士……你知道我爸有点精神失常，他就是这样的，他是个隐士。哦，天啊，如果我像他一样该怎么办啊？如果我不得不退学该怎么办啊？如果我疯了呢（她的身体由于受到这个想法的影响，膝盖弯曲到胸部，头埋在双腿间，手用力抓着头发）？

C： 莱尼，我们已经讨论过这些了，你知道该怎么停止。

L：（不再乱动手臂，但仍将头埋在双腿间，深呼吸并沉默了一会儿）我不是隐士，我不是我爸，我也不用像我妈一样，我就是我自己。我不是怪人，也没有疯，我真的没有疯。我变得越来越好了，我很好，我很好，我很好（又一次深呼吸，抬头，挑起眉头，漫不经心地笑了一下）。

C： 你很好。

L： 是，我会好的。

C： 很好，你想要像其他女孩一样"正常"？

L： 是的，想要正常些，比如不发疯。朋友们认为我待在家里就像个怪胎，她们知道我并没有真的在家接受教育。我不能待在家里了，我应该有个正常的 16 岁。

C: 你认为"正常的 16 岁"是什么样子呢？

L: 举个例子，我肯定应该是待在学校，会去商场，夏天我应该泡在游泳池里。就因为马修，我避开了所有这些地方。当他跟我分手时，我真的迷失了——是的，真的迷失了。我知道当我再见到他时我会再次沦陷，我的所有努力都白费了。

C: 你认为如果回到以前的环境中，你就会成为以前的莱尼，是吗？

L: 这正是我害怕的，是的，差不多就是这样。我不能再来一次，我是说虽然我现在还有很长的路要走，但我很好，只是我真的不能回到过去。你知道吗？他就是对我产生了很大的影响，但不像以前的影响那么大。当他和我分手时，我感觉我的人生完了，我都不知道我是谁了。一旦我不再是马修的女朋友，我就不知道莱尼是谁了，我真的完全迷失了。我感觉所有人都盯着我、议论我，而他却在和别的女孩说话。我感觉被抛弃了，我感到非常孤独，我崩溃了，我迷失了！我刺破了他的轮胎，并威胁他说我要自杀。我哭坏了眼睛，拒绝离开他家，乞求他回来，还曾躺在地上哭。太荒唐了，我无法回到学校去面对这一切。我连续两周拒绝去学校，但情况并没有变好，反而越来越差，所以妈妈不让我回学校，她说这些对我来说太多了，我无法承受……但我现在想回学校，我不想让这件事再继续控制我的生活，但我害怕它会。

C: 你知道的，你控制住了。

L: 是吗？我不知道我会如何反应。如果我控制不住呢？

C: 你可以提前编好剧本，学习假装、演戏和假扮的艺术。

I: 你是什么意思（看起来很感兴趣、快乐，也很急切）？

C: 嗯，你之前说过想当演员，因为你有演戏的天赋。

莱尼与咨询师微笑地看着对方。

C: 如果我们创造一个角色来让你扮演呢？

L: 听起来不错，我喜欢。

C: 当你回到学校时，你希望自己是什么样子？

L: 哇哦！（认真思考，对此很感兴趣）我想变得正常、健康，想成为冷静、镇定如常、泰然自若的人。我想表现出自信，想不受荒唐的高中生活的影响，想要过得开心，而不是轻浮、不成熟。我想要变成一个成熟自信的女孩，而不是一个可笑的、情绪激动的女孩，更不想摇尾乞怜、扎破他的轮胎或自残。我想要变得泰然自若，不受他人影响——我不只是受马修的影响，每个人都会私下议论我去哪儿了，为什么又回来，我必须有能力处理这些问题。可是，我不是这样的，我的情绪不是那么稳定，也没那么坚强。

C：我们来创造一个新的角色吧！

L：像是电影里的角色吗？

C：对，就像是电影里的角色，你可以用一个你知道的人物为原型，如果你能想到一个具有你所说的这些特质和技能的人物。

L：（突然显得灰心丧气）可是，这不是要成为一个并不是我自己的人吗？

C：或许我只是想让你与以往不同，因为以往的方式并不合适你。你还不知道如何变得不同，但你知道你想成为什么样的人。你可以假装自己已经变成了你想要的样子，因为有时候改变自己最简单的方式，就是表现得好像已经变成你想要的样子了。

L：表演！我喜欢！这个我完全可以做到（明显又恢复了热情）。好的，不过你别笑，我想到的是《乱世佳人》（Gone with the Wind）里的女主角斯嘉丽·奥哈拉（Scarlett O'Hara）。说实话，她正是我想要成为的那种人，没有什么能打败她——什么都不能！

C：哦，也许她也有脆弱的时候，还记得卫希礼因为战争离开的时候吗？还有影片结尾时白瑞德离开她时？我们来想一下，当她被拒绝和失去两个最爱的人时，她是怎么应对的。

I：她也有卑躬屈膝的时刻，但她很快就能收拾好心情，好像从来没有发生过一样。

C：的确如此。

L：她通常会等到风暴过去，并且更愿意独自承受，很少有人看到她的脆弱。

C：你是怎么看出来她很坚强的呢？

L：从她走进房间的姿态、脸上的表情、声音的镇定，还有她处理问题的方式。

C：即使崩溃，她也能很快变得自信。斯嘉丽简直是自我恢复大师，她好像在扮演一个角色，而且有一个重启键，一旦出戏，她就可以按此键重启。那么，当你回到学校时，你能扮演斯嘉丽吗？请你在这周好好想想，如果她是你，她会如何面对刚回校时的各种情况，可以吗？

L：当然可以。这周我要再看一遍电影，关注她身上每一个我想要拥有的特质。

仿佛法的有效性及评价

仿佛法适用于来访者不相信自己拥有应对困境的必要技能的情境。卡尔森等人（Carlson et al.，2006）建议，努力克服羞怯的人可以假装自己很坚定自信。塞利格曼和瑞森伯格（Seligman & Reichenberg，2013）建议，当一个女人被其专横的丈夫恐吓时，可以想象自己足够勇敢，可以对抗他。此外，当儿童接受医学治疗时，可以把自己假装成最爱的超级英雄，会使治疗更顺利地进行。

仿佛法的应用

现在，将仿佛法应用于与你合作的来访者或学生，或者重温本书前言中介绍的简短案例研究。你将如何使用仿佛法来解决问题，并在咨询过程中取得进展呢？

第 8 章

泼冷水法

泼冷水法的起源

泼冷水法源于德国古谚语，归功于安斯巴彻（Ansbacher）夫妇于 1956 年所做的工作。这是一种自相矛盾的阿德勒式技术，即通过先确定来访者的潜在目的后再向来访者指出这个目的来减轻其症状。阿德勒认为，即使之后来访者选择继续症状行为，他们也只有在知道自己可以从中获益时才会去做。对多数来访者而言，这一认知可使症状不再具有吸引力，或让来访者失去对它的兴趣。如果症状不再那么吸引人，且在某种程度上无益时，来访者通常就不会继续了。

咨询师不必鼓励来访者维持症状，也无须要求他们停止，而是告知其行为的意图，并证明其用处。咨询师的工作是教授来访者以不同或更亲社会性的方式来了解自身的行为。咨询师要理解来访者的期望是尽量感觉良好，咨询师可与其共同努力找出更好的方式来实现这一目标（Rasmussen & Dover，2006）。如果没学会用新的、更恰当的方式实现这一目标，来访者就会维持症状而非采取替代性行为。阿德勒相信，来访者为了维持症状，必然会与之做斗争，这项技术证明他们无意识却有意图地制造出自己的症状。

如何实施泼冷水法

在实施泼冷水法前，咨询师应与来访者建立融洽且相互信任的关系，否则被拒绝的可能性就会增大。咨询师会通过询问一些有用的问题来对症状的意图做出假设，可能包括：

✦ 你从这些行为或情绪中得到了什么？

✦ 你的这些行为或情绪能产生什么积极的结果吗？

✦ 明天你会不会放弃这些行为或情绪？

✦ 如果明天你放弃这些行为或情绪，你会失去什么？

为使这项技术效果更明显，重要的是理解完整意图和带来变化的能力，在实施中谨记阿德勒所说的"适应不良行为的根源可能是社会兴趣低、自卑感及相关问题"。奥伯斯特和斯图尔特（Oberst & Stewart，2003）指出，不良行为或症状通常是由个体逃避生活需求和任务，或者努力获取权力、注意或爱而引起的。

拉斯马森和多弗（Rasmussen & Dover，2006）指出，来访者已发展出一种生活方式，使其能够达成期望目标，但这个方式存在缺陷。典型的动机和不适应性症状可能包括：为获得权力、尊重和控制而发怒，为从他人那里获得扶持和支持而抑郁，为逃避责任和任务而假装无助，为从重要他人那里获得爱和情感的表达而缺乏自我照顾。就像三岁儿童会通过发脾气等适应不良行为获得有形物品或逃避任务一样，较大的儿童、青少年甚至是成年人也会有类似行为的不同表现。

卡尔森等人（Carlson et al.，2006）指出，通过使用泼冷水法，咨询师向来访者说明他们从症状中获得了什么，然后告知其症状可能会持续，因为他们自己已经越来越明白病因，症状也就变得没有吸引力了。正如塞利格曼和瑞森伯格所言："咨询师会告知来访者他们自我挫败行为背后的动机，通过使症状失去吸引力来摧毁他们设想的报偿。"来访者可能仍然想要"喝汤"（如持续这个行为），但已经没有乐趣了，因为咨询师已"吐进汤里"①了。

在使用这项技术遇到阻力时，咨询师必须审查原因。拉斯玛森（Rasmussen，2002）指出，如果来访者被泼了冷水后仍拒绝改变，那么常见的原因可能是：

✦ 来访者的意图与咨询师推测的不同；

✦ 认为咨询师没有同情心、不善解人意或不支持他；

✦ 认为咨询师令人不愉快、太直接或不讨喜；

✦ 缺乏转变的动机。

在每个实例中，咨询师都应重新定义目标，采取措施强化来访者的动机，并专注构建

---

① "泼冷水法"的英文为"spitting in the soup"，直译过来是"吐进汤里"。——译者注

更融洽的关系。

泼冷水法的变式

现存文献并无有关这项技术的变式，尽管实际情况可能因咨询师、来访者、现有症状和确定的激励因素的不同而存在不同形式。

泼冷水法的案例

46 岁的戴安娜到诊所治疗慢性病，她的主诉症状与抑郁障碍一致，并抱怨身体疼痛让她无法正常生活，但至今仍没找到相应的医学解释，故被转介给心理咨询师。

咨询师（C）：你说你一直感觉不好，尽管你不知道是从什么时候开始的。你能回忆起以前的生活吗？

戴安娜（D）：我生于一个大家庭，是家里 4 个孩子中最大的。在我 11 岁时，母亲去世了，父亲开始酗酒，他变得和以前判若两人。我们就像是同时失去了双亲，只是方式略有不同。

C：这对你来说肯定很难吧？

D：当时我并没注意到自己的处境有多难，我整天都在忙忙碌碌，完全不能松懈。母亲永远离开了，父亲又醉倒了，没人可以照顾我们，于是所有责任都落到了我肩上。我必须照顾所有人，包括父亲，所以，我已经记不起来有多久没有停下来感受悲伤了（较长时间的停顿，思考，然后做了个短促的深呼吸）。后来，我决定结婚，部分原因在于，只有结婚才能让我离开这个家，把肩上的责任移交给妹妹。我很快就怀孕了，有了第一个女儿，然后又有了一个女儿，于是我又像过去一样，要照顾家里所有人。我太累了，我真的感到很累。

C：看来你从没休息过。

D：是的，没有，从来都没有休息过。几年前，我丈夫查尔斯离我而去，他搬到了另一个州。如今我们还是夫妻，他会不时打电话来，还常常会给我寄钱。对于他的离去，女儿们很生我的气，她们也都逃离我。虽然我最小的弟弟已经成年了，但仍需照顾，他经常出入监狱，总是需要别人的帮助才能重新站起来。他还是个酒鬼，需要被解救。我妹妹是一位残疾人，有时我需要帮忙照顾她的孩子。父亲的健康状况很糟糕，我已经尽力照顾他了，每周都为他准备生活用品，还帮他打扫卫生（陷入沉思，随后前后晃头，用手抚着前额）。而现在最糟糕的是，我身体疼痛难忍，医生却找不到任何病因。

C：似乎永远都不会结束。

D：就是这样，为什么这一切都发生在我身上？

C：似乎不公平。

到目前为止，咨询师只对来访者表达了支持性观点，以肯定她的情感和经历。这十分重要，因为她没从医学角度得到肯定。如果咨询师很快就问她一些较难的问题，就可能令她产生防御意识。但如果她事先得到了肯定，就不太可能进行防御。

D：一点都不公平，我的生活已经够难的了，充满了不公平，足够体验一辈子了，我厌倦了。

C：的确如此，你厌倦了被需要，也厌倦了你的生活，仅仅因为那是你的生活。

D：你是什么意思？

C：你有想要生病的愿望吗？

D：当然没有！我不想像现在这样！我为什么会想要生病呢？我是所有事的受害者。

C：咱们换一种说法。你能否从身体不适中受益，哪怕只有一点点？

D：没有。

C：好的，如果你明天突然好了，你会失去什么吗？

D：（迅速回答）当然，我会失去休息时间，家人又会期望我再去照顾他们——我弟弟会向我要钱，我妹妹会不断向我寻求帮助，我的女儿们会一直生我的气并憎恨我……天啊，这样看来，生病似乎还是能让我受益的。

C：这样看来，为了能从照顾所有人的生活中得到休息，你能想到的唯一办法就是成为被照顾的人。这没什么，继续生病也没什么，如果这能让你感觉好一点儿，能让你的需求得到满足，那么目前来说没什么。

来访者可能会继续"喝同一碗汤"，但"味道"已经不如从前了，因为她知道了"原料"。也就是说，她可能会继续感到身体不适，继续当受害者，但效果已经不同了，因此也许会积极寻找更健康的替代方式来满足自己的需求。

泼冷水法的有效性及评价

尽管在多项研究中，将泼冷水法与其他阿德勒学说技术（如自我信息法、仿佛法）结合使用，但并无证据证明单独使用泼冷水法的有效性。多伊尔和鲍尔（Doyle & Bauer，1989）建议在治疗儿童创伤后应激障碍时使用这项技术，以帮助他们改变对自身的偏见。赫林和鲁宁（Herring & Runion，1994）建议，将泼冷水法等阿德勒学说技术用于民族多样化的儿童和青少年群体，以提高社会兴趣（social interest）[1] 并改善生活方式。哈里森（Harrison，2001）提倡将这项技术与阿德勒学说的其他原则用于性虐待幸存者，这些人常常有自伤、抑郁、进食障碍的症状。

泼冷水法的应用

现在，将泼冷水法应用于与你合作的来访者或学生，或者重温本书前言中介绍的简短案例研究。你将如何使用泼冷水法来解决问题，并在咨询过程中取得进展呢？

---

[1] 社会兴趣是阿德勒个体心理学中的术语，指的是促使个体认同他人、同情他人的固有潜能。——译者注

第 6 章

互讲故事法

互讲故事法的起源

讲故事是人类的一项悠久传统，寓言和神话故事可以影响人的行为。故事反映了规范人们行为和指导人们做决定的文化规律、伦理和日常规则。显然，讲故事在咨询中可以发挥作用。

根据心理动力学派咨询师理查德·A. 加德纳的研究，从使用故事的游戏治疗中可以看到互讲故事法的起源。1913 年，赫格－赫尔穆特（Hug-Hellmuth）在对儿童进行治疗时首次引入了这项技术（Gardner，1986）。1920 年，安娜·弗洛伊德（Anna Freud）和梅兰妮·克莱因（Melanie Klein）受到赫尔穆特的影响，将游戏疗法纳入儿童分析访谈中。安娜·弗洛伊德在开始冗长的语言沟通前，用游戏与来访者建立治疗联盟关系；梅兰妮·克莱因则认为，游戏是儿童的主要沟通方式。自 1930 年起，康恩（Conn）和所罗门（Solomon）意识到许多儿童无法分析自编的故事，于是运用符号与来访者讨论故事，用这种沟通方式带来治疗上的变化。加德纳在这个理论的基础上，于 1960 年研发出互讲故事法。

由于曾经历过来访者拒绝被分析的实例，加德纳不赞成这种"为取得治疗进展将潜意识引入意识觉察中"的心理动力学疗法，他指出，讽喻和暗喻可以绕开意识直接被潜意识接收（Gardner，1974）。时隔几年，他再次提出，为避免来访者对自身错误行为的抵触，可与来访者讨论他人（如虚构人物）的不恰当行为以及从中学到的经验，讲述仅与特定时间内特定人物相关的故事（Gardner，1986）。通过互讲故事法表达的经验更易被接受，且更容易被纳入接收者的心理结构中。阿兰森（Allanson，2002）指出，加德纳通过来访者的参与程度和听故事时感受到的焦虑来确定解释的准确性，以及来访者对经验的理解程度。咨询师对来访者的背景及其当前的担忧了解得越多，就越能更好地应用这项技术。

如何实施互讲故事法

在实施互讲故事法前，与来访者建立治疗关系并尽可能多地了解来访者的背景和当前的问题十分重要，这有助于咨询师理解并在复述来访者的故事时更有效地运用这些隐喻。

互讲故事法的第一步是咨询师为来访者提供较大的范围，引导来访者自编故事。阿拉德（Arad，2004）指出，一个精彩的故事必须有开端、进展和结尾，包含有趣的人物和情节。尽管可通过多种方式，但加德纳喜欢这样告诉来访者："你是某个虚构的广播或电视节目的嘉宾，这个节目之所以邀请你，主要是因为想看看你在编故事方面的表现。"史密斯和塞拉诺（Smith & Celano，2000）指出，故事必须是来访者自己想象的，如果是读到的或听说的，或是从电视或电影中看到的，就违反了"故事必须是真实发生的"原则，而且故事还必须包含寓意或经验。大部分人都可以毫不费力地讲一个好故事，经过多次尝试后甚至会讲得更好并变得健谈。不过，如果来访者难以开始，咨询师就要主动提供帮助。例如，加德纳建议咨询师可以提示来访者，讲故事时语速要放慢，并用大量的停顿："从前……很久以前……在一个遥远的地方……很远很远……远在山后……远过沙漠……远过海洋……有一位……"加德纳会定时指着来访者，提示其应讲述当时他脑子里所想的，还会提示来访者使用"于是……"或"接下来……"，直到他可以自己讲述故事。除了有过度抵触情绪的个体外，这种提示法几乎对所有人都有效，都能引导其编一个故事。

当来访者讲故事时，咨询师应当做笔记并对故事内容进行解读，同时形成自己的版本，之后要询问来访者故事的寓意和经验。研究人员建议，咨询师可要求来访者创建故事标题并说明与其相关的角色，或说明想要成为 / 不想成为的角色（Gitlin-Weiner，Sandgrund，& Schaefer，2000）。

在暗自解读来访者的故事时，加德纳建议咨询师按照以下要点思考。

1. 识别代表来访者及其生命中重要他人的人物，谨记两个或两个以上人物可能代表同一个人的不同部分。

2. 故事气氛和情节背景的总体印象。

（1）是愉悦的、中性的、恐怖的、具有攻击性的吗？

（2）故事情节的背景是家、学校、社区、丛林或荒芜之地，相应的解读也会大不相同。

（3）来访者用于表达情感的词汇是什么？

（4）来访者讲故事时的情绪和／或表情（如兴致勃勃、具有攻击性、抑郁、坚忍）是什么？

（5）区分特有的与模式化的内容。

3. 虽然可以有无数种解读，但应选择此时此刻最切题的解读，通常是从来访者讲述的寓意或经验中得到线索。

4. 问问自己哪个版本比来访者提供的故事更为健康成熟。

（1）有时需要为来访者解决困难提供多个备选方案，心理咨询应能启发来访者使用其未考虑到的思维、感受和行为方式。

（2）提供多个增加自主权的选择，而非狭隘的自我挫败的选择。

（3）咨询师的寓意或经验应能提供更健康的解决方案。

5. 在复述故事时要注意观察来访者的反应，浓厚的兴趣或明显的焦虑比其他反应更能说明来访者的自身情况。

科特曼（Kottman，1990）补充道："咨询师应关注来访者看待自己、他人和世界的方式，以及表现出的模式和主题。"加德纳指出，由于故事可能会有几种不同的解读，因此对咨询师而言，考虑来访者的寓意或经验就显得十分重要，有助于选择当时最适合来访者的主题。据此，咨询师应自问："不适合解决所述冲突的方案是什么？"

确定更成熟或更健康的故事版本后，咨询师会使用来访者的角色、情节和初始情境讲述一个稍有不同的故事，通常是整合多个类似人物和情节，以更健康的方式解决故事中的冲突。目的是为来访者提供更多且更好的解决问题的方案，使其对问题有更透彻的理解，并培养新的视角和可能性。

咨询师在讲完故事后，会要求来访者找出故事的经验和寓意。最好是让来访者自己明白经验，但如果无法做到，那么咨询师可将寓意加以解释。注意，故事通常不只表达一个经验，而且每个经验都应阐明一种解决方案。

建议将来访者的故事录制下来（如音频或视频），与形成故事的其他对象（如图画、玩具或木偶）不同的是，录音装置不会对故事产生限制或引导作用。此外，来访者可多次复习故事，以便多次接触咨询师传达的信息，听录音或观看录制视频常常作为家庭作业布置给来访者。

互讲故事法的变式

对所有涉及无意识或潜意识的情境，互讲故事法都很有帮助，尤其是对抵触谈话疗法的来访者十分有效。如其他投射一样，来访者会在无意中给咨询师提供重要信息，因此这项技术通常用于针对儿童和青少年的治疗，但也可稍加调整后用于针对成年人的治疗和家庭治疗。

互讲故事法是几个辅助游戏或陈述模式的基础，加德纳设计了图画故事卡，通过让来访者选择剪纸角色和背景以激发其讲故事（Gardner，1986）。2000 年，我研发了一款在电脑上操作的互讲故事的电子游戏，提供背景和人物图形（人和动物）激发玩家讲故事，可以将光盘中的记录、跟踪和评估过程打印出来，同时提供多元文化（如非裔美国人、亚裔美国人、拉丁裔美国人）和动物系列形象，有需求者可从美国咨询学会（获得所有收益的机构）直接购买（Erford，2000）。

加德纳研发的另一系列游戏对不愿自己讲故事的来访者十分有用。在抓取袋游戏中，来访者分别从玩具袋、词汇袋、人脸袋中挑选一个玩具、一个词或一个人的图片，然后用这些图片编一个故事，并讲述寓意或经验。此外，温尼科特（Winnicott）研发了双人涂鸦游戏，通过画画来讲故事，具体做法是咨询师先闭上眼睛在纸上随意画一些线条，请来访者在这些线条的基础上将其补充成一幅完整的画作，并根据作品讲故事（Scorzelli & Gold，1999）。随后，可以换成来访者画线，咨询师补充并解读所画内容。

互讲故事法还有洋娃娃游戏、木偶游戏和写故事等变式。韦布（Webb，2007）指出，讲故事与洋娃娃游戏结合可鼓励来访者将家庭情况呈现出来。吉特林 – 韦纳等人（Gitlin-Weiner et al.，2000）提出，可通过让来访者采访木偶来传达角色动机，进而找到问题的解决方案。随后，咨询师可直接与来访者讨论故事内容，评估防备性、应对方式和自我观察能力。

斯科尔泽利和戈尔德（Scorzelli & Gold，1999）研发了互讲故事写作游戏，要求咨询师与来访者一起编故事。咨询师以"很久以前……"开始，要求儿童接着往下讲，然后咨询师再接着讲，如此轮转，直到儿童完成故事。可根据来访者的偏好或局限，由来访者或咨询师把故事写下来。对此，韦布建议，将来访者所讲故事全部记录下来，并创建日志。

互讲故事法的案例

7 岁的贾斯廷因愤怒控制问题和扰乱课堂秩序而被转介给心理咨询师。他与同伴互动时经常生气，其他学生父母曾因此向老师和校长抱怨。而且，贾斯廷特别抵触传统的谈话疗法，于是我采用了互讲故事法。咨询的总目标是帮助他以亲社会的方式表达自己的愤怒，并以其他方式应对令人沮丧和紧张的人际关系。不过，贾斯廷并不认为自己有愤怒控制问题，并且拒绝谈论。于是，我们采用方案 B，即一种间接的方式，让贾斯廷在电脑上通过互讲故事的游戏画一幅画，以森林为背景，画中有狐狸、乌龟、猫头鹰和小老虎（见图 9-1）。

图 9-1　贾斯廷在互讲故事过程中画的画

咨询师（C）：很好，贾斯廷。我们把它打印出来，这幅画很美。我想让你做的就是讲一个好故事，故事中的角色以你喜欢的方式交谈，请讲明白它们的想法和感受，以及它们在做什么。请记住，每个好故事都有开端、发展和很好的结局。讲完后，请再讲一下故事的经验或寓意，以及这些角色在故事中学到了什么。然后，轮到我来讲故事，只有这样才公平，对吧，毕竟你先讲了个故事。我会复述你的故事，但我的故事可能与你的有些不同。那么，你现在的任务是根据这幅画讲一个好故事。你准备好了吗？

贾斯廷（J）：有一天，一只小老虎在森林里迷路了。嗯……嗯……森林里还有一只饥饿的狐狸，它会吃掉森林里所有的动物，但小老虎并不知道这一切。有一天，一只猫头鹰告诉小老虎关于狐狸的事，于是它四处寻找狐狸在哪儿，然后看到了一只，呃……一只乌龟——小老虎看到狐狸正在吃乌龟。而且……呃……狐狸很喜欢吃乌龟。然后小老虎，嗯……爬上树和猫头鹰一起生活，之后就结束了。

C：结束了吗？

J：嗯。

C：好的。就是说，在故事最后，小老虎和猫头鹰一起住在了树上，对吗？

J：嗯。

C：好的，这个故事想表达的经验和寓意是什么呢？

J：如何警告他人。

C：很好，请说详细点，你会如何警告他人？

J：告诉他们有危险，然后找到一个安全的藏身地。

贾斯廷的故事很短，缺少细节、想法和感受，呈现出与他目前攻击性问题有关的内容。咨询师的反应可以解决很多问题，但重述故事的主要目的是：（1）讲述更丰富、更详细的故事；（2）给出愤怒和攻击以外的其他解决方案；（3）强化几个与他现有问题相关的主题。猫头鹰和乌龟的比喻用法非常吸引人，复述故事时，猫头鹰应该是一个睿智、友好的角色，而乌龟则要展现出保护性特征。

C：好了，贾斯廷，我要开始复述故事了，我可能会增加一些细节并删减一些内容，但这会是一个有很多精彩的冒险情节的好故事。讲一个好故事很难，不过我会尽最大努力的。

贾斯廷微笑地点点头。

C：有一天，有一只小老虎，在森林里迷路了，走来走去，四处查看，心想："哇，这里看起来有点陌生，我迷路了，不知道爸爸妈妈在哪儿，我只能四处走走，找找回家的路。"它独自在这里。你可以想一下，老虎是那种到处吃其他小动物的家伙，所以不可能有很多朋友。大家都不想跟老虎做朋友，即使它只是一只小老虎，其他动物也很害怕它。因为，你知道的，如果离老虎太近，就可能会被吃掉。

J：是的（大笑）。

C：所以呢，这只小老虎感到有点孤单，也有点沮丧，因为没有伙伴可以说话，或给它一点儿建议。当一只黑猩猩经过时，小老虎问："你好，你能帮我找妈妈吗？"你想啊，黑猩猩肯定不想靠近老虎，所以跑到了树上。黑猩猩幼崽问妈妈："我们为什么不帮帮那只小老虎呢？"妈妈说道："因为它会吃了你，所以你必须离它远点儿。它是一只老虎，老虎都很凶猛，还会吃其他小动物。"小老虎感到有点孤单，还很心烦，因为没人可以帮他寻找能让它回到父母身边的路。不过呢，树上的猫头鹰刚好看到了整个过程。猫头鹰就是这样的，它站在高处，查看四周情况，还能看到其他人注意不到的事，所以猫头鹰很有智慧，好像无所不知。

贾斯廷点头并大笑。

C: 猫头鹰会调查情况，察看形势，而且它胸怀宽广，它心想："也许我能帮帮小老虎。它并没有伤害任何人，它可能饿了，现在它真的需要一个朋友来帮它指路。"于是，猫头鹰猛扑下去并说道："喂，小老虎，你怎么了？"小老虎正在哭。如果你见过小老虎哭，你就会知道它真的很伤心，它的毛都缠在一起了，乱乱的，看起来惨兮兮的。

J: 确实是（大笑）。

C: 猫头鹰看到小老虎在哭，还边哭边说："呜呜，我迷路了，我找不到爸爸妈妈了，我不知道该怎么办！"猫头鹰说："喂，我可以帮你呀。""哦，先生，请帮助我吧，我会非常感激你的。"猫头鹰认为小老虎很懂礼貌，心想："如果它很懂礼貌，也许我可以保护它，或者帮助它找到爸爸妈妈。"就在猫头鹰和小老虎说话时，你知道的，猫头鹰有敏锐的听力和视力，它发现一只饥饿的狐狸正走过来觅食，于是它赶快说道："有一只狐狸朝我们这边走过来了，你绝对不会想离它太近，因为它会吃掉像你这么小的小老虎，我们赶紧爬到那边的树上吧。"

贾斯廷大笑。

C: 老虎会爬树，所以它爬到了树上，跟猫头鹰并肩坐在树枝上。猫头鹰说："天啊！快看！"它们看到狐狸正在偷看小乌龟，当然了，乌龟都有漂亮且坚硬的龟壳，狐狸看起来要偷袭乌龟并准备喝乌龟汤了，只不过没有汤哦，你明白我的意思吧？

J: 当然（大笑）。狐狸准备生吃了乌龟！

C: 对，它准备吃了乌龟，剥掉它的壳，把它当作晚餐。它走向乌龟，乌龟当然也看见了狐狸，那乌龟会怎么做呢？

J: 缩进龟壳吗？

C: 非常正确，乌龟缩进龟壳，这样龟壳就可以保护它了。乌龟每次感觉受到威胁或恐惧时，就会把四肢和头都缩进壳中，在壳中思考该怎么办，最好的办法往往就是等待并思考，等到狐狸放弃。狐狸走过来绕着龟壳来回转，你想吧，它肯定在想办法弄到壳里美味的乌龟肉，做一顿美味佳肴。然而，15分钟过去了，狐狸放弃了，它说："太不可思议了，看来晚餐吃不到乌龟肉了。我这纯属浪费精力，我要去找一些比较容易得到的或者更加美味的食物，我甚至不太喜欢用乌龟肉当餐前甜点了，毕竟乌龟肉有点硬，不像小老虎的肉吃起来软软的。"

贾斯廷捧腹大笑。

C: 于是狐狸离开了，它走到树下，一心想着弄点儿吃的，但它并不知道树上的猫头鹰和小老虎看到了这一切。猫头鹰和小老虎一直在观察乌龟，它们看到乌龟伸出头，仔细查看狐狸是否还在周围。最后，它确认自己安全了，才去找水喝或找个可以放松的地方，反正要做的事情已经做完了，而且它还救了自己，又可以见到明天的太阳了，所以乌龟打算去探望家人和朋友。小老虎说道："哇，小乌龟太厉害了！一只可恶、狡猾的老狐狸想把乌龟当晚餐吃，而乌龟保护了自己，缩到壳中，它看起来一点都不害怕，也不紧张。"猫头鹰说："嗯，就是这样的。如果你是一只乌龟，你走到哪里都背着自己的家，当受到威胁时，你就回到家里，思考应该怎么办，然后等到安全了再出来。"小老虎说："我们也是这样做的，不是吗？"猫头鹰回答："正是这样。我们有敏锐的听觉和视觉，看到狐狸走过来，我们就转移到树上，这样我们就不会受伤了。"小老虎说道："哇，多么重要的一课啊！"猫头鹰问道："哦，真的吗？你从中学到了什么呢？""嗯，我学到了当感到恐惧时，首先要做的是找一个安全的地方藏身，这样我们就不会受伤了。然后想想接下来该怎么办。"猫头鹰问道："哦，那你想到了什么？"小老虎说："嗯，我在想怎样找到爸爸妈妈。"猫头鹰说："啊，那你怎么找到你的爸爸妈妈呢？""嗯，您的视力和听力这么好，如果您不介意，可以飞到森林上空帮我看看爸爸妈妈在哪里吗？"猫头鹰说："你是个好孩子，而且今天对我很友好，我想我愿意帮你。"然后，猫头鹰飞起来，越过树林，飞了一会儿就听到小老虎妈妈的嘶吼，它因为找不到小老虎而焦急万分。猫头鹰飞到树下大喊："喂，虎妈妈，我知道小老虎在哪里，它就在那棵树上，你跟着我沿着这条路往前走吧！"虎妈妈听到后说："太感谢你了！我担心死我的宝贝了。"猫头鹰飞了起来，虎妈妈跟着它跑，跑得很快，还发出长啸，就这样，虎爸爸也听到了，它同时赶了过来，找到了小老虎藏身的大树，发现小老虎很安全。虎爸爸和虎妈妈抬头看到小老虎正站在树上，还发出稚嫩的叫声。小老虎很高兴，它爬下树，奔向虎妈妈。你知道虎妈妈多开心吗？它舔着小老虎说："哎呀，想死你了，我爱你，宝贝。"虎妈妈不停地亲着小老虎，特别开心，这是虎妈妈在表达它有多爱小老虎。

贾斯廷大笑不止。

C：然后，小老虎抬头对猫头鹰说："今天谢谢你帮了我。跟你在一起，我学到了很多，你介不介意我偶尔回来，咱们一起玩啊？"猫头鹰说："当然可以，随时欢迎，那一定很好玩。"虎妈妈和虎爸爸也说道："太谢谢你了！ 如果有什么我们能为你做的，请随时告诉我们，我们一定会帮你的，因为你是一只特别好的猫头鹰。你真好，帮了我们。"故事结束了。

J：哇，你的故事确实比我的好多了。

C：长故事有时候可能更有趣。所以，它们学到了很多经验，小老虎说出了其中一个，就是找一个安全的地方思考下一步该怎么办，在感到害怕或恐惧时要冷静。不过，故事中的其他角色也学到了一些东西，是不是？你能想到猫头鹰和小老虎还学到了什么吗？

贾斯廷思考了 15 秒后，摇头表示不知道。

C：小老虎还学到了，如果大家认为你可恶或危险，那么即使你内心并不是那样的，它们也会躲着你，或者当你真正需要帮助时也不会向你伸出援手。它还学到了友谊和礼貌是大家喜欢你并愿意帮助你的最好方式，对吧？

J：没错！

C：而猫头鹰学到了，如果你对他人友好，你就会得到回报。听完这个故事，你觉得现在谁是它在丛林中的朋友呢？

J：啊，老虎。

C：是的，与老虎一家做朋友很酷哦，当有人找你麻烦时，你只要找老虎朋友帮忙就行了。所以，小老虎学到了很多，比如怎么进入自己的保护壳、放松心情、想出办法等。而小老虎和猫头鹰都学到了怎样才算是好朋友，对吗？

J：好棒的故事，我喜欢小老虎。

C：很好。你可以把录音带回家，在我们下次见面前，你每晚都要听一遍这个故事，好吗？

J：没问题！我妈妈和弟弟也可以一起听。

在重构故事时，咨询师尝试为处于焦虑情境中的人物（小老虎）提供几种有效的应对策略，这些策略没有攻击性。咨询师也强化了与来访者的问题有关的话题：（1）当你对别人太凶或者仅是他们认为你很凶时，别人就会疏远你；（2）有礼貌会给人留下好印象，别人也会愿意与你做朋友或帮助你。最后，由于这是贾斯廷第一次讲故事，咨询师示范的故事情节更丰富且详细，下次使用这项技术时，贾斯廷会更健谈。

互讲故事法的有效性及评价

互讲故事法设计之初是为了帮助来访者克服对潜意识信息分析的抵触，这项技术既可用作诊断工具，也可用作治疗技术。当用于诊断时，咨询师不会自己讲故事，而是会鼓励儿童讲故事，由此对来访者的潜意识内驱力、需求或冲突形成概念。为确保得到足够的信息，在形成诊断意见前，来访者至少应讲述 12 个不同的故事；当该技术用于治疗时，咨询师所讲的故事应包含实用的冲突解决方案，如前文所述。

对于不善于谈论自己或对心理咨询有抵触的来访者来说，互讲故事法可以改善咨询师与他们之间的关系。建议对语言能力差或认知能力低于一般水平的来访者使用这项技术，也可用于团体心理咨询（如团体成员轮流讲故事）。

依据加德纳的说法，将互讲故事法用于 5 ~ 11 岁的来访者时效果最明显。因为 5 岁以下儿童一般不具备讲述有条理故事的能力，而 11 岁以上的个体已经能够意识到他们会在故事中暴露自己，可能会由此产生抵触心理。斯泰尔斯和科特曼（Stiles & Kottman，1990）建议，这项技术的适用人群年龄为 9 ~ 14 岁，因为较大的来访者的语言能力、想象力更强，生活经验更丰富。加德纳将这项技术用于有创伤后应激障碍、注意缺陷 / 多动障碍、学习无能、对学校无兴趣、回避同伴、害羞、冲动行为，以及有俄狄浦斯恋母情结的来访者。

当这项技术被用于患有注意缺陷 / 多动障碍的儿童时，主要是为了传达领悟、价值观和行为标准（O'Brien，2000）。例如，咨询师可以用火车和发动机的比喻告诉儿童，大脑就像发动机一样运行飞快。当火车高速运行时，火车上的人根本无法看到窗外的事物；如果火车慢下来，人们就能看到窗外的风景了。类似地，科特曼和斯泰尔斯称，互讲故事法能纠正来访者的不良行为，通过倾听来访者的故事，咨询师可以找到来访者不良行为的动机（如专注力、权力、报复或缺乏信心），可以用故事帮助来访者重新确定目标、修正错误信念、培养社会兴趣。对于患有轻微孤独症谱系障碍和注意缺陷／多动障碍的学生，将互讲故事法作为一种干预措施可以影响他们的目标课堂行为（Iskander & Rosales，2013）。互讲故事法还适用于有抑郁和自杀倾向的来访者，通过讲故事能帮助他们接受失落感、无助感或无望感（Stiles & Kottman，1990）。咨询师可以通过故事指导来访者以新的方式表达愤怒，或应对这个世界。

关于互讲故事法的有效性的经验性研究很少。加德纳通过多次使用这项技术（一种讲故事脱敏疗法）成功治愈了一名患有创伤后应激障碍的儿童（Schaeffer & O'Connor，1993）。加德纳提示，只有经过与心理动力学、梦的解析、投射信息解读相关的专业训练的咨询师才可使用这项技术。不过，据我所知事实并非如此，如果只是用这项技术指出或提供更多问题解决方案和选择，那么心理动力学培训不是必需的。加德纳还指出，仅使用简单故事或面质就希望给来访者带来永久变化是不现实的。一些咨询师在每次咨询中都会让来访者讲一两个故事，如果时间充裕，还会使用其他策略或方法，将互讲故事法与其他疗法结合使用。

互讲故事法的应用

现在，将互讲故事法应用于与你合作的来访者或学生，或者重温本书前言中介绍的简短案例研究。你将如何使用互讲故事法来解决问题，并在咨询过程中取得进展呢？

第 10 章

矛盾意向法

矛盾意向法的起源

采用矛盾意向法时，咨询师会指导来访者以看似与治疗目标背道而驰的方式行动。
2006 年，维克托·弗兰克尔（Victor Frankl）成功研发了矛盾意向法，鼓励来访者寻找
他们逃避的东西，拥抱他们抗拒的东西，并用愿望代替恐惧。同时，人们普遍认为米尔
顿·埃里克森（Milton Erickson）和杰伊·黑利（Jay Haley）对这项技术的发展和应用有
很大贡献，尤其是在策略家庭疗法方面的应用。这项技术要求来访者夸大自己的症状，例
如，对经历惊恐发作并担心自己会突然死亡的来访者，会要求其释放，并允许自己被惊恐
吞噬。这项技术并不要求来访者向积极的方向发展，反而鼓励来访者让症状更严重，因为
当人们有意识地想要好转时，症状反而会加重。弗兰克尔指出，当人们越是故意想表现出
某种症状时，就越是难以做到，这样就可以先发制人，克服预期焦虑。

矛盾意向法不属于任何理论，是名副其实的折中技术。扬（Young，2017）指出，不
同理论学派均运用过这项技术，包括家庭系统疗法、存在主义疗法、现实疗法、交互作用
分析，以及个体心理学（阿德勒心理学）。矛盾意向法分为不同类型：规定症状（或安排
症状）、约束和重构。规定症状指的是对来访者发出治疗指令，要求其保持症状行为，有
时会说明具体的表现症状的时间，也就是所谓的安排症状。约束指的是咨询师指示来访者
拒绝改变或停止改变的尝试，最基本的是，向来访者传递"为了改变，必须保持不变"的
信息。咨询师会指出改变所带来的消极影响，鼓励来访者拒绝变得更好，如斯沃博达等人

（Swoboda et al., 1990）在其著作中所述："如果你的抑郁障碍有改善，人们就会更喜欢你，并对你提出更高的要求。"重构则是指用另一种方式解释问题，进而改变来访者的观点及情境对其的意义（见第23章）。

哈罗德·哈克尼（Harold Hackney）和雪莉·科米尔（Sherry Cormier）指出，矛盾意向法的原理是，大多数问题都是情感性的而非逻辑性的（Hackney & Cormier, 2017）。琳达·塞利格曼和劳里·W. 瑞森伯格指出，恐惧会唤醒症状，反过来症状又会加剧恐惧，来访者会因此陷入恶性循环中（Seligman & Reichenberg, 2013）。如果鼓励来访者努力去做最害怕做的事，或盼望这些事发生，他们对症状的态度就会发生改变。比如，鼓励患有口吃的来访者说话时口吃，就是让他做自己擅长的事，因此他不会害怕失败，也不会有焦虑感，还能放松下来。对于担心晕倒而害怕离开家的来访者，可以让他努力晕倒，但无论他多努力都不会做到，来访者会因此改变对晕倒的态度，对晕倒的恐惧也会消失。

科里（Corey, 2016）指出，矛盾意向法可以帮助来访者意识到他们在特定场合的表现以及需要对自己的行为负责。在要求来访者放大问题行为时，通常会将其置于双盲情境。如果来访者接受咨询师的指令，就能证明自己可以控制症状；如果来访者选择拒绝听从指令并减少症状行为，那么症状不仅会得到控制，甚至还会消失。矛盾意向法的目的就是让来访者不再与自己的症状对抗，反而努力加剧症状，而结果是症状会逐渐减少，直至来访者不会受到症状的困扰。

如何实施矛盾意向法

科里指出，矛盾意向法并不是首选技术，只有当传统疗法都无效时才可以使用。咨询师应谨慎使用这项技术，且在熟练掌握之前，必须有人在场监督。扬指出，矛盾意向法特有的不合逻辑性和新颖性，可激发气馁的来访者产生动机。在使用矛盾意向指令前，咨询师应思考下列问题，以便确定能否使用这项技术。

+ 我是否已与来访者建立了稳固的信任纽带？
+ 使用这项技术是否会产生反弹效应，是否会让来访者感到受骗而更加抗拒？
+ 来访者对使用这项技术的反应如何？
+ 我是否清楚想要实现的目标，以及对来访者的反应是否有一定的认识？

在确定可以使用矛盾意向法时，咨询师应保证已识别出不良行为，然后劝说来访者夸大这些行为，在来访者表现出这些行为时，可以加一点幽默，对问题一笑置之，这样来访者就可以摆脱这些问题。重复这些步骤，直至来访者的不良行为减少到最低限度。此外，限定症状表达的日期、次数或场景也会有帮助。

杰伊·黑利在其知名的策略家庭疗法中运用了悖论，将矛盾意向法过程概括为以下八个具体方面：

（1）与来访者建立关系；

（2）明确问题；

（3）设立目标；

（4）提供方案；

（5）取消问题的权威资格；

（6）给出矛盾意向指令；

（7）观察来访者对指令的反应并继续鼓励来访者；

（8）避免因症状改善而居功。

矛盾意向法的变式

复发疗法是与矛盾意向法、症状规定法类似的疗法。在使用这项技术时，咨询师要求来访者在问题解决后重拾以前的行为。复发疗法使来访者意识到先前行为的无效或愚蠢（他们往往会大笑或感觉自己很傻），从而防止无意识复发。

矛盾意向法的案例

萨尔瓦多·米纽庆（Salvador Minuchin）通过视频《着火的家庭》（*A Family with a Little Fire*），为我们呈现了矛盾意向法例外情况的案例。

蒙塔尔沃的来访者是一位单亲母亲和她的孩子们。她的大女儿（8岁）有好几次把家具烧了。听了妈妈和大女儿对公寓环境的描述后，蒙塔尔沃要求大女儿示范她是如何点火的（刚好咨询室桌下有她需要的一切物品）。在看到她笨拙地点着火后，咨询师批评道："你是我见过的最差劲的纵火犯，你来看看我是怎么做的吧。"然后，蒙塔尔沃向她展示了正确的点火方法和安全措施，她母亲在旁边观看。接下来是实践部分，母亲和蒙塔尔沃点评并改进了大女儿的点火技巧。蒙塔尔沃还布置了家庭作业，规定并限制症状的表达：每天晚上，大女儿和母亲都会用半个小时在公寓里练习点火（规定症状），但女儿不能碰火柴，而且除了规定的母女练习时间外，不得在其他时间练习（限制症状的表达）。后来，女儿再也没有将公寓烧着。

透过表象，显然可推断出女儿的行为是为了赢得母亲的关注，干预措施明显留出了一些母女共度的黄金时光，并通过让来访者实施问题行为来消除问题行为。

接下来的案例说明了矛盾意向法的三个原则：

（1）问题症状被重新定义为积极行为，并且重新定义的方式与来访者的价值体系及其对自己的看法相矛盾；

（2）当咨询师发现来访者痊愈的意愿是妨碍康复、妨碍正常功能的主导性问题时，咨询师会将之逆转；

（3）对近来有很大改善的症状进行规定，目的是促使来访者改善，而非规定结果。

19岁男孩迈克尔有长期社交焦虑病史，近期出现伴有场所恐怖症的惊恐障碍。高中毕业后，他获得了家乡邻州一所大学的奖学金，在第二学期的一次考试前首次经历了惊恐发作。后来，他因惊恐发作愈来愈严重而根本无法完成这个学期的课程，于是不得不退学回家，并失去了奖学金。回家后，他接着做他在高中时做的兼职工作，但他很快发现，因惊恐发作和离家后越来越强烈的恐惧感令他无法继续。随后，情况迅速发展到只要外出参加活动，他就会产生恐惧，但去教堂和心理咨询室是例外情况。总之，迈克尔充满了恐惧，对他来说，只有教堂、家和心理咨询室才是安全的。

刚开始咨询时，大约是下述咨询记录的前七周，迈克尔无法开车，他坚持让母亲开车带他去教堂和心理咨询室。他每天都会有几次惊恐发作，母亲在场时更严重。当咨询师向迈克尔指出这点时，他说："因为她不停地唠叨，让我感到焦虑不安。"虽然咨询师很快就明白了迈克尔的行为在很多方面对他都有好处，但迈克尔自己却未意识到这一点，并且不认为自己应该对症状负责。在过去七周的咨询中，我们采用了正念、社会学习、认知行为干预疗法（例如，渐进式肌肉放松训练、深呼吸法、思考中断法、认知重构、正强化、角色扮演），取得了很大的进步。

截至目前，迈克尔大有进步，生活质量和功能水平都有所提高。他一直保持着积极坚定的态度，在咨询以外的时间也是如此。首先，他开始允许母亲开车带他去教堂和咨询室以外的地方，但要在距离家几千米的范围内。当母亲逛超市时，他也敢走出车外，在超市外等待。后来，他敢自己开车出门了，并能够离开家十多千米远了。最后，他开始骑马和驯马，并且很有成就感。他惊恐发作的次数有所减少，由 2 ~ 4 天发作一次变为 1 ~ 2 周才发作一次。

然而，令人意外的是，他停止了进步。在最后两次咨询中，他没有任何进步，似乎不想再有进展了，或者说他不愿意再进步了，并仍然认为他不该为仍存在的症状负责。不过，他承认他很享受别人的关心和关注，因为通过这些特殊需求，他可以控制家人的生活。这时，咨询师意识到迈克尔想把对家人施加的控制扩展到治疗关系上，于是便出现了对改善的抗拒，因此放弃症状行为带来的压力成了症状无法改善的真正原因。

下文是咨询师尝试改变来访者看待问题的角度的案例，运用了矛盾重构的技术。咨询师将问题行为重新定义为积极行为，对症状行为进行规定会十分有用。

迈克尔（M）： 我不可能成为他们想要的样子，我没办法完全康复。

咨询师（C）： 那就不要。

M： 我不明白你的意思。

C： 我看得出来你不愿意再改变仍有的症状。

M： 你是什么意思？

C： 嗯，我理解你没有其他方法来满足自己的需求或在家中获得权力。可能与坚强和自信相比，维持需要被照顾和生病的状态，生活会更容易些，你真的很聪明。而且，你的状况没有那么糟糕了，事实上，与初次来这里咨询相比，你现在的问题已经没有那么复杂了。当然，有些问题依然存在，但已经不那么难以应对了。因此，如果这些问题的存在能让你的需求得到满足，那么为什么不呢？事实上，你甚至可能想加重一些吧！

考虑到将其应用到家庭体系，悖论实际上是十分合乎逻辑的，因此咨询师采用以下技术。

M： 我不明白。

C： 好吧，你之前说过你妈妈对你的进步很满意，但又对你提出了更多要求。虽然你没有完全康复，但你确实改善了。很明显，这些进步已足够让她认为你是一个健康的成年人了。在我看来也是如此，毕竟我们很努力，尝试了所有对这些状况有效的方法，但你还有一些无法消除的症状，嗯……在我看来，让这些症状成为你的一部分也不错，我们可以选择接纳这些症状。也许症状加重一些，你的母亲就不会总唠叨你了。

M： 我该怎么做呢？

C： 就跟我们现在做的所有事相反就行。你刚开始来咨询时，每天都有两三次惊恐发作。现在是一周才会有一两次，对吧？

M： 是的。

C： 好的，也许我们可以提高发作频率。让我想一下，对了，我认为最好是每天至少惊恐发作一次。

M： 如何才能做到呢？

C： 哦，很简单。你现在仍不能自己开车到离家十多千米以外的地方，而且依然会选择绕道避开有桥的地方，对吧？

M： 对。

C： 嗯，那就开远一点，比如去离开家 20 千米的地方，然后在路边停下来，告诉自己："我做不到，我不能呼吸了，如果我再走远点肯定就会死的！"重复这些，直到你惊恐发作，或者出现过度换气和心悸的症状。

被迈克尔抵触的压力现在消失了，他不再对完全康复感到有压力了。

M： 但是这与我们的努力有点矛盾。

C： 这是一个新情况，当然需要新计划了。之前我们希望你尽可能健康，现在我们意识到你应该接受恐惧，因为它不仅是你的一部分，也能让你的母亲放松一些。

无论采用哪种方式，迈克尔都会有所改善。如果他真按照规定故意诱发惊恐发作，就会明白他能够控制它，因为如果他能诱发惊恐发作，那么也能阻止它；如果规定症状失败了，迈克尔违抗咨询师的意图来控制咨询，那么他必须开车到十几千米外且不会惊恐发作，这也是一种进步。迈克尔已经接受了一种与他的观点相反的思维，咨询师说明了他的症状是能被控制的或能帮助他得到他想要的东西，这与迈克尔设定的价值观相矛盾，却给了他另一种选择。他可以选择拒绝这种操控家庭的症状行为，或者继续保有但要放弃控制和获取同情。如果他拒绝行为带来的好处，那么他最终也会放弃这种行为，因为他的行为实质上是以得到好处为动力的。

接下来的案例是在治疗争吵和对立的手足时，咨询师最喜欢（认为最有趣的）的干预技术。伊莎贝拉和乔治有两个儿子——14 岁的亚历杭德罗和 12 岁的圣地亚哥，他们总是互相指责。这次咨询发生在历时 10 周的夫妻和家庭治疗接近尾声时。

乔治（J）：真的很令人失望，我们明明在其他问题上有了很大进步，但回家后，他们又开始互相指责。

伊莎贝拉（I）：一下子把我们从幸福天堂拽了下来。

咨询师（C）：我们以夫妻和家庭形式进行沟通所取得的进步对改善亚历杭德罗和圣地亚哥的关系没用，是吗？你们是不是这样认为？

亚历杭德罗（A）：弟弟，令人讨厌的人！

圣地亚哥（S）：哥哥，臭笨蛋！

C：我明白了，这就是你们平时的沟通方式，对吗？

I：争吵、大喊大叫、骂人、打架……都是他们的家常便饭。

A：打架次数少，但打他可是小菜一碟。

S：才不是！

圣地亚哥扑向亚历杭德罗，乔治抓住他，让他回到自己的座位。

J：儿子，坐好。不能在埃尔福特医生的办公室里打架。

A：省省吧，你这个懦弱的小屁孩！

S：（脏话）！

I：圣地亚哥！

C：好的，我想我了解了。这是不是很常见的情况？

I：平时更糟糕，似乎我们越阻止，他们打架就越频繁。我俩只是希望他们停止，但为此我们已经精疲力竭了。

C：关于这种情况，我们已经讨论了很多，孩子们开始进入青春期，会要求更多的自主权和独立权，这是家庭生命周期变化中的一个具有挑战性的阶段。对于青少年来说，表达自己和自己的情绪与沮丧非常重要，但我们也希望他们能以适当的方式表达不满，符合家庭规则，而且不会让人感到焦头烂额。

C：孩子们，你们去书架那儿拿一本书，随便哪本都行，然后走到屋子中间。

咨询师站起来，和圣地亚哥、亚历杭德罗一起走到屋子中间。

C：你俩背靠背站着，走三步，把书放在地上，然后站在书上面。现在，两只脚都要碰到书，不能动。明白了吗？

两个男孩都点点头。

咨询师移动椅子，坐在父母旁边，以便更好地观察孩子们。这个活动的关键是限制两个男孩的行动，这样他们就不会真的打起来。站在一本杂志或一张纸上是很有用的约束机制。

C：好的，孩子们。现在你们开始互相指责，来给我露两手吧。

A：啊？

C：就像你们在家吵架时那样。

I：但请不要说脏话，拜托。

C：好的，妈妈不希望出现谩骂。

S：不能说"混蛋""笨蛋"一类的吗？

咨询师看向孩子的父母，他们一致点头。

A：多蠢的问题，笨蛋。你的脑子就像狗屎一样，比狗屎还臭。

S：那来舔一下我的脑袋吧，臭狗屎……

两个人下面的对话就不再记述了，免得读者受罪，实在是太丰富了，但如果你喜欢刚刚进入青春期的孩子说的关于人和动物身体部位和排泄功能的令人难堪的话，则会觉得很幽默。孩子们争吵时，我和孩子们的父母进行了讨论，并询问孩子们平时是否就这样吵架（确实是），以及他们是否准备用一种有效、幽默但耗时的方法来解决这个问题。他们表示愿意采取一切方法，只要孩子们能停止争吵。两三分钟后，在最后以恶俗语言攻击后，孩子们安静了下来。

C：继续啊，孩子们。

A：我们还要吵多久？

C：（看了看墙上的表）呃，25 分钟以上吧。

S：什么？

A：你疯了吗？25 分钟？

C：是的，你们很想从对方还有父母那里获得独立，想要表达你们的情绪和不满，这就是你们的机会。（看向孩子的父母）欣赏下面的表演时，你们要不要来点爆米花或饮品？

J：当然。

I：我不要了，谢谢。

我们继续坐着聊与孩子相关的话题，比如他们争吵和打架的习惯。10 ~ 15 分钟后，孩子们停止了争吵，开始听我们说话，完全厌倦了这个活动。

A：请问，我们可以停下来了吗？我们吵完了。

S：太无聊了。

C：很难相信你们会觉得吵架无聊，但我相信你们说的话。如果你们能答应我下周做家庭作业，我们就可以提前结束。

S：家庭作业？你还给我们布置家庭作业？

A：闭嘴吧，圣地亚哥（给了圣地亚哥一个"闭嘴吧，就听他的"的眼神）。好的，什么家庭作业？

我让孩子们坐下，为他们布置家庭作业，使用矛盾意向干预规定症状（指导他们吵架），并对症状的表现进行了约束（应仅在规定条件下），我从桌上拿了两个笔记本。

C：每晚 7：30 到 8：00，我要你们重复练习。

孩子们大声抱怨，引得父母都笑了。

C：拿一本杂志，走三四步，站在杂志上，随便争吵整整 30 分钟，这是你们的时间。但在其他 23.5 小时内，不能争吵、打架或骂人。我会给你们一人一本笔记本，你们需要用它在其他时间记下让你们生气的所有事。如果你想争吵或辱骂对方，就写下来留着活动中使用，但记住，不能打架。如果想到了特别伤人的话，就写下来留着以后用。明白了吗？

两个孩子又抱怨，还翻白眼。

S：如果我们感觉无聊了，想提前结束怎么办？如果我们保证不吵了，我们能提前结束吗？

C：（对着父母说）这个很重要，他们必须每晚进行这个活动至少 30 分钟，直到下周预约的日期。

I： *我们会看好的。我明白原因，希望能有效果！*

在执行矛盾意向活动的第一周，兄弟俩的争吵次数明显减少了，并且在这个活动结束后进行的随访中，吵架也明显减少。在下一个阶段，我们重点实施了能获得社会认可的冲突解决方法，即没有伤害和咒骂的方法。不知不觉中，孩子们了解到他们可以控制症状的表达，并且一旦症状减轻，他们就可以选择更加恰当的沟通方式。通常情况下，在一开始就规定症状是没有意义的。为什么来访者前来咨询的目的是停止，而咨询师却要求他们继续呢？ 但在要求来访者这样做的同时，要限定症状表达的具体环境、时间和地点，以帮助来访者控制症状表达，这种控制力是他们从未想到自己能拥有的！

矛盾意向法的有效性及评价

矛盾意向法可用于解决各种问题，但应谨慎使用，并且咨询师在熟练掌握该技术前，应在有人监督的情况下使用。扬指出，对于存在无意识或自动重复行为模式的来访者来说，这项技术十分有用。多伊尔称，当来访者的问题行为是为了获得别人的关注时，也可运用这项技术。矛盾意向法已被用于治疗焦虑障碍、场所恐怖症、失眠、青少年犯罪、紧张、抑郁、拖延、破坏性行为、乱发脾气、强迫症、冲动行为、恐惧反应、行为性抽动、尿潴留和口吃。

用矛盾意向法治疗失眠经多次研究被证实有效。研究人员对矛盾意向法进行了聚类分析，显示其在治疗失眠方面有着中度到很大的影响（Wu et al., 2015）。事实上，2014 年，美国睡眠医学会在治疗慢性原发生失眠的有效方法中，推荐了矛盾意向法。在一项随机对照实验中，研究人员对心因性非癫痫发作患者使用了矛盾意向法，其中转换障碍患者被要求每天都重新体验引发他们焦虑的情况或经历（Ataoglu et al., 2003）。结果显示，实验组在终止和随访时的表现都优于对照组。

矛盾意向法可有效促进症状的急剧减少和消除，大多数来访者在 4 ~ 12 次咨询后会对这项技术产生反应（Lamb, 1980）。德博尔（DeBord, 1989）在文献综述中称，矛盾意向法是治疗场所恐怖症、失眠和脸红的有效技术。他在评估了与矛盾意向法有关的研究后发现，92% 的研究证明这项技术确实可以产生积极效果。还发现在 15 项研究中，有 14 项研究表明规定能在某种程度上改善症状。德博尔还发现，在所有研究中，与其他治疗方法相比，悖论重构在治疗消极情绪方面更有效。此外，斯沃博达等人（Swoboda et al., 1990）研究了约束、重构和假性治疗在治疗抑郁障碍中的有效性，结果证明重构是最有效的治疗方法，其次是约束。

法布里（Fabry，2010）审查了与矛盾意向法有关的 19 项研究后发现，其中 18 项研究证明这项技术会产生积极效果，且研究参与者未报告出现任何负面影响。阿梅利和达蒂利奥（Ameli & Dattilio，2013）提出，矛盾意向法能巩固咨询干预的有效性，并且达蒂利奥在 2010 年的报告中也指出了矛盾意向法在家庭咨询方面很有效。然而，如果夸大症状会给来访者带来真正的危险（如自杀），就不能使用矛盾意向法。

矛盾意向法的应用

现在，将矛盾意向法应用于与你合作的来访者或学生，或者重温本书前言中介绍的简短案例研究。你将如何使用矛盾意向法来解决问题，并在咨询过程中取得进展呢？

第三部分

基于格式塔和心理剧理论的技术

格式塔（Gestalt）一词是指"在生物/环境领域背景中突出的结构化、有意义的实体"。格式塔学派治疗师关注生物的整体性，并认为通过形成格式塔，人们可以找到并为自身的经验赋予意义。格式塔和心理剧原理将存在主义、现象和行为技术有趣地结合在一起，在很大程度上依赖于当下的经验、存在性意义、人际关系和整体整合。

有些心理咨询方法可能会出现简化论，但格式塔疗法主要通过提高来访者对当下发生事实的意识和知觉，帮助来访者建构意义和目的。变化被视为持久状态，使用格式塔和心理剧技术的咨询师通常会试图觉察出环境、人际关系、内心变化中的挑战和阻碍，以帮助来访者适应内部和外部环境。对于会阻碍来访者有效接触和适应环境的未完成事务，咨询师会帮助来访者完成，并通过发展清晰、灵活的关系边界以满足其需求。格式塔和心理剧技术容易产生强烈的情绪，故期待传统谈话疗法的来访者可能会认为这些技术不自然或是愚蠢。

在接下来的章节中，我们将会介绍三种典型的格式塔和心理剧技术，分别是：空椅技术（empty chair）、肢体动作与夸张技术（body movement and exaggeration）以及角色逆转技术（role reversal）。虽然角色逆转技术和空椅技术起源于心理剧，但格式塔治疗师经常会使用这些步骤和夸张技术来推进治疗。空椅技术用于引导来访者与生命中重要但缺席的个体进行强有力的、充满感情的对话，或是让来访者单独进行两个角度或维度的对话。例如，当来访者纠结如何处理问题时可以采用这项技术，让来访者与一位支持性咨询师一起，以具象化的方式表演并讨论内心对话，让来访者从中获益。肢体动作和夸张技术可用于帮助来访者理解其非言语交际的深层含义，并将隐藏其中的意义和交流提升至意识层面。比如，当来访者摇动手指来强调某个观点时，或者咨询师认为来访者所言比其自身认知更有意义时，可以要求来访者重复这个动作或语句，有时要重复六次，同时，咨询师还要和来访者讨论这些动作或语句的隐喻及其背后的含义。角色逆转技术则是让来访者换到相反的视角、论点或角色，从不同角度发现意义。例如，如果一位处于青春期的来访者认为自己父亲的控制欲太强，甚至到了剥夺其自主权的地步，那么咨询师可以鼓励来访者扮演父亲，从父亲的角度处理自己的情绪和抱怨。所有这些技术的目的都是增强来访者的情境意识，创造和构建全新或调整后的含义，以更好地适应环境。

基于格式塔和心理剧理论的技术的多元文化意义

格式塔和心理剧理论的优势在于，强调治疗关系及其潜在哲学，即对每个来访者都应坦诚、毫无偏见，以此为基础理解其当下的知觉。显然，格式塔疗法可以有效帮助二元文化的来访者整合并融合在已有文化语境中的价值观及信念所呈现出的文化冲突。例如，许多个体本身的文化重视集体主义，但他们却生活在充满竞争、强调个人主义的美国商业世界中，格式塔和心理剧理论旨在解决这类冲突。

格式塔疗法通常会引起来访者强烈的情绪反应，而来自某些文化的来访者（如阿拉伯裔美国人、亚裔美国人）不习惯对他人或非家庭成员表达强烈的情绪。此外，有些来访者可能会更情绪化，更欣赏格式塔疗法的洞察力和存在主义取向。例如，有些来访者可能更喜欢咨询师鼓励其表达被抑制或被否认的情绪，以及讨论人际关系的健康界限。无论如何，咨询师都应谨慎使用这些技术，还要准确判断采用格式塔疗法的时机，因为必须在合适的时机进行干预，将其应用于具有多元文化背景的个体时要更加敏感，尤其是对那些情绪上有所保留的来访者，因为他们会抵制此类技术，并且可能过早地结束咨询。

与言语相比，有些来访者可能更愿意使用非言语方式表达自我，或者口中说的是一回事，而非言语传达的则是与之相悖的信息。格式塔学派的咨询师会关注面部表情和手势，来帮助来访者理解其内在冲突并构建更完整的环境联结。这几乎是一种常识，但至关重要的是，要关注来访者及其需求，而不是专注机械地使用格式塔疗法。

格式塔和心理剧理论强调自我意识、情绪的合法性、行动的自主性，以及整合分离的思维、情感、价值观和行为元素，授权予人，可以灵活调整以适用于不同群体（如非裔美国人和亚裔美国人）。但要注意的是，来自不同种族、民族或社会文化的来访者可能会因情绪强度或不自然的感知而抵制格式塔疗法（例如，对着自己的手或空椅子谈话，反复伸出舌头），这可能会让他们认为心理咨询师是有意为之，并且感觉很愚蠢。此外，由于使用直接性身体干预，有些非西方文化的来访者可能会认为格式塔派咨询师是对抗性的，会觉得受到了威胁，可能会提前终止咨询。

第二章

空椅技术

空椅技术的起源

空椅技术起源于心理剧，随后被迅速引入弗里茨·珀尔斯提出的格式塔理论。格式塔理论旨在防止二分法，以免让个体与环境分离。波尔斯使用空椅子，让个体通过角色扮演的方式向他人说出自己的想法，或者表明自己的态度。这种方式可以宣泄体验和情绪，帮助来访者加深与人际关系和情绪的联结。当然，格式塔还包括对整体的创造与解构，而空椅技术是将对立面加以整合，通过同时表达一个问题的两个方面，人们可以解决在价值观、思想、感情和行动等方面的冲突。

科克尔（Coker，2010）提出了格式塔疗法的基本概念，有助于我们了解这个理论，进而理解空椅技术，如下：

+ 一个人处于他所在的环境中；没有任何个体是完全自主的；
+ 人们既可与所处的环境保持联系，也可以脱离环境；
+ 如果某个人与环境保持联结，他就会与人保持联结，还会与强化或渴望的事物保持联结；
+ 如果一个人脱离环境，就是在试图摆脱他认为可能会给自己造成伤害的人和事物；
+ 与环境保持联结并不总是健康的，脱离环境也并不总是危险的；
+ 人格的意义在于，它体现了人与环境是相联结或相脱离的；
+ 一个人既是单独个体，也是环境的一种机能；

+ 在格式塔派心理咨询中，关注的焦点是个体如何（而非为什么）感知此时此地的问题；

+ 咨询师的目标是为个体解决当下和将来的问题提供所需帮助；

+ 格式塔疗法着重强调此时此地的体验；

+ 在意识到此时此地，以及与环境进行接触并脱离的尝试和解释后，个体可以获得洞察力，并在身处的环境中更加充实地生活。

如何实施空椅技术

确立治疗关系并与来访者之间建立信任后，咨询师在与来访者的会谈中可以使用空椅技术。扬（Young，2017）提出，实施这项技术可分为以下六步。在预热阶段，咨询师应要求来访者思考生活中的对立面，以及来访者对问题持两面态度或矛盾态度的具体实例。

第一步，咨询师会解释为什么要采用这项技术来消除来访者可能存在的阻抗。咨询师需要面对面地放置两把椅子，分别代表事物的两面。在进行下一步之前，让来访者认识到自身的两种对立的感受是十分重要的。在后续的各个步骤中，来访者将坐在代表冲突中的一面的一把椅子上，对面的空椅子则代表另一面。在来访者表达完自己处于这一面的感受后，再换到另一把椅子上。

第二步，咨询师会与来访者互动以加深这种体验。咨询师会让来访者先选择他感受最深的一面，然后给来访者一定的时间来熟悉甚至更加了解自己的感受。咨询师需要通过询问一些问题将来访者拉回此时此地，以便帮助来访者留在当下。例如，如果来访者说"我本来真的可以揍他的"，那么咨询师可以询问："你现在感觉到你的愤怒了吗？"

第三步，来访者的目标是表达两面中最为突出的一面。在来访者表达自己的看法时，咨询师不得做出评判。通过留在此时此地，来访者需要表演自己的体验，而非用语言表达。咨询师可以指导来访者使用夸张的手势或声音表现并给予鼓励。为加深这种体验，咨询师应要求来访者多次重复这些短语或语句。在这个步骤中，咨询师需花时间对其观察到的来访者的处境进行归纳总结。咨询师应询问"是什么"及"如何"之类的问题，而非"为什么"之类的问题。一旦咨询师认为来访者到了该停止的时刻，就可以要求来访者换到另一把椅子上。停止时刻只能由咨询师确定，当来访者卡住了或似乎已经完全表达完自己的想法时，就可以停止。

第四步，反向表达。当来访者换到对面椅子上时，需对其前面所述做出回应。同时，通过鼓励来访者表达相反论点并引发情绪反应，咨询师再一次帮助来访者加深体验。

第五步，咨询师会让来访者转换角色，直至确定（由咨询师或来访者确定）问题的两个方面的观点都已表达清楚了，这样能帮助来访者意识到事物的两面性。在这个步骤中，根据问题的两面性有时会获得解决办法，但并不总是能获得。

第六步的重点在于，让来访者同意行动方案。咨询师可能会布置家庭作业，让来访者研究问题的正反两面。

空椅技术的变式

弗农和克莱门特（Vernon & Clemente，2004）提出了一种针对儿童群体的变式。在这个变式中，咨询师要求儿童扮演冲突的一方，如果是内心冲突，咨询师会让儿童选择其中的一个方面开始。在儿童表达完自身的想法后，咨询师会要求其换到另一把椅子上，然后表达问题的另一面。必要时，还需要让儿童再次换椅子，直至问题的两面均得到充分表达。如果儿童很难对着椅子说话，那么可以用录音机代替。

扬（Young，2017）提出了空椅技术的另外两种变式。第一种变式是幻想对话。例如，如果来访者抱怨身体不适，那么咨询师可要求来访者与其身体部位对话，进而查明来访者能否从小病中获益。通过意识到这些获益，来访者也许就能自己解决这个问题。

第二种变式是强制性灾难。需要注意的是，咨询师应谨慎使用这个方法，尤其是对焦虑的个体。这个方法适用于悲观的来访者。当咨询师将其用于来访者时，会让来访者面对最糟糕的情况，即使这种状况不太可能发生，咨询师会帮助来访者表达随噩梦出现的情绪。

空椅技术的案例

19岁的萨莎是一名大学生，她已经接受了7周的个体心理咨询。她首次寻求心理咨询是因为她与现任男朋友分分合合的关系问题。很快，这一问题在萨莎的几乎所有关系中形成了一种模式，她在破坏、愤怒驱力和基于恐惧的无助依赖间摇摆不定。实践表明，人们很难与萨莎建立信任关系，但一旦建立起信任关系就会很稳固。经过一次次咨询后，过去的性虐待和身体虐待问题浮出水面，而萨莎对她所体验、表现并表达出的两个极端感到十分困惑。

> 萨莎（S）：（有点昏昏欲睡）有时，我只是……我只是觉得太累了，你懂我的感受吗？有时候我会觉得做自己太累了，这听起来很可笑。我是说，如果做我自己太累了，我很累，而其他人也累，那为什么不变一变呢？我是说，真的……为什么不改变一下呢？

> 咨询师（C）：如果你现在的样子令你很累……

> S：是的。如果真这么糟，就去改变！而现在我觉得很烦躁，我感觉状况加重了，但我不知道为什么。

> C：萨莎，我明白你当下的感受，这些感受本来就一直存在……但是，你的情绪……你去感受的方式……突然变了，这就会让你觉得筋疲力尽和困惑。

> S：还有愤怒。

> C：还有愤怒。

> S：你知道，有时我想要像《乱世佳人》中的梅兰妮那样。

利用角色往往有助于确认来访者的内心特点，这样可以更容易地讨论复杂的情绪，或将其作为来访者努力的目标。

> C：那么其他时间呢？

> S：哦，其他时间当然是希望像斯嘉丽了。

> C：对你来说，这两个角色代表了什么？

> S：斯嘉丽很明显啊，她很坚强，没什么能阻止她得到她想要的东西。她可能会伤害到别人，但不会让别人伤害到她，你明白吧？而且，我真的很尊敬她。另外，哦，梅兰妮……呃，我永远都成不了梅兰妮。她非常有牺牲精神、言谈温柔、与人为善，但有时候她看上去很伤心。斯嘉丽轻而易举就胜过了她。因为与斯嘉丽相比，梅兰妮是脆弱的，非常脆弱。

> C：但我好像听到你说你希望自己像梅兰妮，可你为什么又说永远成不了她呢？

咨询师提出试探性面质，来帮助萨莎明白她所表现出的两个极端的实例。

> S：看吧？这说不通，我觉得我不知道自己想要什么，或者说我不知道自己是谁。也可以说，我不知道自己为什么前一秒是这样，下一秒就变了。

> C：萨莎，我觉得，正如大多数人一样，你也有很多个自我，这些都是你的不同部分。

只不过，你与他人不同的地方在于，你没有意识到这些自我的存在，或者说没有意识到这些自我的效用或目的。因此，你的不同自我之间会彼此冲突，而不是团结一致。我这么说，你能明白吗？

S：嗯，我觉得我明白了。

C：我们现在来尝试一下其他方法，可以帮你表达出你的不同自我。

S：好。

C：一开始你可能会觉得很傻，但我相信你能度过这个阶段，也会相信这个方法有效，我觉得稍后就可以证明这个方法的益处。

S：我相信你说的。

C：好。我想让你做的事称为空椅技术，我们稍后将用到两把椅子（直接拉一把椅子放到萨莎对面）。

萨莎紧张地笑。

C：如果你在开始时感到紧张或不确定，那么这很正常。不过，我真的认为你可以度过这个阶段。好的，先前的关系已经表明了，我也观察到，你已经开始意识到自己有时会以完全相反的方式去行动和思考。实际上，就在刚刚，你把你的两个自我与人物角色——梅兰妮和斯嘉丽——联系到了一起，她们两个彼此对立。（停顿）萨莎，如果可以，你会给两个对立的自我贴上什么样的情绪标签？

S：嗯，很明显，一个是愤怒的我，另一个是恐惧的我。

C：好的。那你感觉现在你更像哪一个？

S：其实，我今天觉得很害怕，也感到自己脆弱。

C：请你想象一下，如果我能将两个你分开，分成一个愤怒的你和一个恐惧的你，那么请思考这两个你会有哪些不同。其中一个你可能会挺起肩膀、摆好架势、目光坚定、咬紧牙关；另一个你则肩膀紧缩、紧扣双手，还可能会看着地面，逃避他人的目光。想象一下这两个你现在就坐在这两把椅子上交谈。你是唯一可以替这两个你说话的人。只有你知道她们想对彼此说什么。就从"脆弱的你"开始吧，我想让你描述一下脆弱和恐惧的你。将"脆弱的你"的感受告诉"愤怒的你"。那么，现在就别再做"坚强的萨莎"了，集中精力体会"脆弱的萨莎"的感受。

咨询师给萨莎赋权。

S: 现在吗?

C: 没错。如果你准备好了,就开始吧。如果需要,我可以帮你。

S:(深呼吸,双手紧握放在膝盖上,低头看着自己的手轻声说话,几乎是低语)我总是觉得害怕,一直觉得害怕,这种感觉太痛苦了。(停顿,仍然低头看着自己紧握的双手)我感觉特别无助、脆弱和可怜。(再次深呼吸)我让别人践踏我的尊严。我放过了他们,让他们全身而退,因为我希望他们都爱我,哪怕只是喜欢我,对我好一点。我知道这太可怜了,(低语)太可悲了。(声音大了点)但我也感觉这是善良,也是信任,而且这感觉很好。做好人让我感觉很不错,我不喜欢当坏人。你不能因为别人伤害你就去伤害别人,否则你该为自己感到羞耻。(抬起头来,直接看向空椅子)你如果伤害别人,你就会跟他一样,是坏人。有时候你让我想起他。不对,我不该这么说。天啊,有时我真是恨他。

C: 那现在呢?

S: 现在……现在,我希望他能够喜欢我到……到不会伤害我。我仍然希望他喜欢我,但他显然不喜欢我。我不知道为什么(沉默)。

C: 好的,萨莎,我现在想让你换到那把"愤怒的你"的椅子上去,然后替她说话。

S:(换到了另一张椅子上)没错,我现在觉得舒服多了!(呜咽着说)你的确太可悲了!"我希望他们都爱我,哪怕只是喜欢我,对我好一点。"天啊!你还能再恶心点吗?你真让我恶心。没错,你让我觉得恶心。如果一开始你能坚强点儿,我们也不至于到这儿了!你需要我,你就承认吧!如果不是我,你根本就做不到。而且尽管你可以"鄙视"我,但你竟敢对我说我像他?我之所以这样,是为了帮你过这可悲的人生。至于你,亲爱的,你是个累赘(停下来呼吸)。

C: 请重复那句话:"你是个累赘。"

S: 你是个累赘。

C: 再说一次。

S: 你是个累赘。

C: 再说一次。

S: 你是个累赘!

C: 你现在有什么感觉。

S: 我觉得精疲力竭,我再也受不了做不同的我了,否则会让我们都没命。如果我不够坚强,我们就做不到这一点,我厌倦了坚强。

C：因为对你来说，坚强和愤怒是一样的。

S：愤怒让我坚强，但也让我感到很累。

C：告诉她。

S：如果你能坚强点，我就不会这么愤怒了。如果你能不这么可悲，我也不会这么残忍。我不想残忍或愤怒，这太沉重了，我觉得很累。我想变得更像你，但又与你不完全一样。你还是太脆弱了（看起来，萨莎的这个自我已经精疲力竭了，似乎到了停止时刻）。

C：我希望你再换一次椅子，说任何"脆弱的萨莎"想说的话。

S：（换了一把椅子，再次紧握双手放于膝上，但是不再盯着双手）我很抱歉让你成为我的一部分，这不断提醒我们经历了什么。我不喜欢你，也不喜欢你做的事、你的感受，还有你对待他人的方式。但是现在，你是我不可或缺的一部分（萨莎停了一会儿，看了下咨询师，表示她说完了）。

C：非常好！

咨询师让萨莎将空椅子向后转，她照做了。

S：像这样思考……很有用……这让我知道确实有两个对立的我存在，而且都是我的一部分，这很有帮助。我更加有接纳的感觉了……

C：而且，你的这两个自我都是你必不可少的部分，也许并没有极端到你想的那个程度。

S：也就是说，我的两个自我可以不这么剑拔弩张，可以学着互相融合或妥协。

C：没错。你要知道，这两个部分对彼此都是有益的。她们代表你性格中的强烈特点，也揭示了你过去是如何行事的。下周我希望你继续思考这个问题，也希望你能列出你各个部分的积极之处，以及如何在不同场合表现不同的你更有益。换句话说，我们来了解一下不同的你的能力和功效，至少要能在合适的时机发挥作用并懂得适可而止。

空椅技术的有效性及评价

科里（Corey，2016）指出，通过运用空椅技术，个体可以将其情感的两个方面具体化。这项技术可用于解决人际关系问题和内心问题。咨询师可以使用这项技术帮助来访者意识到表象下的潜藏感受，这些感受会影响来访者的健康。

克罗塞（Crose，1990）发现，空椅技术对有未完成事务的来访者来说尤为有效。通过将过去带到此时此地，咨询师可以帮助来访者解决其与他人之间的问题，这些人可能已经过世，或在来访者的生活中再没出现过。咨询师为来访者提供了一个安全、舒适的环境，让来访者向特定人表达爱和愤怒的感觉。

科克尔（Coker，2010）提倡学校辅导员使用空椅技术。当学校辅导员将其应用于与同学发生了冲突的学生时，首先会要求学生对同学进行生动的描述。学生会被要求坐在一把椅子上，并想象另一个同学坐在空椅子上。然后，学校辅导员会要求学生描述冲突，并说出自己对对方的感受。学校辅导员可以使用空椅技术的六个步骤继续会谈。当学生和自我有冲突时，学校辅导员也可以使用空椅技术。科克尔认为，空椅技术对青少年非常有用，对那些心中所想与脑中所思存在矛盾的青少年尤为有效。

克兰斯等人（Clance et al.，1993）开展了一项研究，调查了格式塔疗法在改变被试身体意象上的有效性。30 名被试被平均分配至对照组和使用格式塔疗法的实验组。克兰斯等人经研究后发现，格式塔疗法和意识训练的效果是可以评估的，且能使被试对其身体和自我的态度发生显著的变化。他们还发现，与女性被试相比，将格式塔疗法用于男性时效果更明显。空椅技术也适用于多样化群体，如非裔美国人和亚裔美国人。

面对具备矛盾两面性的来访者，格林伯格和希金斯（Greenberg & Higgins，1980）比较了使用空椅技术和聚焦这两种技术的效果。他们比较了来访者的体验深度和意识上的变化。研究中有 42 名被试，被平均分到空椅组、聚焦组和对照组。研究结果表明，与聚焦组和对照组的被试相比，空椅组被试的意识和体验深度都得到了很大改善。

有几项研究探讨了空椅技术在情绪唤醒、促进未完成事务解决和宽恕等方面的有效性。研究人员对 29 名有怒气的女士进行了单一会话干预，包括共情、关系框架和空椅技术，显著提高了来访者的平均情绪唤醒（悲伤）水平（Diamond，Rochman，& Amir，2010）。他们发现，空椅技术也可能会提高来访者的恐惧 / 焦虑水平，这也许是因为潜在人际排斥，或由来自其愤怒焦点的人的攻击导致的。在一项对照实验中，研究人员发现，空椅技术可以有效提高原谅程度、释怀水平和整体指标，比解决情绪伤害的心理教育干预更有效（Greenberg，Warwar，& Malcolm，2008）。研究人员发现，当对来访者使用包含自信训练和空椅技术在内的相关疗法时，五个案例中有四个案例的来访者的关系模式（控制和痛苦的声音）得到了显著改善（Hayward et al.，2009）。研究人员还调查了空椅技术在处理未完成事务上的有效性（Pairio & Greeberg，1995）。在这项研究中共有 34 名被试，被平均分至空椅技术组和心理教育组，每组均接受 12 周的治疗。治疗结束后，空椅技术组 81% 的被试的未完成事务得到了解决，而心理教育组只有 29% 的被试的未完成事务得到了解决。在随后一年的跟踪随访中，研究人员得出结论，空椅技术在"减轻症状和人际关系苦恼、减轻不适感，以及促进主诉改善并解决未完成事务方面明显更有效"。

在一项研究中，119 名妇女的丈夫在战争期间被杀或失踪，她们被分配到支持性控制条件或使用空椅技术，进行 7 次对话暴露组治疗，在结束时产生了中等效果（$d=0.56$），在一年的跟踪随访时产生了显著效果（创伤性悲伤为 $d=0.37$，创伤后逃避为 $d=0.73$）（Powell，Rosner，& Butollo，2015）。因此，通过支持来访者获得意识并表达与创伤相关的内在对话，以空椅技术为特色的短期格式塔暴露方法在治疗创伤性丧亲者中是有效的。

扬（Young，2017）也评论了空椅技术，他提醒说，来访者可能会因害怕自己看起来很愚蠢而抗拒这项技术。他还指出，有些咨询师让来访者换椅子的速度太快了，来访者可能对某一方面的观点还未表达充分，咨询师就让来访者换椅子了。他还警示咨询师，不要对有情绪控制障碍的来访者使用这项技术，否则很可能会引起他们的情绪反应过度。考虑到这点，咨询师需要在运用这一技术后对来访者进行跟踪随访。扬还建议，缺乏经验的咨询师最好能在经验丰富、知识渊博的咨询师的督导下运用这项技术。扬还警告，不得将其应用于有精神障碍等重度情绪困扰的个体身上。

空椅技术的应用

现在，将空椅技术应用于与你合作的来访者或学生，或者重温本书前言中介绍的简短案例研究。你将如何使用空椅技术来解决问题，并在咨询过程中取得进展呢？

第 12 章

肢体动作与夸张技术

肢体动作与夸张技术的起源

肢体动作与夸张技术源自格式塔疗法。弗里茨·珀尔斯认为，来访者的言语和非言语沟通会提供一些线索，咨询师予以关注并将其放大，可以加深来访者对体验和情绪反应背后的思维和感受的理解。在格式塔疗法中，咨询师会采用整体研究和多种技术来增强来访者的自我意识。当来访者需要对向他人传达的言语或非言语信号产生意识时，咨询师通常会采用肢体动作与夸张技术。

如何实施肢体动作与夸张技术

在实施肢体动作与夸张技术时，咨询师首先需要观察来访者的言语和非言语信号。通过关注来访者的非言语行为，咨询师需要找出那些看起来似乎不重要的动作。根据科里（Corey，2016）所言，这些动作包括抖动（如摆手、抖腿）、姿势懒散、含胸驼背、紧握双拳、紧皱眉头、做鬼脸、双臂交叉。一旦咨询师确认这些动作，就可以要求来访者将其夸大，让动作的含义逐渐明晰。

当来访者夸大动作时，咨询师可以要求来访者为自己的动作发声。

肢体动作与夸张技术的变式

在来访者陈述重要的事情后却未意识到其重要性时，咨询师可以采用夸张技术。在这种情况下，咨询师会要求来访者重复这个语句，每说一次，来访者的情绪强度就会有所增加，直至来访者意识到这句话的所有影响为止。第 11 章的案例中曾使用过这种变式，咨询师要求萨莎重复说"你是个累赘"这句话。

肢体动作与夸张技术的案例

56 岁的托马斯之前从未接受过任何类型的心理咨询服务。一年多前，他 81 岁的母亲去世了，他无法面对她的死亡，感觉自己被困住了。他希望通过心理咨询来帮助自己厘清关于母亲以及因母亲离去而引发的种种情绪。

托马斯（T）： 我不明白，我真的不明白为什么自己很难去感受，我明明知道自己已经感受到了。

咨询师（C）： 悲伤……失去……

T：是的，悲伤，它不会离开，我也没办法出来。

C：你似乎被困住了？

T：是被困住了，我觉得自己陷入了困境，被困住了。

C：嗯。

T：我不想再因为母亲而心事重重了，还有她的离去，她的生活。我想向前看。现在就像是她还在抓着我不放一样。

咨询师注意到一个微妙但重要的用词——"还在"，这暗示着并非第一次出现这种情况，这暗示着在来访者的生活中，他的母亲曾经抓着他不放。

C：还在？

T：（托马斯这才抬起头，向上看，眼睛直视咨询师）是的，还在。

C：她还在抓着你不放。

T：她还在抓着我不放。

C：你能再说一遍这句话吗？

T：她还在抓着我不放。

C: 再说一遍，声音大一点。

T: 她还在抓着我不放。

C: 再说一次。

T: 她还在抓着我不放。她还在抓着我不放！她就是不放我走！

T: （停了一下，有意地沉默了一会儿）我不知道这种感觉来自哪里。或者说，我不知道这种感觉到底是什么（停顿并思考）。

C: 那时你有什么感觉？

T: 惊恐、愤怒。

C: 嗯，是，是我的话也会有这种感觉。

T: 但我没有愤怒。

C: 也许这并不是全部的你……

这时咨询师注意到托马斯拳头紧握，似乎是要将拳头藏在两膝间。当一个人否认某种真实存在的情绪时，其言语和非言语行为常常会出现矛盾。

C: 你的拳头似乎很愤怒。

T: 我的拳头？

托马斯低头，注意到自己拳头紧握，立即松开了拳头，然后把手放到一边。

C: 我希望你再握起拳头，这次更用力地握紧，然后放回两膝间。托马斯握紧拳头，放回两膝间，现在他开始抖腿。

C: 你的腿在抖，再用点力抖腿。

托马斯开始更迅速地抖腿。

C: 给你的腿做代表吧，如果它们会说话，你觉得它们会说什么？

T: 它们很紧张。

C: 紧张？

T: 是的，它们不喜欢拳头在做的事。

C: 拳头在做什么？

T: 发怒。

C: 这让腿感到紧张吗？

T：是的。

C：再把拳头握紧点，然后用你的膝盖压着它们……

T：非常愤怒。

C：所以，一部分的你非常愤怒，而你的腿想隐藏这种愤怒……但拳头却想……

T：打什么东西。

C：这就是双腿压着拳头的原因……不让它们真的去打什么东西。

T：愤怒是不好的，只会让事情更糟糕，应该抑制住。

C：被困住了吗？

托马斯再次抬头，意识到他所否认的愤怒和他感觉被困住之间的联系，这时他的肢体语言停顿了一下。

在本次咨询中，肢体动作与夸张技术用来强调一个重要且有意义的关键词，继而让来访者承认被否认的情绪。这项技术也可用于进一步表达这种情绪，并确定其根源。

肢体动作与夸张技术的有效性及评价

格式塔疗法因其灵活性而很受咨询师青睐。对于这些技术的应用并无刻板的指导准则，因此咨询师可以依据不同问题对这些技术加以调整和改进。研究人员指出，这项技术源自格式塔疗法，可以对其加以改进并应用于不同的来访者及其问题，但有些来访者也有可能不会从格式塔疗法中获益（Wolfert & Cook，1999）。正如哈曼（Harman，1974）所言，对于有严重障碍的来访者或对自身经验毫无意识的来访者，咨询师可能需要考虑使用其他理论学派的疗法。此外，研究人员审查了格式塔疗法的相关研究后发现，肢体动作与夸张技术之类的技术可用于多种情绪障碍，如抑郁、恐怖症、人格障碍、身心障碍、物质滥用问题等（Strumpfel & Goldman，2002）。

肢体动作与夸张技术的应用

现在，将肢体动作与夸张技术应用于与你合作的来访者或学生，或者重温本书前言中介绍的简短案例研究。你将如何使用肢体动作与夸张技术来解决问题，并在咨询过程中取得进展呢？

✢ 角色逆转技术

角色逆转技术的起源

角色逆转技术衍生于心理剧和格式塔理论。格式塔治疗师认为，存在是相互联系的，并采用整体式心理咨询方法。哈曼（Harman，1974）指出，来访者的行为是某些潜在感受的逆转，导致来访者行事不连贯。在这种情况下，咨询师通常会采用角色逆转技术。通过角色逆转，咨询师能帮助来访者理解起作用的对立面，并将对立面整合成整体观。

如何实施角色逆转技术

针对那些对自身感到冲突或分裂的来访者，咨询师可以应用角色逆转技术。在实施这一技术时，咨询师要扮演积极的角色，并确认来访者在悖论情境中所体验的不同角色。然后，让来访者扮演使其感到焦虑的角色，并与其否定的部分建立联结。咨询师会协助来访者以矛盾的方式审视自己的观点、态度或信念。通过扮演角色并审视冲突的两面，来访者可以增强情境意识，加深的情感联结并解决潜在问题。

角色逆转技术的变式

多伊尔（Doyle，1998）提出，角色逆转技术的一种变式要求来访者扮演事件中的另一个当事人。通过扮演他人的角色，来访者将有机会从不同视角审视自己，并能从他人视角审视问题，从而进一步增强意识。

角色逆转技术的案例

下述案例就运用了角色逆转技术的变式，咨询师要求来访者扮演另一个人，考虑另一个人的立场，而非让其扮演自我的另一面。然而，有些人可能会说，即使案例中的克里斯塔以某种方式考虑了她女儿的立场，但其实她扮演的也是自身的内在冲突，因为她把女儿当成了自己内心中的孩子，还把对自己的憎恨转嫁到女儿身上。因此，对于与父母或老师存在人际关系冲突的青少年可以应用角色逆转技术，让其扮演另一个人，尝试与这个角色表现出的情绪和动机建立联结。

34 岁的克里斯塔有多年治疗史，她在童年、青少年和成年阶段接受过多位咨询师的治疗。她在童年曾遭受过严重的性虐待、身体虐待和情感虐待。多年来，她一直努力做一个完美的女儿。然而，进入青春期后，她不再追求完美，而是变得叛逆。她的回忆充斥着对自己和他人的憎恨，还开始酗酒、吸毒、偷窃并多次离家出走，并且出现了性异常行为。她的青春期几乎是在多家精神病院中度过的，并且每次出院后又会故态复萌，重新陷入混乱的生活方式。后来，她先是有了两个孩子，随后结婚了。每隔几年她都会发作一次，从丈夫和孩子身边逃开，陷入之前的生活状态。如今，她有了工作，而且已经有两年没有吸毒了。昔日生活的痕迹在她身上已经难觅其踪，她看起来是一位魅力非凡、修饰得体、装扮入时且言辞文雅的年轻女士。六周前，她开始了咨询，意图诉苦，主要问题是与母亲、丈夫和孩子的关系。当时，她还抱怨自己脾气暴躁及抑郁发作。她说她不知道自己是怎么了，觉得自己是在推开丈夫，并在情绪上伤害了女儿。眼下，咨询师已经花了很多时间与她建立信任关系；对她过去和目前的诊断，咨询师有了一定的洞察和了解；针对她的药物治疗，咨询师也有了一定的评估；针对能改善其情绪调节和反应的各种治疗技术，从正念到认同，以及对不合逻辑信念的反驳，咨询师也一一与其进行了讨论。

克里斯塔（K）： 我又感到无助了。我是说，我知道自己不会马上痊愈……但我也惊讶自己改善的速度有多快。我的意思是，整整六天我都没出现混乱……六天！我简直不敢相信这是真的！我没有被工作、孩子、丈夫或其他任何事情影响。我为自己骄傲。

咨询师（C）： 也有了希望，对吗？

K： 绝对有了希望。我能感觉到自己是正常人了，这是我人生第一次对这一点有了希望。我已经厌倦了这种感觉。

C：这种感觉……

K：感觉就像一个疯狂的恶魔。昨天我对女儿卡蕾很生气，我真的非常生气（克里斯塔两手握拳，并咬紧了牙关）……我甚至想把她的头拧下来。我很生气，特别生气。我不知道她为什么会这样对我，但是，天啊，她就这么干了。她就是知道怎么能激怒我，而且她是故意的，她就是在刁难我。当然了，她可不喜欢这样！老天啊……但是她就是知道自己在做什么……这个小鬼。

C：（试探性地说）你觉得她的行为是故意的。

K：我知道她是故意的。她明明知道我会大发脾气，她一定是蠢透了才这么做。

C：你能从卡蕾的角度想一想吗？我只是希望你从她的角度思考片刻。如果你就是卡蕾，你会如何回应"你就是故意的，卡蕾"或者"你一定是蠢透了才这么做"？

K：（毫不犹豫）也许我就是故意这样做的，也许我就是蠢透了，也许我恨你，也许你才是蠢透了。如果你继续这样疯癫，我也不会拦着你。小心翼翼迁就你那些矫情的感受，我厌倦了，所有人都烦了。我学着不去对你那些愚蠢的小感受发表任何意见，但是这么做一点好处都没有！我厌倦了这些年按照你的想法生活。在你看来，永远都不够。我厌倦了在你身上浪费精力。我什么回报都没得到！你就是吸尘器……就是黑洞……你完全吞噬了我的生活！我放弃你了！（停顿，语气由愤怒变为讽刺）现在呢……得了吧，我还不如把发疯当游戏呢。

角色逆转通常可以让来访者对另一个人的立场产生认同和共情。克里斯塔是在对 14 岁的自己生气，并对那个自己投射了自己的感受，而且把当时她对自己母亲的感受转移到了自己的女儿身上。不过，在那个年纪，克里斯塔也有另一面，依据她先前向咨询师提供的有关她女儿的信息和她与女儿之间的互动，可以看出这段话并不能完全代表她的女儿。咨询师给了克里斯塔一本日记本，并要求她下周带来。记日记时，她需要以她女儿的视角来写。写作更容易挖掘语言表达中无法表达的信息。

C：你有没有完成我们上周说过的日记？

K：我写了，但是真的很难。

C：有多难？

K：心烦意乱。

C：嗯，好，心烦意乱，然后呢？

K: 心烦意乱，非常困难。因为这让我意识到我女儿会有什么感受。卡蕾真的是个好孩子……给，你读一下吧！

递给咨询师一张折叠起来的纸，咨询师大声朗读。

C: 亲爱的日记，今晚我妈妈又和我吵架了。我不明白她为什么对我如此生气。她对弟弟就不是这样的，好像她很讨厌我似的。我从她的眼中能看出来，从她的声音中也能听出来。可是，我甚至不知道为什么会这样。然后，她就开始发疯了。有时候我很害怕她。我不知道她下一步会做什么，也不知道该对她有什么期望。有时候，昨天明明还好好的，今天就变了。她的规则一直在变，我不知道哪些事符合要求，哪些事不符合。这让我觉得想要放弃了，我对此感到很伤心。我发誓，我已经尽自己所能去做一个好女儿了。我不完美，但我会努力。我知道自己有时很无礼，但对于我这个年纪的人来说这不是很正常？我不是一个好孩子吗？我的老师喜欢我，他们告诉我很高兴有我这个学生。可是，我觉得妈妈并不为有我这个女儿而高兴。我觉得我已经开始生气了。我觉得自己有时会在脑子里跟她顶嘴。我感觉自己已经厌倦了尝试，能感觉到自己已经放弃去做一个好女儿了。我努力了，却无济于事。最痛苦的是，无论我多努力，还是会被厌恶。

咨询师抬头，看到克里斯塔在哭。

C: 现在最让你苦恼的是什么？

K: 我在伤害她，我在情绪上伤害了她，是我让她憎恨我，而她的确是个很棒的孩子。

C: 所以，上周你觉得她的行为是故意的，很让人讨厌，你对她非常生气，但是今天……

K: 我理解她了。我伤害了她，但我并不想伤害她。我非常担心她已经越界了……越过了我在她这个年纪所越过的那个界限。我因为自己那时的所作所为而憎恨自己。我觉得当我看着她的时候就看到了 14 岁的自己，我讨厌自己所看到的。可是，我觉得她还没有……越那个界。她不是我，她一点都不像那时的我。她现在依然很棒……她身上有很多优秀的地方。她仍然还有大好的机会。

角色逆转在创造共情时十分有效，共情已经产生，因此克里斯塔开始将她女儿和自己分开看待，她对女儿满怀同情，而非心怀憎恨。

角色逆转技术的有效性及评价

现存文献中并没有关于角色逆转技术有效性的实证研究。哈克尼和科米尔（Hackney & Cormier，2017）指出，在应用这一技术时，咨询师在开始阶段可能会遇到来访者的抵触，因为毕竟让来访者扮演的可能是一个令人不适的角色。为使这项技术在这种情况下奏效，咨询师需要在安全的环境下提供更多的鼓励，以使来访者放心地参与其中。

角色逆转技术的应用

现在，将角色逆转技术应用于与你合作的来访者或学生，或者重温本书前言中介绍的简短案例研究。你将如何使用角色逆转技术来解决问题，并在咨询过程中取得进展呢？

第四部分

基于正念理论的技术

2006 年，乔·卡巴金（Jon Kabat-Zinn）提出，正念是指观察、感受、认知和热爱当下状态的方式，可以提高专注力和中心意识。正念是不掺杂任何评判态度地专注于此时此地，包含意图、专注力和态度。正念要求人们开放心态并接纳当下的体验，以此培养来访者对自己和他人所表达的复杂情绪的宽容度。这个方法不仅对来访者非常有帮助，而且咨询师也能从正念和共情的联结中获益（Schure，Christopher，& Christopher，2008）。

正念疗法在过去被纳入认知行为的传统范畴（Segal，Williams，& Teasdale，2002）。莱恩汉（Linehan，1993）提出，正念技术也会应用于辩证行为疗法（Dialectical Behavior Therapy，DBT）中。哈耶斯等人（Hayes et al.，2003）指出，这项技术还会应用于接纳承诺疗法（Acceptance and Commitment Therapy，ACT）中。多种常用技术是以正念理论为基础的，能有效缓解心理应激。本部分所涵盖的四种技术中的前三种技术以约瑟夫·沃尔普（Joseph Wolpe）提出的交互抑制为基础，指的是个体不能同时做两件对立的事。应用于心理咨询中，就是指来访者不可能在同一时间既感到紧张，又觉得放松；不可能在思考积极的、重申性的信息时，又有消极的、有害的思想；不可能在设想积极的、赋权的场景时，又想象消极的、被剥夺权力的画面；不可能在呼吸急促时，又缓慢呼吸；不可能既让肌肉紧绷，又让肌肉放松。因此，通过使用这一系列积极维度中的心理咨询技术，来访者可以有效地屏蔽消极维度和引发应激的分歧。这些技术经常被一起使用，以使效果最大化。例如，咨询师可能会依次教授来访者自我对话（self-talk）、视觉意象 / 引导性意象法（visual/guided imagery）、深呼吸法（deep breathing）和渐进式肌肉放松训练（Progressive Muscle Relaxation Technique，PMRT），还会鼓励来访者在完成家庭作业的过程中运用这些技术。通过阻断消极的自我对话、消极可视化、呼吸短促和肌肉紧张来减轻来访者的压力。自我对话将在第六部分予以阐述，而视觉意象 / 引导性意象法、深呼吸法和渐进式肌肉放松训练将分别在本部分的第 14 章、第 15 章和第 16 章进行阐述。

视觉意象 / 引导性意象法可以帮助来访者屏蔽侵入性意象，并以放松或赋权的画面取而代之。此外，通过引导性意象法，咨询师可以将来访者秘密地引至赋权或放松想象中，通常是让来访者闭上眼睛，想象咨询师建议的场景或一系列动作。引导性意象法常见于各种放松治疗中，例如让来访者想象在森林中沿着小溪散步，并想象可能遇见的风景和听到的声音，由咨询师或放松录音给出建议。引导性意象法也可用于内隐示范或角色扮演，要求来访者在现实世界中运用特定技能，或在进行特定行为前先在想象中表演出来（见第32章）。

深呼吸法和渐进式肌肉放松训练是以生理学为基础的正念干预，可有效缓解应激源引发的应激和焦虑。深呼吸法、缓慢呼吸和横膈膜呼吸可以减缓一个人的新陈代谢，并诱发放松反应。渐进式肌肉放松训练提供了系统性肌肉群紧张和放松的过程，可以实现深度肌肉放松。咨询师可在来访者身上应用这三种技术（即视觉意象/引导性意象法、深呼吸法和渐进式肌肉放松训练），作为使用系统脱敏疗法（见第27章）前的准备，系统脱敏疗法在应对单独的恐怖症上是非常有效的咨询技术。

最后，第17章介绍了正念冥想。正念包括正式和非正式的冥想练习。正式的冥想练习涉及坐着或躺着时更熟悉的冥想。正式练习还包括心灵饱满运动，如哈达瑜伽或步行冥想。非正式冥想（每天的心灵饱满）将注意力和意识集中在日常生活的任何方面。尽管在历史上融入了灵性和宗教，但正念在临床应用中是世俗和普遍的，并具有巨大的社会和心理益处。

基于正念理论的技术的多元文化意义

在很多情况下，咨询师使用基于正念疗法的多元文化考量方面与认知行为疗法的多元文化考虑相似（见第六部分）。与人本现象学、心理动力学和认知行为理论等咨询一样，正念疗法强调和谐的关系和联合治疗，并弱化对强烈情绪、私人生活细节和过往生活事件的分享。正念疗法是一种关注当下、不具威胁性的过程，很多来访者都会感觉获得了赋权，它可能会吸引各种文化背景的来访者，尤其是那些所处文化并不鼓励分享家庭相关问题的来访者（如拉丁美洲文化），或是所处文化不鼓励探索或表达强烈情绪的来访者（如亚洲文化）。这种疗法在多种文化语境下都非常有效，包括性别、种族、民族、社会经济学、残障和性取向（Hays & Erford，2018）。

正念疗法允许协作和行为发生改变，同时强调治疗关系的重要性，而且不会对文化价值观或文化习俗进行质疑。来访者可自主决定是否坚持、放弃或修改其所感知的规则，这给了来访者在控制应激强度上更大的自由度和灵活性。

正念疗法是指令性的，来访者通常把咨询师视作专家。某些文化背景（如亚洲部分国家的文化）的来访者更容易接受专家的认知，而其他来访者（如一些男性）则可能不太接受（Hays & Erford，2018）。此外，咨询师会尽最大努力避免与来访者产生依赖关系，因为来访者不应该把咨询师视为有答案的专家。来自多元种族、宗教和民族背景的来访者常常青睐于直截了当的、基于生理学和认知的正念疗法，原因在于这种疗法关注来访者当下的想法、事件和行为，而非其本性、社会文化背景或文化信念。其他来访者可能对正念疗法感到不舒服，因为他们认为它只关注当下事件，而不关注自我意识或过去经验产生的洞察力。

许多基于正念的理论都源于东方宗教，因此被看作佛教修行者的第二天性。由于其与佛教传统有关，因此其他信仰的修行者对此持怀疑态度。事实上，在美国，有多个州的人们尤为反对在学校应用视觉意象法，他们认为这种疗法可能会被用来在学校对学生进行精神控制，他们认为教授学生控制精神、放松状态、释放情感和压力源似乎是一件坏事。

视觉意象 / 引导性意象法

视觉意象 / 引导性意象法的起源

视觉意象 / 引导性意象法源自弗洛伊德在 19 世纪 90 年代末期的著作《梦的解析》(*The Interpretation of Dreams*),并深受卡尔·荣格(Carl Jung)的积极想象理论的影响(Koziey & Andersen,1990)。1913 年,弗兰克(Frank)提出了深度放松下的入睡前视觉。1922 年,这个名词被克雷奇默(Kretschmer)再一次提出,并称其为 "bildstreifendenken"。1980 年,舍特勒(Schoettle)提出,这个词的含义为 "以电影的形式思考"。到了 20 世纪 20 年代,罗伯特·德苏瓦耶(Robert Desoille)开创了导向白日梦法治疗技术。他要求来访者在肌肉放松状态下根据精神治疗医师提出的主题做白日梦。这项技术在近代影响了洛伊纳(Leuner)在 20 世纪 50 年代提出的引导性情感想象法,以及斯沃特利(Swartly)在 1965 年提出的引发象征投射法。

如今,多种学派都把视觉意象应用到治疗中,这些学派包括认知行为、超个人、格式塔、心理动力学和艾瑞克森催眠治疗等(Arbuthnott & Rossiter,2001;Seligman & Reichenberg,2013)。例如,阿巴思诺特等人(Arbuthnott et al.,2001)的研究表明,行为治疗师在治疗恐怖症时,以及在放松、应激管理训练中都会运用意象;认知治疗师利用意象来了解来访者的主要信念,并促进对经验的重新解读;心理动力学派治疗师运用意象来帮助来访者处理有困难的记忆或想法;格式塔学派治疗师运用意象帮助来访者处理内部冲突或减轻焦虑。

默多克（Murdock，2009）的研究表明，焦点解决取向的咨询师会借助意象提出奇迹问句（见第 4 章）。

视觉意象包含多种类型。心理意象（mental imagery）是个体关注经验的生动心理图像的过程。意象有助于评估来访者的经验与当前症状之间的关系，并确定来访者在脑海中是如何强化这些经验的。正面意象（positive imagery）是将令人愉悦的场景视觉化，无论这些场景是真实的还是幻想，都有助于缓解紧张，抑制焦虑，并有助于应对疼痛。目标预演意象（goal-reheasal imagery）又被称为应对意象（coping imagery），需要来访者将自我视觉化以成功应对过程中的每一阶段。

如何实施视觉意象 / 引导性意象法

实施引导性意象法前，要确保室内安静，并让来访者感到舒适。可以用音乐营造舒缓的心情，但是要注意，对某些人而言，音乐可能会令其分心。咨询师可以建议来访者闭上眼睛、慢慢地深呼吸进行放松。在来访者放松后，咨询师开始实施引导性意象法。咨询师说话时要柔和而平缓，最好可以提前写好故事脚本，以确保能酝酿出所需情绪，并朝着预期方向发展。引导性想象的脚本不需要太长，让来访者用一两分钟完成经验即可，不过也有一些经验可能会超过 10 分钟。起初，练习要简单。阿巴思诺特等人（Arbuthnott et al.，2001）在研究中提出以下案例，以说明在心理咨询中使用多感官引导性意象法的方式。

> 请想象一下，在一个温暖的春日，你在绿草如茵的美景中散步。你能感受脚下是柔软的草地，暖风拂过你的肌肤，还能听到远处有鸟儿在歌唱。你慢慢走向小溪旁的一棵大树。你背靠着树干坐下。你听着小溪轻柔的流水声，觉得心中充满幸福感。

在进行到会将来访者引向严重困境或面对具体问题的脚本前，先要让来访者想象一些熟悉的、毫无威胁的事物。在终止引导性想象时，咨询师可以提出一个最终问题，告诉来访者将思绪重新放空，或是告诉来访者体验即将结束，在咨询师数到三时睁开眼睛。然后，咨询师要探讨这段体验，询问来访者的感受，并了解其好恶。

视觉意象 / 引导性意象法的变式

引导性意象法是视觉意象的主要子类型。引导性意象法可帮助来访者用语言表达情绪或人际关系问题，促使来访者产生改变的目标并预演全新行为，或是帮助来访者控制情绪或应激水平。在引导性意象法中，来访者会在刺激词汇或刺激声音的引导下进入视觉化过程。咨询师可以鼓励来访者放松自我，并想象自己处于某种情境中，讨论并进行活动，以此获得洞察力。弗农（Vernon，1993）指出，在引导性意象法中，咨询师会采用以下三类意象：

（1）自发意象（spontaneous image），不包括内容的意识方向；

（2）定向意象（directed image），咨询师规定来访者需要集中注意力的具体意象；

（3）引导意象（guided image）融合了上述两种类型，咨询师会为来访者规定开始时间，并允许来访者填补空白。

阿巴思诺特等人（Arbuthnott et al.，2001）的研究表明，引导意象可以是现实存在的，也可以基于幻想或隐喻。为满足不同个体的需求，可以调整引导意象的时间、持续时长和强度（Seligman & Reichenberg，2013）。当意象能吸引个体的主要感官（视觉、听觉、触觉和嗅觉），并在两次会谈间运用时，效果最为明显。

视觉意象 / 引导性意象法的案例

案例 1：在交互抑制程序下使用视觉意象

35 岁的尼克因为焦虑、抑郁等症状而接受治疗。在治疗过程中，咨询师向其引介了基于交互抑制的视觉化插入 / 屏蔽技术。

咨询师（C）： 在你闭上眼睛后，还能"看到"一些事物，并能在脑海中播放一些画面，既可以是发生过的事，也可以是将来会发生的事，我们称为幻想或白日梦。

尼克（N）： 好的。

C： 事实上，我们称之为视觉化或视觉意象，它们非常重要。我们可以再复习一下交互抑制的概念。它的意思是，当你想象自己将去往一个平静和放松的环境时，就很难产生消极且令人厌恶的画面，或者令人担忧的事情。在这次会谈之前，我曾给你布置过作业，其中一项是想出一两个你在压力重重时很向往的平静和放松之处。你想到了什么地方？

N： 夏威夷，当然是夏威夷。

C：嗯，夏威夷，是个好地方。

N：那里的沙滩最安静了，我在那里最能获得平静和放松。

C：很好，是什么令你感觉如此平静和放松呢？

N：我觉得是那里的环境，太美了。

C：来，闭上眼睛，你给我描述一下，这样我就能在脑海中进行想象了。

N：嗯，我想象自己站在沙滩上，身边是湛蓝的大海，还有棕榈树，天空晴朗，阳光明媚。

C：很好，你的感觉如何？你有没有躺在沙滩上，或是在沙滩上散步？

N：我正躺在沙滩上，很宁静，很放松。

C：听起来很美。你有照片或者视频之类的吗？

N：有。

C：有些人很擅长视觉化，像是一闭上眼就站在那里了一样。不过，有时可能因为你很久没再去那个地方，就会慢慢淡忘，并且很难再回忆起来。如果是这样，你就应该再去看看那些照片和视频，看看海浪拍打海岸，听听大海的声音。当这些记忆不再生动，在你闭上眼后没有"我就在那里"的感觉时，看看视频中的大海，听听大海的声音，也可以把你带回去……现在，我希望你闭上眼睛，把自己带到夏威夷的沙滩上。我希望你想象自己正站在那里，并想象平静和安宁的感觉。

尼克闭上眼睛，放松自我，进入了视觉场景。暂停几分钟。

C：如果你已经准备好了，就可以回到现实中了。（停顿）好了，感觉放松一些了吗？你感觉怎么样？

N：好极了。

C：真是抱歉，把你拉回了现实，因为我们还有很多事要做。现在请你闭上眼睛，回想那些我们之前讨论过的不愉快的场景，你的老板、前妻，特别是那些恶劣的同事。稍后，当我说到夏威夷的时候，我希望你能将脑海中的画面快速切换到夏威夷，然后放松，还可以做几次深呼吸和积极自我对话。

N：明白了。

暂停一分钟，让尼克回想他之前在心理咨询中谈到的那些不愉快的、让他产生应激反应的场景。

C：现在，尼克，我希望你把自己带到夏威夷。

N：高兴至极！

C：就是这样……当你想到或想象悲伤的事件时，你就会感到悲伤且压力重重；当你想到或想象轻松的事情时，你就会感到很放松。

暂停一分钟，让尼克将自己带到夏威夷的美景中，并放松下来。

C：很好，现在可以睁开眼睛，回到现实了。刚才你已经明白了，只要你愿意，你随时可以回到那个场景中。（引入量表技术）现在，我希望你告诉我，如果我们用 1 ~ 10 分去度量你的感受，1 分代表完全放松——"这真是太棒了"，而 10 分代表——"哎！我真是精疲力竭"。那么，当你想象夏威夷时，你给自己的感觉打几分呢？

N：1 分，肯定是 1 分！

C：1 分，很好。你上次给自己的评分是 8 分，当时我们讨论了在你生活中对你颇具挑战的那些人，这次的评分比那时好多了。

N：你说得没错！

案例 2：引导性视觉想象法

今天，我们要去荒凉的热带岛屿旅行。在开始之前，我们先来做一次深呼吸，为我们本次的放松之旅做好准备。

现在，请选择一个舒适的姿势，闭上眼睛。将一只手放在腹部上，吸气时你能感觉到自己的手随着腹部上升。想象一下在你的腹中有个沙滩球。当你吸气时，球里充满了空气；当你呼气时，把球里的气放出来。

我们来试一下，用鼻子缓缓地吸气。

暂停。

现在，缓缓地呼气。

暂停。

再来一次，用鼻子缓缓地吸气。

暂停。

缓缓地呼气。

暂停。

我们再来一次，缓缓地吸气，给沙滩球充气。

暂停。

缓缓地呼气，放出球里的气。在你前往热带岛屿的旅程中，缓缓地深呼吸。

暂停。

用一点时间听听自己的呼吸，感受自己是多么平静和放松。现在，你已经做好踏上旅程的准备了。想象你站在一个热带岛屿上，离开了旅伴，想寻找一个热带桃源。

暂停。

你看到一条通往丛林的小径。你想去冒险，于是沿着小径往前走。你看到路两旁的植物郁郁葱葱，藤蔓蜿蜒，花草艳丽。你听到小鸟在鸣叫，还有其他小动物窸窸窣窣的声音。你闻到了浓郁的花香，还有叶子的味道。你沿着小路继续走，一路风景随行。最后，你来到一片空地，眼前是一片洁白的沙滩，再往前是一湾清澈的礁湖，水波粼粼。沙滩上空寂无人，你简直不敢相信这里如此美妙，是一片无人踏及的净土。你向湖边走去，能感受到温暖的阳光洒在身上，抬头所见的是澄澈湛蓝的天空。漫步在湖边，你能听到湖水拍打着沙滩。你向着湖水去，脚下的沙滩越来越柔软。请注意感受你脚下那些温暖的沙粒。

暂停。

最后，你走到了湖边。此刻正好在落潮，水流轻柔而舒缓。你站了一会儿，有些许水波冲洗着美丽的白色沙滩。

暂停。

你感到自己的担忧和顾虑都被清澈的水流洗刷一空。

暂停。

你决定在这冰凉而清澈的温柔水波中享受片刻。你将双脚浸入水中，温柔的水波轻抚着你的小腿。你伫立在湖中，让自己慢慢适应水温。清凉的湖水让你神清气爽。你决定再往前走一走。你渐渐感到湖水没过了你的膝盖。

暂停。

然后，没过了你的大腿。

暂停。

然后是你的臀部。

暂停。

现在，水没过了你的腹部。

暂停。

你站了一会儿，你的下半身都浸在清澈而清凉的湖水中。你感到自己似乎快随着水流飘走了，整个身体都感到极为放松，觉得精神抖擞。在湖水的静谧中享受片刻后，你回到了洁白的沙滩上。

暂停。

你回到沙滩后，能感受到脚下沙滩的温度。你从背包里拿出了沙滩毯，把它铺在温暖的沙滩上。你躺下来，欣赏着宁静的蓝天和朵朵白云，感受到阳光让你湿透的身体渐渐变暖。你闭上眼睛，听到水声拍岸。请享受这一刻的宁静与放松。

暂停。

休憩片刻后，你觉得是时候与旅伴会和了。你从沙滩毯上起身，又看了一眼美丽的湖水和白色的沙滩。你收拾好东西，又回望了一眼让你感到放松、安宁和平静的热带丛林。你穿过丛林，一路鸟语花香。你继续往回走，不停地回想这段奇妙之旅，以及这种闲适的感觉。你对这段旅程念念不忘，你知道只要你愿意，随时都可以故地重游。

为了解这段引导性想象对来访者的影响或是赋予他的意义，在想象结束后，或是转向其他话题或活动时，咨询师要向来访者提出以下问题：

✦ 在这个活动中，你喜欢哪些部分？

✦ 有哪些部分你不是很喜欢？

视觉意象/引导性意象法的有效性及评价

视觉意象可以在多种启发性治疗情况中使用。视觉意象/引导性意象法能缓解焦虑、使人放松、提高掌控感、促进问题的解决并做出决策，以及缓解疼痛，促使人们发展出崭新的生活视角（Seligman & Reichenberg，2013）。视觉意象/引导性意象法可以促使个体的行为发生变化，并能提升自我意识（Vernon & Clemente，2004）。引导性意象法可用来治疗非自杀性自伤行为（Kress et al.，2013）。引导性意象法还可用来缓解压力、创伤后应激障碍、惊恐发作、神经性贪食、恐怖症、抑郁和慢性疼痛（Arbuthnott et al.，2001）。视觉意象/引导性意象法最初的目的是让人放松（Laselle & Russell，1933），它也有助于自我管理（Penzien & Holroyd，1994）。诸多研究结果均表明这一技术有助于疼痛管理（Chaves，1994；Cupal & Brewer，2001；Gonsalkorale，1996；Ross & Berger，1996）。视觉意象/引导性意象法还有助于哮喘治疗（Peck，Bray，& Kehle，2003）。视觉意象／引导性意象法也可以治疗遗尿和身心障碍（Myrick，1993）。对于患有哮喘和焦虑障碍共病的学生，这一技术还可以改善其肺功能，并能降低焦虑水平（Kapoor，Bray，& Kehle，2010）。

托特等人（Toth et al.，2007）进行了小规模的随机性控制实验，结果表明，通过录音实施引导性意象法可以减轻住院内科患者的焦虑，这一疗效还能推广应用到患有短期和长期高应激水平的群体中。雅卢等人（Jallo et al.，2008）进行了为期 12 周的研究，试图证实放松性引导性意象法（Relaxation-Guided Imagery，R-GI）干预是否能改善妊娠中期的非裔美国女性的应激管理。他们最终发现，被试的呼吸、放松程度、对应激的反应和睡眠周期都有了很大改善，并且焦虑和愤怒程度也降低了。温德（Wynd，2005）在其研究中表示，针对戒烟，引导性意象法的效果立竿见影，并且效果长久，在治疗两年后，安慰剂对照组的被试的禁戒率为 12%，而引导性意象法组中被试的禁戒率可达 26%。

引导性意象法也可以用于帮助来访者接触并应对引发其高度复杂情绪的经历（如性虐待）（Pearson，1994）。在用于治疗精神性障碍和成瘾时，意象的治疗效果较差（Schoettle，1980）。对于某些幼童来说，如果他们很难区分幻想和现实，或者很难闭上眼睛并保持身体放松，抑或会重复电视或电影中的情节，而非使用自身想象力，那么使用视觉意象可能就会无效。关于这一点，尤其要引起注意。

一般而言，包括视觉意象在内的正念疗法已用于改善严重生理疾病（如癌症）的心理调适（Smith et al.，2005）。这一技术也被用于应对与工作有关的应激源上（Shapiro et al.，2005）。培训咨询师时使用基于正念的疗法非常有效，尤其是针对共情发展和高级倾听技巧的培训（Schure et al.，2008）。

视觉意象／引导性意象法的应用

现在，将视觉意象／引导性意象法应用于与你合作的来访者或学生，或者重温本书前言中介绍的简短案例研究。你将如何使用视觉意象／引导性意象法来解决问题，并在咨询过程中取得进展呢？

第15章 深呼吸法

深呼吸法的起源

在西方文化中，深呼吸法是一种相对较新的技术，但这一技术一直都备受东方文化推崇，普遍被当作正念疗法使用。深呼吸法最早可以追溯到印度瑜伽，印度哲学家对瑜伽的信仰集中在调息法的概念上。“普拉那”（Prana）意指“生命能量”和“呼吸”，这一理念认为当人们能够控制自己的呼吸时，就能够控制生命能量了。在古老的隐喻中，呼吸就像是控制风筝的线，而风筝则代表心灵。为了让身体平静下来，如今有许多咨询师都会建议来访者使用深呼吸法。研究表明，通过学会更深和更有效的呼吸，来访者能够学会应激管理（Kottler & Chen，2011）。

如何实施深呼吸法

尽管在具体实施深呼吸法时会存在差异，但都要遵循下列基本原则。

- 用鼻子吸气，并用鼻子或噘起的嘴唇呼气（更像是轻轻地亲吻）。
- 在进行多次深呼吸时，中间进行一两次正常呼吸，以避免眩晕。在头重脚轻的眩晕感消失后，进行连续、深层次的缓慢呼吸。
- 开始时可以躺着练习深呼吸，在学会基本技巧后，可以坐着或站着练习。
- 你可能会频繁地打哈欠，这样可以让身体建立平衡，并开始放松。这种情况很常见，也是放松成功的信号。

✦ 要注意你在训练前的呼吸状态，并将其与训练中的进步做比较。

还有一件事非常重要，即呼气时间一定要是吸气时间的两倍。例如，如果吸气时间是三秒，那么呼气时间就要是六秒。此外，如果来访者因鼻塞而呼吸不畅，可以建议他用嘴呼吸。不过，要提醒来访者缓慢呼吸，要让呼吸的深度和频率引导来访者放松。

人在休息时，通常仅会使用三分之一的肺活量。咨询师可以教授来访者更有效地深呼吸。在学习深呼吸法之前，一定要学会如何做腹式呼吸，这非常重要。开始进行深呼吸训练时，来访者需要仰卧，并注意自己是如何呼吸的。可以借助双手来了解自己的呼吸方式，即将一只手放在腹部，另一只手放在胸前，这样就能感受自己的呼吸方式。呼气时，如果放在腹部的手上升，就说明是在用腹部呼吸；如果是放在胸前的手上升，就说明是在用胸部呼吸。研究表明，咨询师可以指导来访者由胸式呼吸变为腹式呼吸，从而帮助他们了解二者的区别（Davis，Robins-Eshelman，& Mckay，2009）。

在来访者学会用腹部呼吸后，咨询师就可以教授他们深呼吸法。深呼吸法实施步骤如下。

（1）在毛毯、地毯、垫子或放在地上的衬垫上躺下。弯曲膝盖，两腿分开，与臀同宽（20 ~ 30 厘米），脚尖略微向外，脊柱保持挺直。

（2）检视身体的紧张程度。

（3）一只手放于腹部，另一只手放于胸前。

（4）用鼻子缓缓地吸气至腹腔，令腹部上的手升起，吸气的程度以让自己感觉舒适为宜。注意，胸部只会在腹部起伏的同时存在微动。

（5）当适应了上一步后，微笑，并用鼻子吸气，用嘴呼气。呼气时，发出轻微的、放松的呼气声，就像轻轻吹出的气息。这时，你的嘴、舌头和下巴都会放松。慢慢地深呼吸，让腹部起伏。当你越来越放松时，专注于呼吸时的声音和感觉。

（6）每次练习时要持续深呼吸 5 ~ 10 分钟，每日进行一两次练习，持续几周。接下来，如果你愿意，每次练习可以延长至 20 分钟。

（7）每次做完深呼吸练习后，要重新检视身体的紧张感程度。将练习结束后与开始时的紧张程度做比较。

（8）当你能够轻松地用腹部呼吸时，就可以随时练习，可以坐着也可以站着。要专注于腹部的起伏、肺中空气的进出以及深呼吸带来的放松感。

（9）当你学会用深呼吸法放松时，一旦感到紧张，就可以进行深呼吸。

深呼吸法的变式

深呼吸法有 20 多种变式，下文会列出对咨询师最有用的变式。当个体处于容易引发焦虑的情境时，可采用深呼吸法的一种变式——吹气。在练习时，可以选择让自己舒服的位置站好，将双手放于肚脐上，右手在上。来访者可以想象在双手和腹部之间有一个小口袋。在吸气时，小口袋充气，持续进行呼吸练习，直至小口袋充满空气。然后屏住呼吸，把空气封在小口袋中，同时在心里重复说"我很平静"。呼气时，放出小口袋里的空气，并在心里说"我很平静"。每次练习包含 4 轮这样的操作，并在一天之内练习 10 次，坚持几周。这样能让来访者更容易感到放松。

深呼吸法的其他两种变式已有几十年的历史。弗农和克莱门特（Vernon & Chemente，2004）指导来访者在呼气时抛开担忧，并在吸气时想象身体平静。还有一种方法与这种方法很相似，被称为"排队等候，平静地呼吸"。费尔顿和戴蒙德（Faelton & Diamond，1990）建议人们在交通堵塞或类似的需要等待的情况下进行深呼吸练习，可以缓解急躁的情绪。等待时，可以提醒自己急躁只会让时间过得更慢，这一点非常重要。人们可以把其他等待者当成"尽其最大努力的同胞"。

深呼吸法的另一个变式可用于团体咨询。咨询师可以将深呼吸法教授给任意团体，其成员可从中受益。在每个成员都熟练掌握这项技术后，就可将其用于会谈。起伏呼吸也属于深呼吸法的变式之一，依据萨姆休斯敦州立大学心理咨询中心（Sam Houston State University Counseling Center）在 2018 年的研究，这项技术需要与同伴一起完成。一个人（A）躺在地上，同伴（B）将一只手放在 A 的腹部上，另一只手放到 A 的胸腔上。A 需分两步吸气，先是吸气到腹部，再吸气到胸腔，他会看到 B 的手在随吸气有节奏地上升。最后，A 要同时呼出胸腔和腹部的空气。在 A 完成训练并在几分钟内数次达到起伏的效果后，可以与 B 互换位置。

3 次呼吸释放也是深呼吸法的一种变式。呼气时，全身放松，重复 3 次。在练习时，来访者可以闭上眼睛，但要确保有辅助物协助自己保持平衡，以免摔倒。沙费尔（Schafer，1998）指出，这种方法要每天至少练习一次。

费尔顿和戴蒙德（Faelton & Diamond，1990）提出了深呼吸法的另一种变式，即"用表象呼吸控制疼痛"。在这种变式中，来访者需要闭着眼睛做横膈膜呼吸。在吸气时，要想象呼吸可以安抚自己的疼痛；在呼气时，要想象自己的疼痛已经消失。进行 10 分钟的练习后，来访者可以睁开眼睛并舒展身体。

深呼吸法的案例

下文是深呼吸法的众多案例之一。

咨询师（C）： 好的，萨姆。请躺在垫子上，闭上眼睛。微微弯曲膝盖，将两腿分开。现在，请你将一只手放在腹部，另一只手放在胸腔，用鼻子缓缓地深吸气，将空气吸进腹部。你会注意到，那只放在腹部的手随腹部上升，而放在胸腔的手只会微动。现在，用嘴缓慢地呼气。轻轻噘嘴，慢慢地呼气，力度控制在勉强可以让蜡烛火焰摇曳就可以。很好，继续慢慢地、长长地深呼吸，让腹部上下起伏，专注于呼吸的声音和感受……（停顿）变得越来越放松。

在咨询师有节奏的鼓励和建议下，萨姆继续呼吸 5 ~ 10 分钟。然后，咨询师布置家庭作业：在下一次咨询前，每天进行 3 次深呼吸练习，每次练习 5 ~ 10 分钟。

深呼吸法的有效性及评价

研究表明，降低呼吸频率可以缓解心理应激，并有助于提升专注力（Fontaine, 2014；Kabat-Zinn, 2006；Luskin & Pelletier, 2005）。深呼吸法可在多种情境使用。咨询师经常会建议有焦虑控制或应激管理问题的人使用这个方法。这一技术通常用于缓解广泛性焦虑症、惊恐发作和场所恐怖症、抑郁、易激惹、肌肉紧张、头疼、疲劳、憋气、过度通气、浅呼吸和手脚冰冷等问题（Davis et al., 2009）。

在颇受欢迎的分娩方法——拉玛泽生产呼吸法中，也引入了这项技术的一种变式。拉玛泽生产呼吸法的原理是，当人在进行深呼吸时，部分皮质不会对疼痛做出反应。尼恩贝格尔（Nuernberger, 2007）在研究中阐述了将呼吸技术用于解决失眠问题的方法，这不仅能帮助来访者入睡，还能使其睡得更安稳。深呼吸练习实施的方式是这样的：仰卧进行 8 次呼吸，右侧卧进行 16 次呼吸，然后左侧卧进行 32 次呼吸。大多数人都会在完成训练前睡着。

卡巴金（Kabat-Zinn, 2006）在研究中阐述，深呼吸法可以用于疼痛管理。在使用深呼吸法时，应先试着找出身体疼痛部位，然后进行深呼吸，对疼痛和呼吸保有意识，来访者就能够进入疼痛部位缓解心理应激。

深呼吸法还可帮助吸烟者戒烟。研究证实，有些人吸烟是为了放松，在吸烟时，他们会缓慢地吸气和呼气，这种呼吸方式和深呼吸法有共同之处（Faelton & Diamond，1990）。学会用深呼吸取代吸烟来放松，很可能会帮助吸烟者成功戒烟。

深呼吸法可以帮助来访者管理愤怒。虽然愤怒是人的正常情绪，但如果处理不好，就可能会产生问题。阿尔诺夫斯基（Arenofsky，2001）建议人们将深呼吸练习作为冷静策略。人们可以学着在试图解决冲突前进行深呼吸，从而更有可能取得和平的结果。以正念为基础的干预也能有效缓解抑郁症状。研究发现，与对照组的参与者相比，五阶段"放松技能暴力预防"（Relaxtion Skills Violence Prevention，RSVP）计划将深呼吸法与 PMRT 和引导性意象法相结合，在青少年被拘留者样本中显著改善了愤怒管理和自我控制（Jewell & Euiff，2013）。

同样，基于正念的干预措施对减少抑郁、焦虑、压力和睡眠障碍也很有成效。在一项磁共振成像研究中，保罗等人（Paul et al.，2013）发现，深呼吸法能有效减少自动情绪反应。莱尔马等人（Lerma et al.，2017）将深呼吸纳入了为期 5 周的认知行为干预治疗方案，与对照组相比，实验组的抑郁和焦虑水平降低，生活质量评估结果更好。在一项随机对照实验中，佩尔恰瓦莱（Perciavalle，2017）发现，在健康的年轻大学生中，仅在 90 分钟的会话中，深呼吸在改善自我报告的和生理测量的情绪和压力水平方面都能产生效果，这对男性和女性的影响是相同的。此外，研究表明，患有重度抑郁症并接受呼吸放松体验的 CBT 的来访者在终止咨询和随访时睡眠质量得以改善（Chien et al.，2015）。在一项双盲、随机对照实验中，研究人员随机将参与者分为引导式深呼吸治疗组、音乐聆听治疗组和静坐治疗组，并发现深呼吸治疗组在终止咨询和随访时，在大多数因变量上获得了更好的结果（Borge et al.，2015）。由此可见，诸多研究支持使用深呼吸法来缓解各种内化障碍和问题。

咨询师通常不会将深呼吸法应用到学生身上，但是这项技术在年轻人身上可能更具价值（Laselle & Russell，1993）。通过让学生学会深呼吸等放松方法，咨询师可以帮助来访者减少行为问题和冲突次数。研究证实，与对照组的青少年相比，经历了呼吸改善瑜伽练习组的青少年的负面影响降低了，还提高了积极影响并让情绪更为积极（Noggle et al.，2012）。

研究人员阐述了如何将深呼吸法用于有压力的工作情境（Brown & Uehara，1999）。他们指出，压力不仅是很多员工辞职或转行的原因，也是引起员工高怠工率的主要因素。他们还建议员工参加生理性训练，在这个过程中，员工将学习各种应对策略，其中包括深呼吸法，这是高效的应激管理方案中的一部分。

在一项放松疗法的随机实验中，来访者在其中学会的主要技术是呼吸意识和腹式呼吸（Van Dixhorn，1988）。与其他锻炼相比，放松疗法减少了导致心肌缺血性心脏病的异常风险。两年的跟踪研究表明，与其他被试相比，掌握了放松疗法的被试更少有心脏问题。针对焦虑治疗，研究人员比较了自然疗法（如饮食咨询、深呼吸放松技术、营养素补充剂）与心理疗法（相同的深呼吸技术和安慰剂）的区别（Cooley et al.，2009）。两组被试的焦虑都有所改善，但采用自然疗法组的被试改善效果更加明显。这项研究表明深呼吸法的用途广泛，而且可以与多种疗法配合使用。

咨询师通常会出于各种目的让来访者采用深呼吸法。这一方法之所以受欢迎，不仅是因为操作简单、快速奏效，还因为操作起来并不引人注目，可以随时进行。总之，深呼吸法是一种有效的放松训练，并且足够简单，适合几乎所有人学习使用。

深呼吸法的应用

现在，将深呼吸法应用于与你合作的来访者或学生，或者重温本书前言中介绍的简短案例研究。你将如何使用深呼吸法来解决问题，并在咨询过程中取得进展呢？

渐进式肌肉放松训练

渐进式肌肉放松训练的起源

埃德蒙·雅各布森（Edmund Jacobson）创建了渐进式肌肉放松训练。雅各布森的父亲本是一个冷静、安静的人，在遭受一场火灾后，变得十分焦虑。雅各布森注意到父亲的变化，于是创建出渐进式肌肉放松训练。雅各布森反复研究人类的骨骼和肌肉，并重点关注导致肌肉紧张或促使肌肉放松的原因，通过多次研究，他发现心理活动不仅发生在大脑中，还会在神经肌肉中反映出来。为评估个体在紧张和平静时神经肌肉活动的不同，雅各布森（Jacobson，1977）利用数据创建了渐进式肌肉放松训练，人们可以通过这一技术学会放松横纹肌，当不需要使用任何能量时，肌肉就会处于放松状态。

渐进式肌肉放松训练的根本原理是肌肉不可能同时处于放松和紧张的状态，这是基于交互抑制原理存在的事实。研究表明，通过学习并分辨出肌肉紧张和放松时的不同感受，人们可以学会放松，进而减轻压力（Kottler & Chen，2011）。

如何实施渐进式肌肉放松训练

当来访者使用渐进式肌肉放松训练时，咨询师需要保证来访者不被打扰。来访者要舒服地躺在沙发或地垫上，闭上眼睛。渐进式肌肉放松训练通常持续 15 ~ 30 分钟，并且要在灯光昏暗的场所进行。雅各布森（Jacobson，1977）的一项研究结果表明，经过 6 ~ 7节的渐进式肌肉放松训练后，来访者的压力级别往往得到明显改善。来访者需要衣着宽松，并在训练开始前脱下鞋子。在训练过程中，来访者需要收紧每一个肌肉群，从脚开始，继而到全身。在意识到收紧的感觉后，来访者要快速放松肌肉群。只有多次重复进行肌肉收缩训练后，来访者才能意识到肌肉紧张和放松的区别。雅各布森还提出，咨询师要教授来访者学会放松全身不同的肌肉群。

虽然雅各布森在研究中提到了 30 个肌肉群（在 40 多次不同咨询中一一实施），但就目前而言，多数咨询师会在单次咨询中训练某些或全部肌肉群及紧张区域，包括：右脚、右小腿、右大腿、左脚、左小腿、左大腿、臀部、腹部、右手、右臂、左手、左臂、后腰部、肩膀、颈部、下半边脸、上半边脸（见表 16-1）。

表 16-1　关于紧张和放松主要肌肉群及紧张区域的介绍

- 右臂：深吸气并屏息 5 秒，同时握紧拳头、屈腕、屈起前臂和二头肌。放松，并在呼气时释放张力
- 左臂：深吸气并屏息 5 秒，同时握紧拳头、屈腕、屈起前臂和二头肌。放松，并在呼气时释放张力
- 右腿：深吸气并屏息 5 秒，同时向下卷曲脚趾、提起脚踝并屈小腿和大腿肌肉。放松，并在呼气时释放张力
- 左腿：深吸气并屏息 5 秒，同时向下卷曲脚趾、提起脚踝并屈小腿和大腿肌肉。放松，并在呼气时释放张力
- 腹部：深吸气并屏息 5 秒，同时收缩腹部，弯下腰，将肩膀前倾约 15 厘米。放松，并在呼气时释放张力
- 下背部和肩膀：深吸气并屏息 5 秒，同时弓起背部，将手肘向后压，并保持前臂与地面平行，推挤肩胛骨。放松，并在呼气时释放张力
- 颈部：深吸气并屏息 5 秒，同时向右转头并越过右肩向外看。放松，并在呼气时释放张力。换方向，深吸气并屏息 5 秒，同时向左转头并越过左肩向外看。放松，并在呼气时释放张力。接着，再一次深吸气并屏息 5 秒，与此同时把头倒向右边，让右耳尽量去触碰右肩。放松，并在呼气时释放张力。换方向，深吸气并屏息 5 秒，同时把头倒向左边，让左耳尽量去触碰左肩。再放松，并在呼气时释放张力
- 下半边脸（下巴、嘴唇和舌头）：深吸气并屏息 5 秒，同时咬紧牙关、抿嘴、将舌尖抵住上腭。放松，并在呼气时释放张力
- 上半边脸（额头、眼睛和鼻子）：深吸气并屏息 5 秒，同时紧紧闭上双眼、皱起鼻子、眉头紧皱。放松，并在呼气时释放张力

咨询师通常会示意来访者在肌肉群紧张时做深呼吸，然后屏息 5 秒，再在缓慢呼气时放松肌肉。肌肉放松与呼气同时进行可以让人待到更深层的放松，并形成潜在的典型条件关联。

一旦来访者掌握如何放松各个肌肉群，咨询师就可以让来访者进行完整的渐进式肌肉放松训练，涵盖所有肌肉群。雅各布森（Jacobson，1987）在其研究中指出，来访者要同时让所有肌肉保持放松状态。在每次咨询结束后，来访者还需要静卧几分钟，以获得最佳效果。

渐进式肌肉放松训练的变式

雅各布森共提出三种渐进式肌肉放松方法，分别是总体放松训练、相对放松训练和特定放松训练。来访者在进行总体放松训练时，身体的每个肌肉群都会得到放松。当个体在做事时可以进行相对放松训练，但需要尽可能地放松。例如，当坐在桌子前工作时，可以进行相对放松训练，此时可能无法完全放松，但是可以尽可能地放松自己。当个体针对特定肌肉群进行放松和张紧训练时，就是在进行特定放松训练。拉扎勒斯（Lazarus）将总体放松训练称为完全放松，将相对放松称为差别放松。卡罗尔等人（Carroll et al., 1997）在小组工作坊中，让来访者在进行深呼吸练习后进行渐进式肌肉放松训练。具体做法是，让来访者坐在椅子上，放松未使用的肌肉。

渐进式肌肉放松的另一个变式是录音训练。在这个变式中，会将咨询师与来访者进行渐进式肌肉放松训练的过程录制下来，来访者拿到录音后可以在家里舒适的环境中进行重复训练。关于这个变式有一些争议，因为在整个学习过程中，咨询师不可能一直与来访者在一起，无法纠正来访者所犯的每一个错误。不过，将渐进式肌肉放松训练录音作为家庭作业，对于大部分来访者而言，可以促进治疗进展。

渐进式肌肉放松训练的案例

在本次咨询中，萨姆学习了如何使用渐进式肌肉放松训练来增强松弛度。

咨询师（C）：训练开始了，请找到一个舒适的姿势，背靠椅子坐下。做几次缓慢的深呼吸，当呼吸放缓时，你会感到很放松……（停顿 1 ~ 2 分钟，让萨姆做深呼吸）现在，萨姆，你将学习一种放松技巧，名为渐进式肌肉放松训练。"渐进"意味着逐步进行，所以你将学习逐步放松身体主要肌肉群。开始时请做几次缓慢深长的深呼吸，上周我们已经练习过了。

萨姆（S）闭上眼睛，缓慢地深呼吸，并完成 6 个呼吸周期。

C：肌肉群无法同时紧张和松弛，这是一个客观存在的现象，渐进式肌肉放松训练正是以这一现象为基础。我们每次放松一组肌肉，最终就可以实现全身放松，基本过程就是进行深呼吸，保持 5 ~ 7 秒，并张紧特定肌肉群，呼气时放松肌肉。呼吸放松与肌肉放松同时进行，经过长期练习，你就可以在呼气时感到肌肉放松。

S: 太棒了！这样做还能节省时间。

C: 没错，这个练习能为你节省时间。不过，要想熟练掌握，就需要努力练习。顺便说一下，这个过程和"静息电位"这个物理概念非常相似。你看，你可以根据1～100的量表评估肌肉张紧度，就像我们估量其他概念一样。如果是静息电位，即当前的肌肉张紧状态，假设是7，那么当你张紧肌肉群时，张紧度会提高到9或10。当你释放压力时，肌肉会松弛到5或6，这比开始时放松多了。

S: 哦，我明白了，这个练习就是通过张紧和松弛肌肉来让人更加放松。

C: 是的。现在我们开始进行第一个肌肉群训练 —— 右臂肌肉训练。首先做3次深长缓慢的呼吸（停顿）。现在，深吸气并屏息5秒，同时握紧拳头、屈腕、屈起前臂和二头肌肉，同时让肩膀和身体其他部分保持放松，只张紧你的右臂（停顿5秒）。放松，并在呼气时放松张力，专注于右臂放松的感受。很好，你现在明白这个过程了吗？ 深吸气并屏息5～7秒，张紧肌肉群，然后在呼气时放松肌肉……现在深吸气，并在进行下一个肌肉群训练之前呼气。

S: 明白了，这听起来很简单。

萨姆很快就听懂了，于是咨询师开始进行其他肌肉群训练。

C: 好的，我们来试一下左臂。深吸气并屏息5秒，握紧拳头、屈腕、屈起前臂和二头肌。放松肌肉，并在呼气时释放张力。

现在换右腿。深吸气并屏息5秒，向下卷曲脚趾、提起脚踝以屈起小腿，屈起大腿肌肉。放松，并在呼气时释放张力。

下面是腹部。深吸气并屏息5秒，同时收缩腹部，弯下腰，将肩膀前倾约15厘米。放松，并在呼气时释放张力。

下背部和肩膀。深吸气并屏息5秒，同时弓起背部，将手肘向后压，并保持前臂与地面平行，推挤肩胛骨。放松，并在呼气时释放张力。

颈部比较复杂，因其包含几组补充性肌肉。深吸气并屏息5秒，与此同时向右转头并越过右肩向外看。然后放松，并在呼气时释放张力。接着，深吸气并屏息5秒，同时向左转头并越过左肩向外看。然后放松，并在呼气时释放张力。接着再一次深吸气并屏息5秒，同时把头倒向右边，让右耳尽量去触碰右肩。然后放松，并在呼气时释放张力。再一次深吸气并屏息5秒，同时把头倒向左边，让左耳尽量去触碰左肩。放松，并在呼气时释放张力。

现在，我们来进行下半边脸的肌肉训练，也就是你的下巴、嘴唇和舌头。深吸气并屏息 5 秒，与此同时咬紧牙关、抿嘴、将舌尖抵住上腭。放松，并在呼气时释放张力。

最后，是上半边脸的肌肉训练，包括额头、眼睛和鼻子。深吸气并屏息 5 秒，同时紧紧闭上眼睛、皱起鼻子、眉头紧皱。放松，并在呼气时释放张力。

好了，我们对身体的所有主要肌肉群都进行了放松训练。请再一次检视自己的身体，看看哪些肌肉还处于张紧状态，可以按照刚才的方法进行肌肉张紧和放松训练。

萨姆再次张紧和放松下背部和肩膀。

C：现在，再做几次深长缓慢的呼吸。训练结束了，请你专心感受肌肉的松弛感，继续深呼吸，你的肌肉会获得更深入的放松。

萨姆又完成 3 个呼吸周期。

C：好了，请睁眼，猜猜你的家庭作业是什么。
S：每天练习 3 次，直到下次见面……

渐进式肌肉放松训练的有效性及评价

渐进式肌肉放松训练能有效缓解各种生理和心理症状。虽然通常被单独使用，但科里（Corey，2016）的研究表明，这项训练也可以与系统脱敏、果断性训练、自我管理计划、生物反馈诱导放松训练、催眠、冥想和自生训练等技术结合使用。还可以应用渐进式肌肉放松训练缓解一系列临床问题，如焦虑、应激、高血压等心血管问题，以及偏头痛、哮喘和失眠。当人们因工作或生活压力而感到紧张时，进行渐进式肌肉放松训练往往会让人受益匪浅。研究证实，这个方法对于缓解超常儿童的焦虑非常有效（Roome & Romney，1985）。这个训练还能帮助来访者应对工作情境的压力，并能治疗慢性腰痛（Carlson & Hoyle，1993）。研究人员针对住院就诊的学龄期来访者群体实施了 13.5 小时的渐进式肌肉放松训练（Bornmanna，Mitelman，& Beer，2007），与常规治疗方法相比，这项训练显著降低了来访者的攻击性，并使其更少发怒。研究人员认为，如果能大规模地实施放松及其他愤怒管理技术，那么攻击性和危机情境是可以预防的。

渐进式肌肉放松训练在治疗内化疾病和症状方面具有强大的效果。一项研究报告了渐进式肌肉放松训练、音乐和瑜伽治疗抑郁症的有效性（Klainin-Yobas et al.，2015）。另一项研究将经历过亲密伴侣暴力行为的希腊妇女随机暴露在 8 周的渐进式肌肉放松训练和标准庇护服务中（Michalopoulou et al.，2015）。该研究结果表明，治疗组自我报告了感知压力的显著减少（d=0.45）。还有一项研究发现，当渐进式肌肉放松训练与在工作场所健康促进计划中收到教育小册子的对照组进行比较时，减压效果为 d=0.60（Sundram et al.，2016）。渐进式肌肉放松训练甚至被用来提高学习成绩。研究发现，在针对研究生的临床试验中，渐进式肌肉放松训练减少了他们的焦虑状态，从而提高了学习成绩（Hubbard & Blyler，2016）。

渐进式肌肉放松训练还用于缓解由压力导致的身体症状，尤其是在怀孕、偏头痛和癌症治疗方面。研究人员对文献进行了系统回顾，并发现了强有力的证据：在怀孕期间，渐进式肌肉放松训练可以有效减少孕妇的焦虑和压力（Muller & Hammill，2015）。克洛普等人（Kropp et al.，2017）发现，渐进式肌肉放松训练是治疗偏头痛的有效方法。辽等人（Liao et al.，2017）发现，与无治疗控制条件相比，渐进式肌肉放松训练与音乐疗法相结合，可以减轻癌症患者的焦虑和抑郁。佩勒卡西等人（Pelekasis et al.，2016）对临床试验进行了系统回顾，并确定渐进式肌肉放松训练减少了与化疗相关的焦虑和副作用（呕吐除外）。然而，他们警告说，他们只能找到五项研究，而且这些研究的质量相当低。

在确认治疗效果时，比较研究很有意义。史蒂文斯等人（Stevens et al.，2007）研究分析了 26 种心理疗法（包括渐进式肌肉放松训练、生物反馈和更复杂的心理疗法），结果发现，与渐进式肌肉放松训练和生物反馈相比，更为复杂的心理疗法改善效果虽小，效果却很明显。当然，更为复杂的心理疗法需要更高层次的训练或专业知识水平，而渐进式肌肉放松训练并非如此。随着全新技术创新革命的发展，必然会出现新型服务。艾奥塔等人（Eonta et al.，2011）利用来访者的智能手机为其定制个人化的渐进式肌肉放松训练，来治疗场所恐怖症和广泛性焦虑症，这样来访者在社区就能进行放松训练了。随着移动数字技术的不断进步，这类干预疗法会越来越流行。

基塞利卡和贝克（Kiselica & Baker，1992）警告使用渐进式肌肉放松训练的咨询师：对于某些来访者来说，放松训练反而会导致焦虑。为帮助此类来访者，咨询师要告知他们在训练过程中可能出现的异常感觉，也可以与来访者谈论渐进式肌肉放松训练将如何提高他们对自身的掌控感，而非减弱他们的自控性。对于某些焦虑的来访者而言，开灯可能会消减焦虑，但开灯也可能会让另一些来访者产生厌恶或不悦的感觉，无论是哪种情况，咨询师都需要帮助来访者处理。在完成渐进式肌肉放松训练程序后，有些来访者可能会睡着，为避免这种情况发生，咨询师要让来访者保持清醒，如让房间保持明亮或改变来访者的姿势。咨询师也可以和来访者设定一个信号，来访者通过信号让咨询师知道自己很放松，但是并没有睡着。

渐进式肌肉放松训练的应用

现在，将渐进式肌肉放松训练应用于与你合作的来访者或学生，或者重温本书前言中介绍的简短案例研究。你将如何使用渐进式肌肉放松训练来解决问题，并在咨询过程中取得进展呢？

第 17 章

†　**正念冥想法**

正念冥想法的起源

人类天生就具有自我意识和专注力。但每个人的自我意识和专注力不仅天生不同，并且在后天培养上也有很大差异。卡巴金指出，正念包括对当下有目的的、不加评判的关注以及对当下自己的思想、感觉、知觉、所见、所闻的自我调节。他们认为，正念体现了对自己内体验与外体验的开放、接受和好奇的态度。

在引入精神和冥想的早期阶段后，正念技术已经逐渐普遍化和世俗化，并产生了巨大的心理和社会效应。20 世纪 50 ~ 60 年代，随着禅宗佛教被引入西方文化，"正念冥想"也被卡巴金应用于西方医药健康领域。他于 1979 年在马萨诸塞大学医学院创立了减压诊所，并于 2016 年提出了正念减压疗法（Mindfulness Based Stress Reduction，MBSR），即通过身心互动，让人们成为呵护自己身心健康的参与者，以促进身心疗愈。

现在，正念可以通过正式和非正式的冥想练习来实现。正式的冥想练习包括坐着或躺着时的冥想，例如正念运动（如瑜伽气功、行走默想等）、非正式冥想（也称日常冥想，即将意识和注意力训练转移到日常生活中）。正念减压疗法还衍生了其他正念导向的方法，包括正念认知疗法（Mindfulness Based Cognitive Therapy，MBCT）、辩证行为疗法（Dialectical Behavior Therapy，DBT）和接受承诺疗法（Acceptance and Commitment Therapy，ACT）。

如何实施正念冥想法

经常进行正念冥想练习有助于咨询师发展正念冥想能力，还有助于建立更稳固的咨询师-来访者联盟。通过设计，正念冥想可以帮助咨询师发展他们需要的基本特性，即同理心、和谐性、同情心、勿判性和真实性（Campbell & Christopher，2012）。正念冥想可以提高咨询师的注意力、反应力、压力管理能力以及对负性情绪的耐受力（Schure et al.，2008）。

一些来访者可能会先入为主地认为，冥想是神秘的或带有宗教色彩的。因此，在实施正念冥想活动前，咨询师应该首先识别并解决来访者对该方法的反对意见，重点关注自我意识和当下存在。来访者的需求是至关重要的，虽然正念冥想最初是指令性的，但很快就转化为来访者导向，并积极关注来访者的呼吸、身体、声音和想法。咨询师也可以根据来访者的时间进行个性化安排。事实上，质量确实比数量重要得多。正念冥想可以在个人、小组或教室环境中实施；但要注意的是，环境一定要安静、整洁、无干扰、舒适，能满足来访者坐着或躺下。卡巴金于 2016 年提出了实施正念冥想的具体指导步骤，该指导步骤已经成为最能适应个人需求的一般性指南。

第一步：请来访者找到一个舒适的姿势。典型的姿势包括直立坐在椅子上、盘腿坐在垫子上或仰面躺在地板或沙发上。由于马德拉舞（也叫手势练习）与不同类型的能量有关，因此可以通过使用不同的马德拉舞来获得舒适感（如握手、张开手掌、手掌上下翻）。要注意的是，在整个冥想期间，手要放在一个舒适的位置（如大腿上、胸前）。来访者可以睁眼、闭眼或半睁着眼睛。对于初学者，建议闭目冥想，以消除干扰。建议有了一定的经验后再进行睁眼冥想，这样可以更好地反映外界的意识和生活。在睁眼冥想的训练中，来访者应该将注意力集中于几米外的墙壁或地板上的一个点。

第二步：为来访者做好冥想的心理准备。冥想不是要达到一种"改变的状态"，而是要脱离其正常的存在状态，转为对内部和外部的意识。因此，来访者必须学会信任这些体验，而不是总在分心考虑"要怎么用正确的方式来做"。

第三步：铃响三次，开始冥想。咨询师轻轻敲铃三次，然后用平静和舒缓的声音告诉来访者保持头脑清醒、身心放松，并正常呼吸。来访者应通过鼻子呼吸，同时把注意力专注于呼吸上，而专注呼吸的作用就是让他们专注于当下。咨询者会被提醒，他们是活在当下的，当下是唯一重要的时刻。当每一次吸气和呼气时，来访者都会进入一种放松的意识状态，并专注于每一个舒展的时刻。

第四步：指导练习。咨询师通过一个可视化的练习口头指导来访者，要求他们专注于注意力、想法、感觉、知觉、声音和运动。练习的重点和程度要根据持续时间、经验和来访者需求进行个性化安排。咨询师应该定期提醒来访者要专注于呼吸，并将注意力集中于当下。咨询师可能会建议来访者关注身体各个部位的知觉，并深刻感受它们。他们也可以做一些肌肉放松练习［如渐进式肌肉放松训练（PMRT）］，拉伸和放松那些经常产生紧张和疼痛感的肌肉群，消极的认知、自我谈话或情绪也可以成为冥想的焦点，其目标是通过引导来访者在不进行评判的情况下看待自己的那些正面或负面的想法，从而将意识扩大到思想和情绪领域。然后，来访者释放这些思想和情绪，并将意识回到当下和呼吸上来。

第五步：巩固正念效果，并鼓励自我欣赏。正念意识需要大量的练习。通过练习，来访者逐渐理解个人叙述方式如何扭曲其经历，以及我们如何诠释自我和他人意识。正念冥想有助于建立个人内部和人际关系的界限，因此咨询师要提醒来访者在其一天的生活中随时进行冥想。来访者也需要被鼓励在正念冥想中积极进行自我感恩和自我肯定。

摇铃三次结束咨询会谈。

正念冥想法的变式

正式的正念冥想会增强专注力、同理心以及对思想、感觉和知觉的意识；非正式的正念冥想可以让来访者重新集中注意力、放松身心并专注于当时当下，适用于在开车、吃饭、洗澡和学习等日常活动中进行。冥想方法可以适用于任何年龄组。卡巴金提出了几个正式的、结构化的变式，包括以下三种。

（1）山冥想和湖冥想。这是基于意向的冥想方法，分别为坐式和卧式冥想。通过可视化的方式，来访者被赋予山和湖的属性和优点，山代表无论在哪种天气状态下（如情绪或挑战）岩石的力量和稳定性。湖代表水的平静，同时也不排除表面的短期干扰（如反应或冲动）。

（2）爱心冥想。它有助于发展人际关系和个人内部的积极情绪和同理心，从而提高生活满意度，减少抑郁症状。这是通过冥想那些能唤起关心和积极关注的短语来实现的，然后对他人和自己表现出无条件和无私的慈悲。需要注意的是，关爱首先是指向内在的，一个人只有先学会自尊、自爱才能去爱别人。然后指向外部，即所爱的人、中立关系、困难关系和社会人员。

（3）行走冥想。这是一种运动中的正念冥想法。无论步行速度是慢还是快，必须步履从容，且关注当时当下。有时候一些干扰、相关记忆和担忧可能会进入意识，但来访者要把注意力转回到现在所经历的呼吸和身体感觉上。

正念冥想也可以针对儿童和青少年进行修改。当然，一部分修改是为了确保时间指向发展的适当性（例如，将时间与年龄相匹配，如 7 岁儿童对应 7 分钟），然后根据情况适当地增减时间。

正念冥想法的案例

案例 1：仪式

启动仪式能为来访者提供动力，并引导来访者进入当下的状态，完全集中于咨询的体验上。仪式也可以在咨询结束时作为总结。

摇铃三次开始冥想。

请注意你的姿势——坐正，脊背挺直但不要僵硬，肩膀放松，打开胸腔呼吸。

轻轻地闭上眼睛，请专注于当下，深呼吸，进行充分而缓慢地吸气和呼气。

扫描你的身体和思想来确定你现在的感受，不要做任何改变。现在不要带有任何评判地去思考、感觉，只专注于当下。放松，抛开一切评判、努力和期待。

呼吸……再呼吸。每一次呼吸都联结当下，当你感到舒服时请睁开眼睛。

摇铃三次结束冥想。

案例 2：饮食冥想

饮食冥想是指在饮食的时候关注当下。它关注进食的过程，同时关注每一种感觉是如何产生的。

葡萄干练习经常在各种基于正念的疗法中被用于正念练习的第一阶段。这个练习的目的是形成对日常仪式的自动反应，并理解初学者对正念的思维态度，毕竟这意味着第一次体验某些东西。这有助于我们理性地看待练习。

这里的目的是有意识地充分关注葡萄干。在做这个练习时，如果你开始分心，一旦注意到这种想法，就应该立刻把你的注意力带回到葡萄干上。

摇铃三次开始冥想。

首先，拿一颗葡萄干，用食指和拇指夹住它，要对葡萄干感到好奇，好像你从来没有见过葡萄干，好像你此刻来自另一个星球。

全身心注意葡萄干。感觉一下它在你手中的质感和重量。用你的感官来探索这颗葡萄干。

摸：用手指夹住它，先放在手掌心感受它，然后贴着脸感受它。注意各种感觉，注意它的柔软度或硬度。

看：花点时间用心观察葡萄干。小心、仔细地注视它，观察光线照射的亮点、暗处的沟壑、褶皱和脊背以及任何独有的特征。注意颜色、颜色的变化、形状、大小和纹理。把葡萄干举到灯光下，注意有何变化。

闻：闻葡萄干的味道，注意气味的强度和种类。把葡萄干放在鼻子底下，每次吸气时，都要吸收任何可能产生的气味。慢慢地呼吸几次，专注于不同的气味。闻到葡萄干会引发你身体的什么变化吗？

听：把葡萄干靠近耳朵，倾听它在手指之间移动时产生的声音。倾听其他声音，注意力要始终集中在葡萄干上。

尝：把葡萄干放到嘴里并在嘴里轻轻地移动。注意你嘴里的感觉。注意不咬它的时候是否能尝到味道，关注你嘴里发生的任何变化。轻轻地开始咬第一口，注意与味觉有关的感觉：是只有一种味道还是不止一种味道？不要吞咽，注意你嘴里的味道和质地，以及这些感觉是如何随着时间的变化而变化的。在吞咽前尽可能多次咀嚼，关注当下的感受。（停顿 15 ~ 30 秒）现在吞下葡萄干，注意吞咽时的感觉。

摇铃三次结束冥想。

处理问题：和你通常吃的方式相比，这次吃葡萄干的体验怎么样？评价你对吃葡萄干的满意程度。如果你大部分时间都这样吃，感觉会有什么不同呢？这种体验如何改变你对饮食的态度呢？

案例 3：身体和呼吸

我们的身体总是存在于当下。关注我们的身体并让身体与意识建立联结，而不是思考它，就能让我们接触当下。关注身体并进行身体扫描不仅能放松身体，还能帮助我们体验身体中出现的一切感觉，以一种慈悲和同情的方式接受身体的所有感受，而不是评判和试图改变或修正这些体验。

摇铃三次开始冥想。

请注意你的姿势。坐正,脊背挺直但不要僵硬,肩膀放松,打开胸腔呼吸。把双手自然地放在大腿或膝盖上,闭眼或睁眼都可以。

开始从头到脚扫描你的身体,有意识地进行放松。注意你的身体在当下的感受。注意远处的声音和房间的温度。注意你呼吸的过程,当你吸气时,注意到你正在吸气;当你呼气时,注意到你正在呼气,保持这种注意力和意识。要注意呼吸时胸部和腹部的起伏,注意吸气和呼气的每一个细节。你不需要操纵你的呼吸,因为呼吸并没有对错之分。继续默默专注于你的呼吸,并记下你的整个身体和你所感受到的一切。

在你把注意力集中在呼吸的过程中,可能会走神,当你注意到你的大脑正在漫游时,默默地接受徜徉的大脑,轻轻地让你的注意力回到呼吸过程中。忽略之前的事情,让呼吸成为一种全新的体验。

轻轻地睁开眼睛,记住当下你的身体、思想和心灵的感受。

摇铃三次结束冥想。

案例 4:在冥想中使用隐喻

这个练习的目的是通过善意的短语来体验对自己的同情之心,并在重复这些短语后开始体验平和的感觉。

摇铃三次开始冥想。

想象一下你现在的样子。对着自己的画像微笑,给你的身体传递快乐和放松的信息。给这幅画像赋予温暖和爱,只专注自己。重复以下这些带有善意的短语,每 15 秒说一次。

+ 愿我摆脱愤怒、怨恨和仇恨!

+ 愿我充满同情和善良!

+ 愿我免受痛苦和折磨!

+ 愿我内心平和!

+ 愿我轻松而自由!

+ 愿我感到安全!

+ 愿我摆脱恐惧!

+ 愿我健康!

现在让你的注意力回到呼吸上，接受爱和善意，让这种爱和善意陪伴你。睁开你的眼睛。

摇铃三次结束冥想。

正念冥想法的有效性及评价

基于正念冥想的咨询法已被用于解决个人或群体的各种心理症状，并已有效地应用于不同人群。有文献专门报道了最近的正念冥想的随机对照实验。研究人员对 47 项正念冥想临床试验进行了元分析（Goyal et al., 2004）。结论是，冥想干预可以减少焦虑、抑郁和疼痛，但它们并不比其他积极治疗方式（如运动、药物或认知疗法）更有效。该研究还发现，正念冥想对积极情绪、注意力、药物上瘾、饮食习惯、睡眠和体重并没有显著影响。

安德森等人（Anderson et al., 2007）开展了为期 8 周的 MBSR 培训项目，包括正式和非正式正念冥想。他们发现，正念冥想能减少抑郁、愤怒、焦虑、沉思、一般痛苦、创伤后回避症状和认知紊乱。卡莫迪等人（Carmody et al., 2009）发现，长期和短期的正念冥想练习可增加心理幸福感，即产生更大程度的自我同情和幸福感。

卡巴金最初将 MBSR 应用于一家医疗诊所，后来许多研究人员都发现了 MBSR 对身心健康的积极作用。例如，霍格等人（Hoge et al., 2017）提出，正念冥想可能会改善广泛性焦虑障碍成人患者的职业功能控制，并减少医疗保健服务的使用。此外，瓜尔迪诺等人（Guardino et al., 2014）进行了一项随机对照实验，确定正念冥想可以减轻孕妇在孕期的压力。在疼痛控制方面，卡什等人（Cash et al., 2015）发现，正念冥想有助于缓解女性的纤维肌痛，韦尔德等人（Waelde et al., 2017）发现，正念冥想有助于缓解儿童的慢性疼痛。

正念冥想也有助于解决睡眠问题。斯洛姆斯基（Slomski, 2015）发现，正念冥想可以促进老年人睡眠质量。奥莱利等人（O'Reilly et al., 2015）在一项随机对照实验中也发现，正念冥想改善了睡眠障碍患者的睡眠质量。宫等人（Gong et al., 2016）对 6 项随机对照实验的元分析表明，正念冥想显著改善了睡眠质量和总觉醒时间，但对"睡眠开始潜伏期""总睡眠时间""睡眠开始后醒来""睡眠有效总觉醒时间"并没有影响。

最后，MBSR 在学校环境中也有广泛的应用。曾纳等人（Zenner et al., 2014）发现，接受 MBSR 治疗的学龄青年对压力表现出更强的弹性。此外，西杜（Sidhu, 2014）发现，正念冥想有望增加注意缺陷 / 多动障碍儿童的注意力持续时间。

正念冥想法的应用

现在，将正念冥想法应用于与你合作的来访者或学生，或者重温本书前言中介绍的简短案例研究。你将如何使用正念冥想法来解决问题，并在咨询过程中取得进展呢？

第五部分

基于人本现象学理论的技术

人本主义或现象学方法是典型的关系导向型方法，这种方法并不关注过去的事件和问题，而是关注当下和未来的功能。这种方法的根源在于，人们意识到了每个人都有成长和发展的自由和责任。的确，卡尔·罗杰斯于 20 世纪 50 年代经研究后提出，人类天生就有自我成长、自我实现的能力。人本主义方法以咨访关系和治疗联盟为核心。咨询师必须愿意完全进入来访者的主观世界，以便从来访者的角度关注其当下的问题。

在人本主义心理咨询的众多支持者中，最为著名的是卡尔·罗杰斯，他最主要的成就是开创了非指导性的、以人为中心的心理咨询方法。以人为本的心理咨询具有非指导性，而且有助于促进个人成长、调整、社会化和自主。人们会努力整合自己的内部和外部经验，但是不健康的社会或心理影响可能会妨碍其自我实现，并会引发冲突，尤其是在基本需求（如社会认可需求）没有得到满足时。

罗杰斯（Rogers，1995）指出，为了和来访者建立不具威胁的、轻松的关系，以帮助来访者解决冲突，并取得更高程度的自我理解，咨询师需要具备三个基本条件：共情、真诚和无条件积极关注。与以正念为基础的疗法相似，人本主义现象学疗法也关注此时此地，不持评判态度。人本主义疗法的批评者们指出，洞察力并不会每次都能给出解决方案。解决方案源自成功的行动，但人类总想去理解自己的内心世界，包括自己的思想、感受和心境状态，人本主义疗法可以促进人们自我理解，进而寻找内部设计的动机（即内在动机）。

本部分内容将对以下四种方法进行一一说明：自我表露（self-disclosure）、面质（confrontation）、动机式访谈（motivational interviewing）和优点轰炸法（strength bombardment）。自弗洛伊德时代开始之时，尽管自我表露或咨询师的表露存在争议，但这一技术已经被应用于心理咨询中，但关于它的研究却为数寥寥。现有研究表明，如果能巧妙应用这项技术就可以改善治疗联盟，帮助来访者提高洞察力。从某种角度来说，这一点意义重大，如果我们相信来访者可以从他人的经验中受益，那么为什么不能从咨询师以前的经验中获益呢？面质也是心理咨询中不可或缺的一部分，巧妙运用可帮助来访者获得生活上的积极变化。庆幸的是，咨询师使用面质迫使来访者前进的时代已经过去了。艾维等人（Ivey et al.，2018）指出，时至今日，咨询师更愿意使用间接面质方式或共情面质鼓励并推动来访者进行改变。

米勒和罗尔尼克（Miller & Rollnick，2013）开创了动机式访谈技术，用来鼓励来访者实现约定中的变化。他们确立了动机式访谈的四个基本原则：表达共情、呈现差异、化解阻抗和激发自我效能感。咨询师会通过四种以人为本的技巧来帮助来访者发掘矛盾，这四种方法分别是：开放式询问（open-ended questions）、肯定（affirmations）、反映技巧（reflecting skills）和归纳总结（summaries），并取这四种方法的英文单词首字母，称为OARS。起初，OARS只是针对成瘾的来访者使用，但动机式访谈已被推广至各类来访者，主要用于解决改变动机停滞不前的问题。最后一点是，优点轰炸法（用于团体）和自我肯定（用于个体）用于强调来访者的优点和积极特性的情况中。当来访者遇到考验和挑战时，这就成了来访者获得恢复的力量之源，或对来访者的天赋、积极品质和特点进行简单归纳并再次肯定。优点轰炸法常常在团体咨询结束时作为结尾活动使用。

基于人本现象学理论的技术的多元文化意义

以人为本的心理咨询及其他人本主义现象学疗法对世界多元文化群体有着很大的影响，但是对这些疗法也不乏批评之声。科里（Corey，2016）在研究中提出，人本主义方法的多元文化局限性包括缺乏组织、难以将核心条件转换为实践，以及关注内在评价而非外部评价。从积极的一面来看，人本主义方法不鼓励做诊断，而是主要关注来访者个人的信仰和准则。

咨询师的作用是帮助来访者获得洞察力，并认识到来访者的所学已经发挥了作用。人本主义方法会直接与来访者的感受和问题建立联系，这些来访者来自被剥夺了公民权利或经历过压迫的群体，他们也许会感到沮丧或疏离。

人本主义方法尊重个体来访者，也尊重他们的世界观和各种文化传统。人本主义方法的情绪性因素特别吸引女性；相反，针对阿拉伯文化或亚洲文化中的得体要求，高强度互动需要自我表露感受及个人和 / 或家庭信息的互动并不适合，原因在于他们在表达强烈情绪时会感觉不适。因此，使用这种方法的咨询师必须特别注意评估来访者的舒适度，因此可以用常用的方法开始咨询（Hays & Erford，2018）。

人本主义方法需要的时间比较长，常常要进行数月的心理咨询。此外，对于某些个体，尤其是那些负担不起长期治疗费用的人，这些方法的见效速度确实是个问题。此外，因为这些方法往往并不追求获得具体成果，所以需要投入的时间会发生改变，这会让某些来访者感到不适。

人本主义方法重视默契和治疗联盟，并且重视分享强烈的情绪及亲密的生活细节。这些方法关注当下，具备无威胁性的过程，能让来访者感觉到被赋权，还可能会吸引不同文化背景的来访者，涵盖范围十分宽泛。另外，某些来访者的文化背景（如拉丁美洲文化）不鼓励分享家庭问题，或是不鼓励进行强烈的情感探索或表达（如亚洲文化）。人本主义方法在多种文化背景中都是有意义的，包括性别、民族、人种、社会经济学、残疾和性取向等，尽管某些文化（如中东文化、西班牙文化）可能对非指导性方法感到不适。

第
18
章

‡ 自我表露

自我表露的起源

很多理论性心理咨询方法都支持并建议咨询师向来访者进行自我表露。例如，威廉姆斯（Williams，2009）指出，人本主义学派认为，咨询师的自我表露是展示咨询师温暖、真实和人性一面的积极事件，有助于建立治疗联盟。不过，也有学派持不同意见，如心理动力学理论认为咨询师的自我表露会剥夺来访者的权力。但无论看法如何，有意或无意表露是心理咨询过程中的一部分。表露形式和表露目标数目繁多，来访者可能会注意到表露，也可能会忽视。因此，咨询师深入了解自我表露是明智之举，这样可以确保在咨询中恰如其分地使用自我表露，或者做出战略性规避。人本主义学派青睐使用自我表露来咨询，本章将对此进行详细说明。

如何实施自我表露

巴尼特（Barnett，2011）指出，基于知情同意原则，自我表露在伦理咨询中必不可少。依据咨询师的教育背景、经验、背景、方法等因素，来访者会自行判断咨询师是否可以有效应对目标，因此告知来访者上述情况是咨询师的道德义务。咨询师办公室中的物品可能会透露咨询师个人化的一面，也会表明咨询师的生活状况，这就可能会影响咨询中的无缝规定（如家人的死亡、孩子的出生、假期等）。这些自我表露实例在世界范围内都会存在，而且不可避免。

咨询师的外表和文化因素也会表露自己的很多细节信息，可能会增强或削弱治疗联盟。巴尼特指出，咨询师的种族、年龄、性别、文化服饰、体能/身体残疾、演讲或语言能力，甚至连是否戴婚戒都可能传递相关信息和价值观。依据这些文化和外表特征，来访者往往会对咨询师形成假设的、印象中的形象，甚至是刻板印象。这些假设可能是正确的，并对与来访者建立心理咨询关系有重要的价值；这些假设也可能是错误的，会给咨询进程带来不必要的阻碍。

罗杰斯（Rogers，1995）的研究指出，有意的自我表露分为两种主要方式，第一种是与来访者分享个人经验，以表明咨询师的真诚和可靠，达成治疗联盟的目标。在这种情况下，咨询师所分享的经历或内心斗争与来访者所表达和希望改善的内容十分相似。咨询师可以通过这种方式与来访者建起或增强纽带，从而确认来访者的困境。

第二种方式是咨询师分享自己在咨询过程中产生的、真实可靠的感受，如骄傲、悲伤或移情。阿伦（Aron，2011）的研究证实了，这种表露方式既可以让来访者更主观地看待自身经验，还可以抵消来访者的消极自我印象或解释。咨询师还会与来访者分享自己的看法和观点，并将其与来访者的看法和观点进行对比，这样有助于增强双方在心理咨询过程中以及对咨询主题的洞察力。

无论使用哪种方式，咨询师都应该建立起稳固的治疗联盟，并明确表露的目的是帮助来访者，这两点十分重要。如果自我表露的方式不当，或者目标设定错误，那么可能会造成有意或无意的技术滥用。通过向其他可信赖的专业人士开诚布公地咨询，可以帮助咨询师适当并有效地使用自我表露。

还有一种表露类型，咨询师也需要注意，即偶然的（无意中的、无意识的）自我表露。在咨询师接受的培训中，要求他们对来访者所说的内容全然接受，不能予以评判。然而，来访者有时谈及的事情可能罪大恶极，即使是经验丰富的咨询师也会心中一寒或倒吸一口气。毕竟，每个人都有自己的价值观、信念和背景，这说明咨询师也是人，并且人人都会犯错。巴尼特曾讨论过无意识反应和表露会破坏治疗联盟，甚至会导致破裂。咨询师表现出不赞成、震惊、惊讶或其他反应可能会破坏咨询师的中立性，而来访者通常会将其中立性作为咨询环境安全及值得信赖的依据。这种情况经常会发生，并且可能会发生在任何人身上。对咨询师来说，针对咨询过程中偶然的表露对来访者的影响进行评估非常重要，而针对偶然的表露对关系所产生的破坏进行修复也十分关键。

自我表露的变式

只要有技巧地使用，自我表露技术就可以是动态的，而且功能多样，不同学派对于这一方法的应用持不同看法。例如，人本主义学者认为自我表露是用以平衡来访者与咨询师之间权力动态的方式（Williams，1997）；存在主义者将这一方法视为指导来访者的一种示范方式（Yalom，2009）；女权主义者认为自我表露是一种帮助来访者选择合适咨询师的方式，也是理解或增强来访者与咨询师之间权力关系的途径（Simi & Mahalik，1997）。现代心理动力学研究人员认为自我表露不可避免，关于如何能将其更好地融入扩展理论中的研究也在进展中（Farber，2006）。现代认知行为咨询师会使用自我表露促使来访者的经验标准化，并用以抵抗消极的思维模式（Sharon，2013）。研究表明，无论如何，一旦咨询中建立了稳固的治疗联盟，就可以巧妙地应用自我表露，从而促使洞察力、纽带和治疗的形成（Farber，2003，2006）。

自我表露的案例

下面是在心理咨询中使用自我表露的三个简短案例。

案例1：金的案例

金因焦虑而被内科医生转介给心理咨询师。金的父亲酗酒，家庭生活的长期压力影响了她的心理健康。在第三次咨询中，咨询师借助自我表露让金对困境的感受正常化。

金（K）： 我甚至不敢相信这周发生了什么，我觉得特别像，都不想说。

咨询师（C）： 这里很安全，你可以告诉我你的经历，我不会评价你的。

K： 好吧。周五那天我爸妈吵架了，因为我爸又喝酒了，我妈冲着我爸大喊大叫，但也没什么用啊。后来，我爸离开了家，我们等了他将近一小时。然后我妈说："别管他了，我们去看电影吧。"我觉得这个建议挺好的，我没什么意见。虽然我爸疯狂地喝酒，但我们还是能有点儿正常生活，这是件好事，对吧？于是，我和我妈去吃了晚餐，然后一起去了电影院，等我们回到家时，看到我爸昏倒在我家停车位上，而且是光着身子！我的天！他竟然光着身子昏倒在停车位上！我们出去了快四个小时，他在那里待了多久呢？这又是怎么发生的呢？我可从没见过别人的爸爸光着身子昏倒在外面！我的生活中居然发生了这种事，这是真的吗？！

C: 我不确定你到底是生气还是困惑。你可以多跟我说说。

K: 我不知道我是不是困惑，但我确实觉得疑惑。我是说，这不会是真的吧？当我看到我爸时，唯一能做的就是揉揉眼睛，希望我眼前的一切都能消失。就像是，这不可能是真的！就是不可能的！我一定是疯了。

C: 但你确实看到了，这是真的。

K: 不，肯定不是，我肯定是疯了。

C: 你看到了，你妈妈也看到了，你现在还告诉了我。你不是疯了，这确实发生了。

K: 我过的日子肯定是糟糕透顶，我一定是疯了。

C: 因为物质滥用带来的压力，任何事情都可能发生。

K: 我就是不能相信这是真的。

C: 我相信这是真的。

K: 我不明白这怎么可能是真的。这简直就是电影里和网上表情包的素材，这不可能发生在现实世界中。

C: 我相信是真的，金。我也有一个酗酒的母亲，虽然她从来没光着身子醉倒在外面，但她的确也做了一些让我觉得不可思议的事。那时候我常常会觉得困惑，就像你说的那样——疑惑、愤怒、尴尬。但你不能因为这些事而怀疑自己的理智。他们之所以能做出这种疯狂的事，是因为酒精作祟。你没有疯，你眼前发生的是酗酒，这确实能让人做出疯狂的事。

在这次自我表露中，咨询师通过引用个人生活中的一个例子，解释了她对来访者感同身受。她并没有展开细节，而是继续关注来访者本身。现在，来访者明白了咨询师有类似的经历，并真正能理解她的感受。

案例2：萨姆的案例

萨姆是一位中年来访者，因为愤怒问题寻求心理咨询。萨姆在本地便利店里斗殴，然后以扰乱社会治安罪被逮捕，法院强制命令他接受心理咨询。萨姆单身，和弟弟斯科特住在一起。在第六次的心理咨询中，为了帮萨姆了解他对心理咨询过程中所获进步的真实感受，咨询师使用了自我表露。

咨询师（C）： 萨姆，上次我们谈过，我让你想想什么让你快乐，你想了吗？

萨姆（S）： 嗯，我想过了。我喜欢工作，工作让我觉得自己是有用的，而且还能赚钱。是的，工作让我快乐。我还喜欢让卡车干干净净的，每次洗完车我都会觉得很开心。

C：所以……成就感让你感到快乐。你喜欢工作，并且希望可以炫耀的东西。

S：是的，我希望我的努力工作能得到回报。

C：很好。付出了很多努力之后，你想得到什么回报呢？

S：我不知道。我不用再回到这里……

C：在这里，你就没有得到其他回报吗？

S：没有，我来这里只是因为法官要求我必须来。

C：在过去六周里，我们讨论了很多事，我们说了当你愤怒的时候如何让自己陷入困境，你对这些事并不觉得骄傲。不过，现在请听听你自己说的话，当谈到你获得的奖励时，你是快乐的。你难道没发现你从成就中有所收获吗？

S：没有，我没发现。

C：这让我很难过，我也很为你担心，萨姆。

S：好吧，我也是这种感觉。

C：你伤心什么呢，萨姆？

S：我没觉得伤心，但我很担心。

C：你担心什么呢，萨姆？

S：我担心再变成原来的自己。

在这个案例中，针对萨姆对心理咨询中所获成就的看法，咨询师分享了自己的感受，这让萨姆明白了他和咨询师有相似的感受。

案例 3：玛莎的案例

在最后这个例子中，我们会看到咨询师如何偶然针对自己的个人感受和/或价值观对来访者进行自我表露，并会看到如何识别并纠正这种情况，以防止治疗关系被破坏或者破裂。玛莎最近刚刚大学毕业，在华尔街找到了一份压力很大的工作。她独自搬到纽约，没时间结交新朋友，因为抑郁而寻求心理咨询。在第二次咨询中，咨询师的偶然反应让玛莎发现咨询师并不赞同她的选择。于是咨询师决意应对这一情况，并确保不会影响治疗联盟。

玛莎（M）：我在周四下班后约同事一起喝一杯。虽然我认为在工作日晚上出去很累，但我最终还是去了。

咨询师（C）： 那你玩得开心吗？

M： 我觉得挺开心的。他们都喝了很多酒，我一直都跟他们待在一起，因为我希望他们喜欢我，但我不知不觉就喝醉了。

C： 然后你做了什么呢，你吃东西了吗？

M： 没有，我去了卫生间，然后我吐了。后来我喝了一杯水。

这时候，对于玛莎谈及为了受人欢迎而喝多了并吐了，咨询师在无意间做出了震惊的反应。因此，玛莎草草结束了自己的故事，而且不想再跟咨询师继续谈话了。咨询师意识到了发生的事，于是正面应对玛莎，解决了这个问题。

C： 玛莎，我们之间发生了一些状况，让你决定不再想跟我分享你的事了。我们需要解决这个问题，这样我们才能更有效地继续下去。在听到你喝了很多酒并吐了的时候，我感到惊讶和担忧，而且可能表现出来了，也许这就是原因。我想告诉你我为什么会有这种感觉。这种行为让我担忧，因为有很多女性因这种行为给自己造成了伤害。我希望我们能多谈谈你这么做的原因，这样我就能理解你为什么会这么做了。我并不是想评价你，我只是想确保你安全，并且保证以后你再遇到这种情况时仍能安全。

真希望玛莎现在能理解咨询师为什么会有这样的行为，并且在她讨论自己的经历时能觉得更舒服。虽然关系可能破裂，但这次过失不会真的破坏心理咨询关系。毋庸置疑，玛莎与咨询师之间的同盟关系有极大的强化潜力。

自我表露的有效性及评价

在心理咨询史上，关于自我表露的争议持续不断，而且在应用于不同情境时，成效也各不相同。虽然对其结果的研究比较混杂，但显而易见的是，适当的自我表露会以实际情况为基础，自我表露的时间、程度及方式都与心理咨询的风格和讨论的主题有关。事实上，来访者对治疗联盟的认知不同，对表露所持的态度也不尽相同：对治疗联盟持积极态度的来访者将咨询师的表露视为专业所为；而持消极态度的来访者则会将其视为不专业的表现（Myers & Hays，2006）。自我表露对来访者的影响非常复杂，研究证实其影响有以下三个方面（Audet & Everall，2010）：

（1）有助于来访者与咨询师建立初步联系；

（2）可以表明咨询师的真诚与可信度；

（3）可以让来访者参与到治疗联盟中。

然而，考虑到这一研究的样本比较小，且存在潜在个体差异，因此有必要展开进一步的研究。

沙伦（Sharon，2017）区分了即时性自我暴露（即表达对关系和人的感受）和间接性自我暴露（即表达治疗师在治疗关系外的生活信息），发现前者促进了来访者对治疗关系和治疗联盟产生更好的感知。

有多项研究都探讨了咨询师自我表露对不同来访者造成的影响。咨询师的表露越多，咨询师与同性恋来访者之间的治疗联盟水平就越高（Kronner，2013）。当来访者是东亚裔美国人，咨询师是欧裔美国人时，与策略相关的自我表露，比与事实对立、赞同或咨询师的感受相关的自我表露更加有效（Kim et al.，2003）。虽然还需进行更多研究才能确定自我表露的作用，但是从大脑和神经科学的角度而言，在帮助来访者以更深层的、更有意义的方式与咨询师及其自身建立联系等方面，咨询师的自我表露蕴含着巨大潜力（Quillman，2012）。

自我表露的应用

现在，将自我表露应用于与你合作的来访者或学生，或者重温本书前言中介绍的简短案例研究。你将如何使用自我表露来解决问题，并在咨询过程中取得进展呢？

第
19
章

面质

面质的起源

起初，面质最先用于格式塔疗法，随后很多其他疗法也纷纷采用了面质。艾维等人
（Ivey et al.，2018）指出，就人本存在主义和微技能理论而言，面质能很好地融入其中。
波尔斯在格式塔疗法（见第三部分）中采用了高度面质的方法，以此帮来访者确认回避行
为。科里（Corey，2016）指出，许多来访者（和咨询师）认为这个方法过于严厉和冷漠
无情。在现代，面质已经演变得更为友善，也更具同情心，在关系背景中可以产生更高程
度的共情。

如何实施面质

艾维等人（Ivey et al.，2018）指出，共情面质（empathic confrontation）可用于帮助来
访者分析其言行间的差异和矛盾之处。从理论上讲，这些矛盾导致了失调，面质可以促使
来访者解决差异，不再"受困"。多项研究结果显示，有效运用面质和共情面质可以帮助
来访者改变自己的行为，使其前后行为一致，并过上更健康和充实的生活。

面质应用初期的考量

多项研究结果表明，巧妙运用面质可以对来访者产生非常明显的效果（Bratter et al.，
2008；Corey，2016；Ivey et al.，2018；MacCluskie，2010）；相反，如运用不当、应用情

境错误，或是运用时没有建立适当的治疗联盟，就会伤及治疗关系，甚至会导致关系破裂。一些新手咨询师不愿使用面质，他们认为这个方法太过严厉，还有可能破坏治疗联盟。然而，只有让来访者理解其行为和选择如何影响了他们自己，才能推动心理咨询的进程。有技巧、有共情和富有同情心地运用面质是一种有助于来访者理解其行为和行动后果的方式。提高来访者理解力的关键在于，咨询师要积极地倾听并帮助来访者表达其态度和行为、人际关系和内在冲突，以及导致他们困在原地的非理性信念和防御机制。一旦公开讨论这些内容，共情面质就能促生前进的动力，使来访者不再困在原地。

面质得以有效运用的基础是强有力的治疗联盟。来访者与咨询师之间要建立足够的信任和尊重，否则面质可能根本不会被来访者接受，更不用说成功运用了。因此，运用以人为本的策略和方法建立关系是应用面质的关键先决条件。只有通过无条件的积极关心，才能实现相互信任、尊重、理解和真诚关怀。正是这种基础关系促生了来访者与咨询师合作的动机，尤其是那些言行存在矛盾的来访者，已有多项研究证实了这一点（Corey，2016；MacCluskie，2010）。

时机是面质得以成功的第二个关键因素。与时机有关的因素通常包括面质在心理咨询过程中实施的阶段、来访者的准备度、来访者的行为风险因素和情绪稳定性。研究表明，对时机的错误判断可能会破坏治疗联盟（MacCluskie，2010）。而且，面质不应该是敌对或严厉的；相反，在咨询师培训中，与面质有关的应用表达的是对来访者的关心和支持，并关注来访者的积极特征，而非消极特征，这样才能让他们更好地认识到自己在思想和行动上的差异，并激发其产生解决差异的动力。

因此，建立体现真诚的理解和关心的稳固关系更容易促成共情面质，进而激励来访者对其思想、感受和行为之间的差异进行自我反省，并能以促进来访者进步的方式解决差异。多项研究结果表明，关注来访者的优势和积极特征，再加上咨询师的积极支持，可以改善治疗效果，并提高治疗过程推进的可能性。接下来，让我们以这些内容为前提，了解面质的实施步骤。

面质的实施包含四个步骤：倾听差异、归纳总结和澄清、共情面质，以及观察和评估。在每一个步骤中，咨询师都应该继续使用其他以人为本或心理咨询的微技能来理解来访者的思想、感受和行为，包括积极倾听、释意、对情感的反应和归纳总结（Ivey et al.，2018；Young，2017）。

在第一步中，咨询师应该积极倾听，了解来访者有差异的、矛盾的和混杂的信息。咨询师需要倾听来访者以下六个方面的差异表现：

（1）言语和非言语行为之间的差异；

（2）信念和经验之间的差异；

（3）价值观和行为之间的差异；

（4）言谈和行为之间的差异；

（5）经验和计划之间的差异；

（6）语言信息之间的差异。

在第二步中，咨询师需要帮助来访者总结和澄清种种差异，然后采用其他观察和倾听技巧帮助来访者解决这些差异导致的内在或外部冲突。提出这些冲突并进行公开讨论往往会很有帮助，讨论内容包括：冲突如何使来访者困于其中、维持差异能满足来访者的哪些需求，以及这些差异的存在会导致来访者的哪些需求无法得到满足。换句话说，咨询师要努力确认冲突，并确认来访者的需求，还要以支持和共情的方式解决这些差异。

在确定冲突后，咨询师在第三步中要以来访者可以接受的方式进行共情面质，这就要求咨询师具备极强的洞察力并能熟练运用技能，还要有丰富的经验。利用积极集中性的质疑和对情感的反应，往往能将面质很好地融入咨询中。温和巧妙地对问题进行面质颇具挑战，举两个例子：

一方面，你说_____，而另一方面，你却说_____。你说你_____，却做出了_____（行为）。

以这种方式进行面质，可以用积极和支持性语言帮助来访者确认差异之处，并引导来访者思考在面对或不面对改变的挑战后所产生的自然和逻辑后果。

第四步包括观察和评估面质的有效性。对此，相关研究纷纷建议采用两种量表进行评估，分别是艾维等人（Ivey et al.，2014）提出的来访者改变量表（Client Change Scale，CCS），以及扬（Young，2013）提出的来访者适应量表（Client Adjustment Scale，CAS）。来访者改变量表采用以下五级量表评估面质的有效性，以及来访者所处的变化阶段：

（1）来访者否认差异；

（2）来访者仅检视出部分差异；

（3）来访者接受面质，但没有产生任何变化；

（4）来访者准备尝试新的解决方案以解决差异；

（5）来访者接受差异，并产生和应用新的行为应对差异。

有些来访者经过这一过程会取得线性进步，有些来访者却不会，这是由来访者所经历的冲突类型或冲突程度决定的。扬在来访者适应量表中采用了以下三级评估：

（1）来访者否认差异；

（2）来访者仅仅接受了差异／面质中的一部分；

（3）来访者完全接受了面质以及针对差异采取的措施。

当来访者步入最后一级的进程中时，就已经准备好了去摆脱困境、改变行为，并会对自己产生更积极的看法。

如果来访者不接受面质，咨询师就会重新进行更多的倾听、质疑和澄清，并可能会在构建下一个面质时使用不太直接的语言。在整个心理咨询过程中，完成这一过程对维持高强度的治疗联盟至关重要，对评估其是否分离或破裂也至关重要。

面质的变式

与其他许多心理咨询疗法一样，如果希望有效运用面质，就必须考虑文化敏感性。麦克克拉斯基和艾维的研究都表明，来访者的文化背景（如某些欧裔美国人、某些男性）如果更注重直接和开放的对质，那么往往会对面质做出积极反应，因其与来访者在媒体和日常生活中所遇到的现实交流类似。而源自其他文化背景的来访者（如某些亚裔美国人、某些女性）通常喜欢更加含蓄、指导性较少且更加礼貌的面质。因为女性和男性对社会中的权力和结构的角色持不同观点，所以来访者的性别是必须考虑的重要因素。此外，理解来访者的世界观，以及在来访者与咨询师之间建立强大的纽带关系，都对面质的有效实施至关重要。

有研究结果表明，这一方法的变式之一是自我面质（self confrontation），即要求来访者直接观察自身行为和陈述（往往是通过看录像），然后进行自我面质，这样可以引导来访者对自己的感受、防御和行为产生自我认同。在针对有自杀倾向的来访者应用自我面质的研究中，研究人员采用了视频录制焦点小组和自我面质会谈，以便让来访者看清自己在谈话、感受和行为上的差异（Popadiuk et al.，2008）。这些来访者认为，自我面质是获取快速反馈并对认知和感受都很有效的强大机制。临床医师认为，通过视频录制，来访者可以用不同的方式看待事物并获得洞察力，而在实施标准的心理咨询时则无法获得这些成效。

这一方法经调整后可适用于家庭咨询。戈尔德和哈特尼特（Gold & Hartnett，2004）运用优势焦点面质（strength-focused confrontation）帮助家庭挑战在家庭等级中更强大的成员，进而关注来访者的优势，而非弱势或问题。这种方式可以促使整个家庭考虑用更平衡的方法理解家庭背景和环境，还有助于重构潜在的家庭问题和解决方案。

依据不同的咨询理论，面质也有多种实施策略（Strong & Zeman，2010）。例如，莱德（Ryder，2003）在一项研究中指出，使用阿德勒学派方法的咨询师通常会面质来访者的私人逻辑和行为，而采用理性情绪行为疗法（Rational Emotive Behavior Therapy，REBT）的咨询师会使用争辩程序，旨在面质来访者的非理性思维和信念。扬（Young，2013）在研究中表明，某些来访者会认为，行为幽默或夸张的咨询师没有那么严厉或"刻薄"，而且更有趣，这样可以促使其从正面角度看待来访者的行为或矛盾之处，并让来访者承认自己的矛盾。

面质的案例

桑德拉和咨询师刚刚开始第四次咨询，他们已经建立了稳固的治疗联盟。在双胞胎儿子上大学后，41 岁的桑德拉开始接受心理咨询。自两个儿子出生后，她一直都是全职妈妈，现在孩子们步入了大学校园，丈夫希望她能找一份兼职工作，既可以让她忙碌起来，又可以分担一些孩子上大学的费用。桑德拉不明白自己为什么要找工作，但是她曾提到过，丈夫上班后她常常会觉得孤独和沮丧。当被问及孩子们离开家之后她感觉如何时，她回答说自己很开心，孩子们都考上了好大学，并且适应得不错，她感到非常骄傲。咨询师认为桑德拉无法处理过渡期（如孩子离家时）产生的悲伤和失落感。

咨询师（C）： 桑德拉，上次咨询时，你和我分享了孩子们离开后你的日常生活。你说你很享受，因为再也不用洗一大堆衣服了，但你丈夫上班后，你也常常会觉得孤单。你愿意接着讨论这个问题吗？

桑德拉（S）： 好的。我简直过了最糟的一周。我觉得我生病了，一点精力都没有，现在几乎天天都要睡午觉。我真的不明白，我原来一直都是个精力充沛的人。我以前必须到处奔波——足球训练、游泳和学习辅导。孩子们不在身边是一件好事，可这又让我觉得自己对他们已经没什么用了！

C： 所以你现在的这些感觉 —— 疲倦，有时还会觉得孤单和悲伤，对你来说是比较陌生的，对吗？

S： 我以前从来没有过这种感觉，挺没劲的。

C： 你认为你应该有什么感觉呢，桑德拉？

S：我现在应该感觉非常悠闲放松才对。孩子们离开家独立了，我不需要在家待那么久了。

C：桑德拉，你多久会想念孩子们一次呢？

S：嗯，当然是每天都会想他们了。

C：也就是说，你很想念他们。

S：当然。不过，这是生活的一部分。他们长大了，我为他们感到开心，也为他们骄傲。

桑德拉抱起双臂，开始用手抚摸手臂，似乎在安慰自己。

C：（发起共情面质，并指出差异）桑德拉，我听到你说你很自豪，为孩子们考上大学而骄傲，而且你还说你很开心自己不用再照顾一个大家庭了，家务活少了。可是，你现在说起孩子们的成长，看上去好像并不开心啊！

S：我当然开心了，每个人都希望自己的孩子长大成才，上大学是第一步，我当然特别开心了。

C：你为你自己的孩子高兴，但你现在对自己的感觉是什么呢？

S：我觉得骄傲。

桑德拉坐直了，说话时骄傲地挺起胸，然后又靠向椅背，再一次抱起胳膊。

C：这种过渡期给你的日常生活带来了哪些变化呢？你丈夫希望你找一份兼职工作，你对此有什么感受呢？你现在不需要照顾孩子了，对于找工作的事，你觉得怎么样？

S：呃，关于再回去工作的事，我觉得有些压力重重，实在不知道从何做起。我在家里的确是没有太多事要做了，但我还是没觉得自己要去干点什么别的事。

C：对于生活的变化，你感觉压力重重。

S：我觉得自己对不得不做的家务已经麻木了。我现在不再需要养育两个十几岁的男孩了，所以也几乎不用去商店了。

C：所以说，作为妈妈，你需要做的比以前少了，是吗？

S：是的，我觉得你说对了。哇，还真是。这让人有点儿伤心，不是吗？

C：作为妈妈，你之前决定让自己全身心地投入孩子的生活中，但现在他们去上大学了，你不能像以前那样为他们付出那么多了。

S：我猜他们也不像以前那样需要我了。而且我也不需要一有点儿紧急情况就跑回家了，比如忘记家庭作业或回家做练习之类的。

C：孩子们不像过去那么需要你了，即使是好事，比如孩子们上大学了，也仍然会让你觉得孤单和悲伤。

S：我为我的孩子们骄傲，但我也很想他们，我还想为他们做点什么。我常常想他们吃得怎么样，他们会不会洗衣服，这些事我之前从来没有担心过。不过，现在我感觉这不是我该操心的了，因为他们离开了我。我在这里，而他们不在。他们离开了家，现在不得不自己照顾自己了。

现在，桑德拉开始把自己的孤单和悲伤情绪与儿子们上大学联系在一起。桑德拉可能从来没想过，她会因为这种转变而丢失了一部分对自己作为一个母亲的认知，而当生活发生改变时，她也没有做好准备。现在，咨询师会帮助桑德拉处理失落、忧伤和悲伤等这些情绪，来帮助她适应生活的变化。

面质的有效性及评价

许多针对治疗结果的研究都表明，当来访者感到被困住时，最适当、有效的方式就是面质。运用面质可以鼓励他们追求更充实的生活，而不是接受或沉溺于现状。在运用这一方法之前，来访者与咨询师之间需要建立起稳固的关系，而且咨询师必须充分了解来访者的世界观。研究结果显示，面质已经成功用于有自残倾向（如自杀）的来访者身上（Popadiuk et al.，2008；Polcin et al.，2010）；也有研究表明，面质针对成瘾（包括烟瘾）的来访者也颇为有效（Kotz et al.，2009）。例如，针对有严重酗酒、毒品、精神病等相关问题的来访者，在使用面质 6 ～ 12 个月后，治疗效果十分明显。而且，研究人员发现，自我面质在有自杀倾向的来访者身上效果最明显，主要原因在于使用录像告诉来访者引发自杀的原因，并让其学会如何及时面对自己认知上的矛盾。

面质并非适合所有人，咨询师必须在关系建立之初就意识到这一点。例如，一项针对公共住房居民戒烟的研究指出，错误使用面质策略可能会导致治疗联盟的分离或破裂，并且会带来显著的不良后果（Boardman et al.，2006）。汤等人（Town et al.，2012）在研究中指出，有不止一项研究结果表明，正确使用面质会提升来访者感受当下情绪的能力。一项研究证实，以自我为中心或自恋的来访者往往会抵制面质（Shechtman & Yanov，2001）。

对于那些被困在原地且无法实现心理咨询目标的来访者，面质十分有效。已有多项研究结果表明，为确保面质的有效实施，与来访者建立有效的、共情化的关系至关重要。而面对有多元文化背景和特性的来访者，使用面质时要采用与其文化一致的变式。

面质的应用

现在，将面质应用于与你合作的来访者或学生，或者重温本书前言中介绍的简短案例研究。你将如何使用面质来解决问题，并在咨询过程中取得进展呢？

第 20 章

动机式访谈

动机式访谈的起源

心理咨询是实现改变的过程，咨询师会运用不同的方法、策略和技术帮助来访者做出改变，达到心理咨询的目标和目的，接下来将对此举例说明。如果来访者并不想改变，那么咨询师该怎么办？我以前经常会遇到有物质使用障碍、破坏性行为问题及其他各种问题的来访者，他们没有改变的动力。针对这一类来访者，我通常会先对他们进行预先心理咨询，或是进行旨在促使来访者准备好接受心理咨询的咨询。

米勒和罗尔尼克（Miller & Rollnick，2013）将这个过程进行了系统化，并创建了动机式访谈（Motivational Interviewing，MI），用来帮助来访者产生改变的内在动机，以实现心理咨询的目标。1983 年，米勒针对慢性酗酒者开创了短期干预，并注意到在干预期间，类似面质的方法只会增加来访者的阻抗。对此，提出了动机式访谈技术，旨在消除患有物质使用障碍的来访者的阻抗。米勒和罗尔尼克撰写了《动机式访谈：改变从激发内心开始》（*Motivational Interviewing: Helping People Change*）。如今，动机式访谈已经被广泛推广，还可以用于治疗其他健康和心理健康行为。

动机式访谈的发展主要受两个人的影响：卡尔·罗杰斯和詹姆斯·普罗查斯卡（James Prochaska）。米勒和罗尔尼克改编了罗杰斯的当事人中心疗法的核心领域——共情、热情、真诚和无条件的积极关怀。因为他们认为，消除来访者的阻抗并帮助他们改变，对建立起稳固的治疗联盟至关重要。然而，米勒和罗尔尼克故意偏离了罗杰斯的非指导性方式，他们认为，在处理来访者的矛盾情绪和阻抗时，直截了当的方法有助于来访者形成内在动机和自我效能感，进而促成改变。刘易斯（Lewis，2014）在一项研究中表示，动机式访谈借鉴了普罗查斯卡的跨理论模型中的五个变化阶段。

（1）前意向阶段：在这个阶段，来访者没有变化的需求。

（2）意向阶段：来访者虽然矛盾，但是愿意去权衡积极和消极因素。

（3）决定阶段：来访者意识到需要进行改变，但还没有承诺去改变。

（4）行动阶段：来访者承诺改变，并积极实现约定的咨询目标。

（5）保持阶段：来访者将变化融入新的生活中。

米勒和罗尔尼克提出动机式访谈具备以下三个关键部分。

（1）协同：要求咨询师与来访者以支持的方式共同探索来访者的动机。

（2）唤醒：要求咨询师激发出来访者的动机。

（3）自主：将改变的责任交给来访者，但要尊重来访者的自由意志。

与其说动机式访谈是一种理论或技术，不如说它是一种方法、过程或"存在的方式"，这是典型的罗杰斯的风格。研究人员称其为"一种温和、恭敬的交流方式，即与他人交流自己在改变上的困难，并针对依据自身目标和使自身潜能最大化的价值观做出不同的、更健康的行为的可能性进行交流"（Naar-King & Suarez，2011）。

如何实施动机式访谈

动机式访谈可作为综合性方法或方式应用，在转向下一个心理咨询方法之前，使用这种方法可以激发来访者的动机。使用动机式访谈的咨询师必须具备极高的情商，对情绪、反应、优势以及自身和他人具有挑战性领域也要有一定的认识（Tahan & Sminkey，2012）。情绪上的调频有助于咨询师观察来访者的交流和动机，进而了解需要对来访者的阻抗采取措施的时候，或是在什么时候需要对其放任不管。

米勒和罗尔尼克（Miller & Rollnick，2013）提出了动机式访谈的四项基本原则：表达共情、呈现差异、化解阻抗和激发自我效能感。表达共情体现了罗杰斯的核心条件，并能建起强大的治疗联盟。塔汉和斯明基指出，咨询师必须对来访者表现出无条件的接受，并运用反思和积极倾听技巧，确保来访者感到自己是被理解的，进而促使来访者理解其自身思想、感受和行为的意义。米勒和罗尔尼克指出，咨询师重视和接受来访者对改变的矛盾情绪也十分重要。使用呈现差异时，咨询师需要巧妙地帮助来访者用语言表达想法、感受和冲突，继而咨询师可根据这些情况指出来访者在现实中的生活方式与理想中的生活方式之间的差异。

米勒和罗尔尼克还提出了一系列帮助来访者呈现矛盾的技巧：开放式询问（open-ended questions，简写为 O）、肯定（affirmations，简写为 A）、反映技巧（reflection skills，简写为 R）和归纳总结（summary，简写为 S）（简称 OARS）。开放式询问（O）的问题不能简单地回答"是"或"否"，要促使来访者说出更多信息，并让来访者解释回答。要求来访者针对其思维、感受和行为说出具体的天数，也有助于咨询师了解来访者在这些方面的模式。刘易斯（Lewis，2014）指出，肯定（A）会传递来访者所说内容的价值，还可以帮助来访者认识到内在优势和资源。肯定需要诚实地反映来访者的具体行为或特性，目的是改善其自我效能感。进行肯定时，咨询师要避免使用"我"，这一点十分重要，因为这样来访者才不会有受到批判的感觉。利用反映技巧（R）可以传达共情，并能揭示潜在感受和来访者话语中的含义，让来访者感到自己被人理解，还可以让咨询师记录谈话，进而向来访者强调其当时没有意识到的重要信息。纳尔 – 金和苏亚雷斯还指出，更加复杂的、双面的反映可以揭露来访者对改变的混杂情绪，并有助于呈现差异。扬（Young，2013）指出，归纳总结旨在回顾并联系来访者说过的话，用这种方式促进来访者改善。刘易斯指出，咨询师要针对来访者对改变的感受和态度进行归纳总结（S），称为改变式谈话，也是设定目标之前的必要步骤。虽然一般在咨询结束后才进行归纳总结，但是动机式访谈建议，在一次典型的动机式访谈中应进行多次归纳总结，通常会在各个衔接点和过渡点进行。

第三个原则是化解阻抗。沃森（Watson，2011）指出，咨询师不应对抗来访者在改变时的阻抗，而应承认阻抗是变化过程中重要且常见的一部分。要知道，如果没有阻抗，改变当然就会轻而易举且早就会发生了。通过使用反映技巧，咨询师可以提供反馈，并可以从不同角度重构问题，甚至可以回顾来访者关于改变动机的早期言论。因此，刘易斯指出，咨询师要帮助来访者探索改变的正反面，这一点十分重要，咨询师甚至可以通过承认来访者的阻抗来增添一点波折，同时还要附加另外的观点，或是对来访者之前没有考虑的问题进行重构，进而将来访者引至一个新的方向。米勒和罗尔尼克指出，在化解阻抗时，要让来访者对自身的问题及解决问题的阻抗负责，这一点至关重要。

第四项原则是激发自我效能感。激发自我效能感可以强化来访者趋于改变的信念，进而改善其生活。让来访者分享过去克服困难、获得成功的故事可以提高其自我效能感。咨询师要鼓励来访者运用改变式谈话，它可以提升来访者的自我效能感，来访者随后还可能会对改变做出承诺（Watson，2011）。改变式谈话的多次应用是来访者准备好设定目标并采取行动的重要指标（Naar-king & Suarez，2011）。

最后，针对那些想促使来访者产生永久性改变意愿的咨询师，除了让来访者意识到改变是自身所需外，在与来访者的关系上，咨询师还要留有余地，让来访者能接受改变，咨询师还要为来访者提供改变的策略，并在来访者出现积极的行为改变时提出建设性意见（Tahan & Sminkey，2012）。

动机式访谈的变式

动机式访谈开始只是用于针对成瘾的心理咨询，但后来经过大幅调整，这个方法现在可以有效地应用在夫妻情感咨询、健康护理和刑事司法体系中，尤为适合团体咨询，以及那些改变时缺少内在动机的青少年和年轻人的心理咨询。在引入自主（认可和尊重所有团体成员）、协同（携手实现个人成员和团体的目标）和唤醒（激发改变式谈话和新的思想、新的行为的谈话）概念时，在团体活动的早期使用修正过的动机式访谈十分有必要（Young，2013）。团体工作者也可以借助 OARS 技巧来支持团体成员，用这种方式激发团体成员构建和实现目标的动机。

针对那些需要产生改变动机的青少年和年轻人，尤其是当这些青少年来访者存在物质滥用、吸烟、高危性行为、进食障碍和破坏性行为等问题时，常常会采用动机式访谈。对于年轻人来说，设置短期和长期目标是全新的构想，而且他们可能很难看清目标设置背后的逻辑。对于所有有阻抗情绪的青少年和年轻人而言，自主都是十分重要的发展性因素。而化解阻抗是动机式访谈的优势，因此尤为适合青少年和年轻人。

动机式访谈的案例

15 岁的白人男孩肖恩，因酒精成瘾被指控，法庭强制要求他接受心理咨询。肖恩并不想去，因此对咨询非常抵触。他认为身边的人都反应过度了，都是想要控制他，而且他认为身边的人才应该为他的问题负责。他坚持认为，如果这些人不再管他，让他更独立，那么一切就都会变好的。

咨询师（C）：肖恩，上次我们谈到你酒精成瘾，你跟我说你喜欢喝酒，而且这对你
来说一点儿都不危险。你还告诉我你妈妈发现你喝酒时特别生气，她认为你的这

种习惯很令人担心。你想继续谈谈吗？

肖恩（S）：我确实是这么认为的。因为我妈又在我房间找到了酒，她还威胁我说要告诉保释官。她太蠢了！她说她不想让我惹麻烦，但又要打电话告诉我的保释官，这就是要给我找麻烦。这简直没道理，我希望她以后都别再管我了！

C：也就是说，因为你妈妈可能会把你酒精成瘾的事告诉保释官，所以你很生她的气。

S：我生气是因为她不应该多管闲事。

C：如果她不再管你的事了，那么你觉得会发生什么呢？

S：什么都不会发生，绝对就会没什么事了！我不会被抓，也不会有麻烦。

C：所以，如果你妈妈无视你酒精成瘾，你就可以继续喝酒了，也不会有什么影响，是吗？

S：呃，也许是吧……就是这个意思，不会有什么问题。

C：你说的"也许是吧"是什么意思？

S：我申请了一份在油漆公司的工作，如果他们让我做血检，那么我猜我可能就得不到这份工作了。

C：你想要那份工作吗？

S：想。

C：即使你不得不戒掉酒精，是吗？

S：呃……我不需要完全戒掉，我只需要停一段时间。

C：你到了什么时候才会不再喝酒呢？

S：我不知道。

C：嗯，那为什么不现在就不喝了呢？这样你妈妈就不会再唠叨你了，而且你也能为这份工作做好准备。

S：不，我不需要现在就停。我不在乎我妈怎么想，而且，如果他们需要我做血检，他们就会告诉我。

C：继续喝酒对你有什么好处呢？

S：嗯，我喜欢喝酒。这没什么大不了的，我只是喜欢喝而已。

C：所以，你会很开心吗？

S：是的，我会很开心。

C：还有什么呢？

S：什么"还有什么呢"？难道这一点还不够吗？

C: 喝酒还会给你带来其他什么好处?

S: 嗯,没有了。

C: 那如果你戒掉酒精,又会怎样呢?

S: 我妈妈肯定会很高兴。

C: 嗯,你会让你妈妈很开心。那你那份工作呢?

S: 我随时都可以准备好去工作。

C: 而且你很喜欢那份工作,所以这样也会让你很开心,是吧?

S: 当然了。

C: 所以,如果你不再喝酒,你妈妈就不会再唠叨你,你也可以为油漆公司的工作做好准备,这都是你希望发生的事情。

S: 是的。

C: 那么,你还在喝酒,这样你怎么能让这些事发生呢?

S: 如果我妈妈能不管我,不给我惹麻烦,这些事就会发生了。

C: 肖恩,你能做什么呢?

S: 我可以戒掉酒精,但是我不想戒。

现在,肖恩已经在思考改变会带来哪些好处了,咨询师把肖恩拒绝戒掉酒精的现状与他的目标联系了起来,这样肖恩可能就会开始意识到酒精成瘾给他的生活和他在乎的事带来了困扰,即便其中有的事可能不会让他妈妈开心。而这就是改变的动机,肖恩最后的一句话"我可以戒掉酒精"就明显反映出这一点。虽然他说他不想戒掉酒精,但是他也已经意识到,这也是他的一个选择。动机式访谈的应用过程非常漫长,以上只是整个过程中的一个片段。

动机式访谈的有效性及评价

米勒和罗尔尼克的著作如今已被翻译成多种语言,并且在全球范围内都很流行。动机式访谈的成效已经被200多次临床试验所证实,据美国国家循证治疗项目注册系统(National Registry of Evidence-Based Programs)报告,在满分为4.0的情况下,动机式访谈所获得的综合评分为3.9分。研究表明,当期望且需要评估特定的行为(如使用避孕套、进行营养饮食、限制酒精摄入)变化时,使用这一方法的效果最为显著(Koken et al.,2011;Lewis,2014)。研究证实,动机式访谈针对减少青少年的风险行为颇为有效

（Koken et al., 2011）。还有研究表明，这个方法能有效改善青少年的学业成绩和出勤率，还能使高中的辍学率降低10%（Kaplan et al., 2011）。研究人员对动机式访谈随机对照实验进行了元分析，结果表明，一个或多少动机式访谈疗程将有效提高来访者设定与健康行为相关的目标的意愿（VanBuskirk & Watherell, 2014）。

医疗人员也成功运用了动机式访谈。美国医学会（American Medical Association）十分赞同使用动机式访谈进行低强度干预，以促进与健康相关成果（如减肥）的产生。针对患有心血管疾病的来访者，哈德卡斯特尔等人（Hardcastle et al., 2012）在6个月的低强度干预期间使用了5次面对面的动机式访谈，结果表明，来访者的血压、体重和体质指数（Body Mass Index, BMI）在接受治疗后都发生了实质性的改善，但在一年后的随访中，这些改善并没有得到保持。格勒内费尔德等人（Groeneveld et al., 2010）对有心血管疾病的被试使用了动机式访谈，结果表明，与采用一般疗法的被试相比，使用动机式访谈的被试的血压、体重和胆固醇都降到了比较低的水平。弗莱明等人（Fleming et al., 2010）进行了随机对照实验，他们以大量大学生为被试，在两个时长为15分钟的咨询会谈和医生的两次电话随访中实施了动机式访谈，结果发现，这些学生在28天中的饮酒量总体上有所减少。然而，这一方法针对降低重度饮酒频率、减少医疗服务、受伤、酒后驾车、抑郁和烟草使用的效果上则没有出现显著差异。

当然，动机式访谈常被用于药物滥用者，现有研究支持继续应用动机式访谈，以防止辍学行为，以及改善药物使用及其他成瘾行为。一项针对患有焦虑和情绪障碍的青少年的临床试验表明，随机分配到动机式访谈组的参与者参加了更多的团体治疗，并表现出比对照组更多的积极性（Dean et al., 2016）。

还有研究人员通过电话实施了动机式访谈。针对患有多发性硬化和重度抑郁症的来访者，邦巴尔迪耶等人（Bombardier et al., 2013）通过电话实施动机式访谈，并结合运动治疗。结果发现，与对照组相比，这种干预方法显著降低了来访者的抑郁水平。此外，西尔等人（Seal et al., 2012）对有精神健康问题的退伍军人通过电话实施了动机式访谈，结果表明，这些退伍老兵更可能去寻求精神健康治疗以解决其具体担忧。摩根斯顿等人（Morgenstern et al., 2012）在研究中指出，改变式谈话是动机式访谈的优势，而且当采用OARS促使来访者进行改变式谈话时，会有比较高的行为改变度。重要他人也会影响来访者的改变式谈话。在一项旨在降低酒精依赖的研究中，阿帕多卡等人（Apadoca et al., 2013）发现，让被试的重要他人参与支持性谈话后，更容易让来访者产生积极的改变，并实现更高程度的行为改变。所以，动机式访谈的应用和补充可能会产生积极影响，也可能不产生影响。例如，针对实现减少物质滥用和高危性行为的目标，萨斯曼等人（Sussman et al.，2011）对来访者采取了两种不同的方式：12 次的高校课堂指导项目，以及 12 次补充了 3 次 20 分钟动机式访谈的相同项目，而且其中两次动机式访谈是通过电话完成的。结果表明，这两种方式所取得的结果并没有显著差异。

动机式访谈的应用

现在，将动机式访谈应用于与你合作的来访者或学生，或者重温本书前言中介绍的简短案例研究。你将如何使用动机式访谈来解决问题，并在咨询过程中取得进展呢？

第 21 章

优点轰炸法

优点轰炸法的起源

优点轰炸法源于人本存在主义，也可以说是源自认知行为范例。使用优点轰炸法的前提条件是，当来访者接收到他人基于优点的交流并将其内化到内部对话时，其心境、自我知觉和自我形象可以得到改善。优点轰炸法并不关注过去的经验（精神分析）或行为（行为主义），而是塑造来访者当下的知觉和感受。在这些基于优点的正面认知和感受被内化后，就可以成为来访者以后遇到不安或创伤性事件时获得恢复的力量之源。

如何实施优点轰炸法

优点轰炸法适用于个体心理咨询和小团体心理咨询。无论是应用于哪种情况，一开始就与来访者建立稳固的治疗联盟至关重要。这种同盟要以相互间的尊重和诚恳为基础，这样来访者才会认为优点轰炸法是由治疗关系真诚延伸而来，并认为咨询师对自己的欣赏是诚恳的。否则，来访者可能会否定自我肯定的尝试，并会忽视自身的感受、思想和行动。

斯蒂尔（Steele，1988）提出，当用于个体心理咨询时，优点轰炸法是一种自我肯定技术，可以与第 2 章中所讲的例外技术结合使用。当将优点轰炸法（自我肯定）用于个体来访者时，针对其经历并成功克服（或者至少部分成功克服）的类似挑战或麻烦，咨询师会要求来访者回顾那些时刻和情境，关注来访者在事件发生时展现出的优点和成功特性，帮助来访者识别它们，并将它们——列出。

有些来访者可能很难回忆起成功案例，或是很难认识到自己在事件中展现的优点，这时候可能就需要咨询师利用有效的访谈技巧指明这类信息和经验。例如，咨询师可以这样提醒来访者："尽管当时困难重重，充满挑战，可你依然渡过了难关，你是怎么做到的呢？""当你大获全胜的时候，你感觉怎么样？你对自己说了什么呢？"来访者有时可能会低估自己的成功，或者在事情发展并非百分之百顺利时对自己过于苛责。此时，咨询师要反驳来访者的行动、想法和感受中的消极认识，让其关注成就和成功的感觉，无论这种成就或成功多么微小，这一点十分重要。

优点轰炸法曾被用于小团体干预，可以让来访者听到别人对其优点的认同，进而内化自我肯定，提高自我形象。后续重点是让来访者学会利用优点应对以后可能会遇到的情境和困境。这样这种方法就是颇为典型的基于优点的心理咨询方法，促生的优点轰炸法内容可以成为来访者应对未来磨炼时获得恢复的力量之源。当将优点轰炸法应用于小团体咨询中时，通常会一次只关注一个成员，咨询师通常会说："我们来快速转一圈吧，现在每个人都来说一说，告诉 ×× 一件你发现的与他有关的事，一定要是积极的特点或技能！"或者说："我们来帮帮 ×× 吧，一起找出她的性格特质或者性格优势，这些可以帮助她解决她正面临的问题。"在团体干预的结尾，通常也可以使用优点轰炸法，活动中的团体领导会给成员提出这样的要求："请说一件与 ××（目标成员）相关的并且是你喜欢或欣赏的事。"团体领导要让所有成员依次发表看法，这样每个成员就都有机会听到别人对自己的看法，也有机会将自己对其他成员喜欢或欣赏的事表达出来。当然，一定要保证分享的是积极的特点，这一点至关重要。还要注意，要根据团体的个人需求量身定制优点轰炸法的内容。

无论是用于个体来访者还是小团体，咨询师都要与每一个目标来访者沟通，以便理解信息是如何被接收和整合的。这样，无论在什么情况下，都能将其重构成积极和富有成效的信息。咨询师有时还要重述、阐明或澄清团体成员所分享的信息，以便获得最佳效果。这种"签到"的方法可以让来访者对干预的有效性给予评价性反馈，还能让来访者对他人意见的效用给予反馈。我们只希望所有人都能意识到，基于优点的方法对目标来访者和贡献者都有益处，这样可以让所有人都感到被赋权、被认可，并有积极的感受。

优点轰炸法的变式

优点轰炸法的变式之一是让来访者写下所能认识到的所有优点，并将自我对话作为每天的家庭作业。家庭作业的内容是让来访者回顾优点，并将其认识到的优点纳入自我对话中。咨询师可以给来访者布置家庭作业，让来访者把一周内发现的所有优点列成清单。无论是用于个体咨询还是用于团体咨询，都可以这样安排。

当应用于个体来访者时，优点轰炸法或自我肯定可以当作免疫或预防复发法，与第5章讲述的标记雷区技术法颇为相似，这样可以保护来访者的自尊免受威胁。咨询师可以让来访者详细讨论其问题解决方案的优势、益处和价值观，进而形成一个保护层，使来访者的自我概念在未来免于受到威胁。在后续谈话中，要提醒来访者已认识到的特点，并提醒来访者如何利用已经获得的成功来保护自己避免受到当下或未来斗争带来的负面影响。研究人员指出，当来访者直面当下的斗争时，如果表现出恢复力和自我肯定，那么不仅能更有效地解决困难，还能对其优点和恢复力进行再一次的肯定（Lannin et al.，2013）。

当应用于团体心理咨询中时，优点轰炸法有很多种创新性变式。例如，咨询师可以给每位小组成员发一张卡片，并让他们在卡片最上方写下自己的名字。然后，轮流传递各张卡片，每个人都要在卡片上写出卡片所有者的一个优点或是令人欣赏的品质等。在转了一圈后，卡片回到所有者手里，各位成员可以分享一些与所列品质相关的事，还可以分享自己关于所获肯定和本次活动的感受。可以将卡片上的优点或品质作为基础并扩大使用范围，如让来访者在困难时刻回顾卡片，借此想起自身优点和积极品质。

优点轰炸法的案例

案例1：萨拉的案例

以下是在个体心理咨询访谈中应用优点轰炸法的案例，也是自我肯定的应用案例。27岁的萨拉是一位新手妈妈，她患上了产后抑郁症。多年来，她一直都因抑郁接受心理咨询。为了让萨拉做好准备，迎接孩子来临后带来的变化，咨询师让萨拉给自己写一封信，信中要概述过去的成功事件，还要详细说明自己的优点。在孩子3个月大时，萨拉又回来接受心理咨询了。在咨询开始时，咨询师要求萨拉先读一读自己几个月前写的那封信。

萨拉（S）： 亲爱的萨拉，你好，我是萨拉，我写信是想告诉你，事情并没有那么糟糕。你总是自责不已，你真的不应该这样。你是个富有活力的、坚强的女人，你也很勇敢。你走过了许多困境，尽管当时举步维艰。此时此刻，你可以回首往事，然后为自己感到骄傲，你所经历的一切都让你变得更加坚强。你还记得你最好的朋友死于车祸的时候吗？你以为你再也不会开心了，但是上周五，你和朋友们出去玩得很开心。没错，尽管她无法再陪在你身边确实让你很伤心，但这并没有阻止你向前看，因为她不希望看到你这个样子，你也不想这样。在你看到这封信的时候，你正准备攀登和征服另一座大山，那么，请记住，没有什么能阻止你去攀登那座山，你依然可以做得特别好！越是困难的事，回报越是丰厚，所以，努力去赢得回报吧！这是你应得的。最重要的是，记住我爱你，我为你所做的一切感到骄傲。爱你的，萨拉。

咨询师（C）： 哇。看看你写给自己的话多么强有力。你还记得你写信时是什么感觉吗？

S： 嗯……我……我感觉棒极了。我觉得自己很强大，因为当时一切都很美好，所以我当然会感觉很棒。但是有了孩子后，事情就几乎不可能再"美好"了。

C： 有孩子后，生活会变得比较艰难，而且会变得难以预料。可是，这真的就不"美好"吗？

S： 我的意思是，你看我现在，我没办法睡觉，房间乱糟糟的，而且我觉得自己再也没办法做别的事了。

C： 你的宝宝怎么样？

S： 他很乖，只有饿了或者需要换尿布的时候才会哭，然后就心满意足了。

C： 所以当他哭的时候，你满足了他的需求，然后他就开心了，对吗？

S： 是的。

C： 听起来你是个很细心的妈妈。

S： 哦，是。我总是把他带在身边，或者在他睡觉时用监视器看着他。

C： 所以你是个好妈妈。

S： 我想是吧……

C： 请大声说出这句话："我是个好妈妈。"

S： 我是个好妈妈。

C： 请说这句话："在履行母亲的职责上，我做得很好。"

S：（大笑）在履行母亲的职责上，我做得很好。

C: 你觉得你在信中对自己说的是事实吗？

S: 是的，所有这些都是真的，即使我有时会忘记。

C: 那你听到后相信这些话吗？

S: 是的，我相信这些话。因为这是我自己写的，而且都有道理。我猜我只是忘记了，而且我害怕事情不顺利。

C: 在信中，你提醒过自己，事情不可能一帆风顺。

S: 但是我仍然能扛过去，所有努力都是值得的，生下儿子也绝对是值得的。

萨拉现在被赋权了，她给了自己力量来消除消极思想。她很容易找回自我概念，因为她本来就有。这个方法只是强化了萨拉本来就坚信的真理，只要多加练习，就会让她更容易做到这一点。

案例2：在团体会谈中应用优点轰炸法

在针对成人的小团体干预中，咨询师在会谈的最后运用了优点轰炸法。这个团体的成员都在应对过度紧张和抑郁。

咨询师（C）： 我们的团体会谈就要结束了，我希望你们来参加一个活动，叫优点轰炸法，也可以叫肯定活动。在今天的会谈接近尾声时，我们来讲一些团体成员的优点和特点。西尔维娅，你就坐在我旁边，如果你不介意，就从你开始吧。

西尔维娅： 当然可以。

C: 我们会绕一圈进行，每个人都要说一件你所欣赏的、关于西尔维娅的事，可以是她让你敬佩的个人优点和品质。像平常一样，每个人都可以说。哈维尔，从你开始怎么样？

哈维尔： 嗯。好的。这个很容易。当有人心情低落时，西尔维娅总会说一些友好和鼓励的话。不管她是不是对我说的，我听到后都会觉得好多了。

C: 谢谢你，哈维尔！你说得很好。我会把你们每个人所说的都记下来，这样我们就可以为每个人都列一份清单了。埃博妮，请你来说吧！

埃博妮： 我喜欢她的微笑，每次看到她灿烂的笑容，我都会觉得开心多了！

西尔维娅：（明朗地笑）谢谢你，埃博妮！

迈克尔： 该我了。我们多次讨论过共情和情绪。看得出来，西尔维娅往往都能对我的痛苦感同身受，她是真的关心我、关心我们大家。当知道她和所有人都很关心我，关心我的情绪—— 其实是我们所有人和我们的情绪的时候，我会很容易参与进来，分享一些私人的事情。谢谢你这么关心我们。

活动继续，直到所有人都发言完毕，咨询师才转向下一个成员哈维尔，然后又一次重复这个过程。

咨询师需要决定是否参与其中，或只是发挥促进作用。而且，虽然这是一个系统性轮流进行的活动，但也可以随机进行，团体成员可以插话。在随机过程中，咨询师必须确保没有人被漏掉。

优点轰炸法的有效性及评价

针对优点轰炸法效果的研究并不多，不过有关自我肯定的相关研究表明，自我肯定针对改善情绪和自我概念十分有效。而且，有很多研究将自我肯定纳入大型治疗方案中，所以自我肯定和优点轰炸法的效果很难单独进行分析。

一项以青春期少女为对象的研究探讨了自我肯定活动对体型和体重的看法的影响（Armitage，2012）。研究人员发现，与对照组相比，被试在参与自我肯定活动后对体型的满意度增加了，并且在自我评定过程中产生的威胁级别也降低了。一项针对拉丁裔学生的研究发现，自我肯定活动可以让被试对刻板印象和认同威胁免疫，相对于没有参加自我肯定活动的对照组被试，他们可能会获得更高的学业成就（Sherman et al.，2013）。斯科特等人（Scott et al.，2013）的一项研究证明了自我肯定能减少酒精饮用量。

希利（Healy，1974）在早期研究中探讨了优点轰炸法用于团体的有效性，在职业咨询中运用这种方法可以提高团体成员的自我效能感并强化自我概念。此外，在小学生和有特殊需求的儿童团体中运用优点轰炸法效果显著。最后，使用其他表达介质（如绘画、贴纸、串珠、印章、黏土、玩具等）也能促使来访者产生自我肯定，或者促使其肯定团体中的其他成员。

优点轰炸法的应用

现在，将优点轰炸法应用于与你合作的来访者或学生，或者重温本书前言中介绍的简短案例研究。你将如何使用优点轰炸法来解决问题，并在咨询过程中取得进展呢？

第六部分

基于认知行为理论的技术

认知疗法是在行为疗法的作用下应运而生的一种疗法，这些行为疗法不看重甚至否定了思维在心理咨询中推动改变的重要性（见第九部分和第十部分）。在过去的几十年里，业内对单独将行为疗法和认知疗法用于心理咨询的热情已经减弱，越来越多的咨询师意识到，尽管单独使用认知疗法或行为疗法能够产生有益的变化，但将两种方法结合使用效果更加明显，认知行为心理咨询疗法实践活动由此诞生。以阿尔伯特·埃利斯（Albert Ellis）、威廉·格拉瑟（William Glasser）、唐纳德·梅肯鲍姆（Donald Meichenbaum）以及其他理论研究的先驱，在认知行为理论的基础上发展了心理咨询理论。而促使认知行为疗法出现的另一个推动力就是管理式保健方案的重要性，将认知行为疗法作为一种高效节约时间和成本的治疗手段加以推广。在这个部分，将介绍七种认知行为技巧。

自我对话（self-talk）使来访者能够观察自己的内心对话（大多数人在 8 岁时就能做到这一点）并改变这种对话，目的是思考积极肯定的自我信息（又称正自旋循环），同时可以阻止产生自我挫败感或消极的自我信息（又称负自旋循环）。

重构（reframing）要求咨询师以更积极或富有成效的方式改造（重构）来访者感知的问题情境。例如，叛逆期的青少年行为可以被重构为想要获得独立权或决策自主的实践。类似地，问题不再被视为适应不良或病态的，而是发展型的甚至是亲社会的（例如，她是在告诉你，她正在试图努力成为一个成年人）。重构通常被视为阿德勒疗法，因其有很强的认知要素，所以也是认知行为疗法。

对可能达到痴迷程度的重复性思维循环，思考中断法（thought stopping）特别有效。这个技术可以从生理上打破人的认知自旋循环，取而代之的是构建了积极的自我对话和陈述。认知重构（cognitive restructuring）可以帮助来访者通过更积极的思维和解释方法取代侵入性思维，从而系统地分析、处理和解决认知方面的问题。

本部分所讲的认知行为疗法还包括理性情绪行为疗法（Rational Emotive Behavior Therapy，REBT）。这更像是通过一个循序渐进的过程，来教授和帮助来访者改变扭曲的想法。因此，这里精选了理性情绪行为疗法的 ABCDEF 模型，而理性情绪意象技术是理性情绪行为疗法的关键部分。

研究表明，在减轻压力、治疗单纯恐怖症方面，很多认知行为疗法特别有效。系统脱敏疗法（systematic desensitization）是以相互抑制为基础，将主观痛苦值（Subjective Units of Distress Scale，SUDS）和恐惧层次结构纳入一个程序中，让来访者在放松的状态下体验恐惧事件，由此打破典型的条件反应式恐怖症的循环。

本部分涵盖的最后一种疗法是应激预防训练（Stress Inoculation Training，SIT），最初是由唐纳德·梅肯鲍姆提出的，可以帮助来访者系统地应对并解决基于认知的压力源。

基于认知行为理论的技术的多元文化意义

与人本现象学理论或心理动力学理论一样，认知行为理论也强调和谐关系与治疗联盟的重要性。但与其他疗法的不同之处在于，认知行为疗法不要求来访者透露私人生活细节或过去的事件，也不要求他们关注强烈的情感。认知行为疗法关注当下，以一种合乎逻辑、明确、不具威胁性的方式进行治疗，使所有来访者感到被赋权。这个疗法尤其会引起有系统性思维个体的兴趣，因此，该疗法通常会吸引各种文化背景的来访者，尤其是所处文化不鼓励分享家庭相关问题（如拉丁美洲文化）、探究或表现出强烈情感（如亚洲文化）的来访者。

这个疗法可适用于多种技术，可在多种文化背景间转换，包括性别、民族、社会经济、残疾和性取向等。将认知行为疗法用于探索非裔来访者的消极期望并创造更多积极期望时效果显著。而来自较低社会经济阶层的来访者通常认为，认知行为疗法使他们发现自己可以掌控事件以及在所处环境中控制自己对事件的认知，从而使他们有能力发展出积极期望，并使用积极的方法来改变自己的生活。

认知行为咨询师通常使用有时间限制的方法，这就要求来访者具有清晰、合乎逻辑的思维能力，但是许多来访者认为这种疗法很肤浅，无法满足他们的情感需求或自我意识需求。当然，与其他疗法类似，基于认知行为理论的一些疗法需要更多的训练和丰富的经验。运用认知行为疗法的咨询师应该是不带偏见的、不具威胁性的，能够接受来自不同文化背景、拥有不同世界观的来访者，这样咨询师就不会将来访者或来访者的问题和行为视为恶劣或低劣的，他们认为来访者的问题源于扭曲的想法，而这些想法可以通过分析进行改善和修正，以适应复杂多变的社会文化环境。

认知行为疗法允许来访者和咨询师在强调治疗关系重要性的同时，协作改变信念、认知和行动。与理性情绪行为疗法类似，这些疗法也不质疑文化价值观或实践，这反而对来访者所处文化中的"应该"和"必须"等僵化信念提出了挑战。这些疗法允许来访者决定是否要坚持、放弃或修改感知到的规则，并对来访者的想法、情感和行为给予更多自由度和灵活性。

咨询师必须注意，在了解来访者信念形成的文化背景前，不要质疑来访者的信念，因为多数来访者不愿意接受或拒绝接受他人对其基本文化价值观的质疑。例如，一些阿拉伯裔来访者持有非常严格的与宗教、家庭和儿童抚育相关的习俗和信仰，如果对与这些习俗有关的动机或行为进行质疑甚至争论，那么可能会让来访者陷入额外的困境。

认知行为疗法非常具有指导性，咨询师经常被来访者视为专家。来自某些文化背景（如西班牙及亚洲的某些国家）的来访者可能愿意接受"咨询师是专家"这种认知，但有些来访者（如一些男性）对于这种认知感到不太舒服。至关重要的是，咨询师不要与来访者形成依赖关系，否则来访者可能会认为咨询师是个无所不知的专家。有多元化民族、宗教背景的来访者，往往更喜欢这种直截了当甚至是严肃的认知行为疗法，因为这些疗法关注的是来访者的想法和后续的行为，而非他们的本性、社会文化背景或文化信仰。

第22章

自我对话

自我对话的起源

琳达·塞利格曼和劳里·W.瑞森伯格将自我对话描述为人们每天与自己进行的一种积极鼓励。当遇到棘手问题时，个体可以采用自我对话法，重复说一些对自己有益的和鼓励性话语。自我对话源自理性情绪行为疗法（见第 26 章）及其他认知行为疗法。理性情绪行为疗法认为"人们会对自己提出不合理要求"，从而导致心理障碍。自我对话建立在自我信念的基础上，是一种自我实现，在有效帮助人们学习应对非理性信念方面具有重要作用。自我对话是一种技术，采用更积极的自我对话可以阻止非理性信念，发展积极健康的思想，也是处理自身负面信息的一种方式。

自我对话分为两种类型：积极自我对话和消极自我对话（Egan，2013）。个体的自我对话会受他人（如父母、老师、同伴）对自己评价的影响。如前文所述，积极自我对话是咨询师想要来访者学会的一种方法，当人们采用积极自我对话时，更容易保持动力并坚持实现自己的目标。而消极自我对话往往会被悲观情绪和焦虑所支配，阻碍了来访者的进步和成功。研究人员审查了与消极自我对话相关的常见思维类型，结果发现，排名前三的问题分别是人际关系、外貌和人格特征（Borto，Markowitz，& Dieterich，2005）。谢弗（Schafer，1999）确定了至少 16 种不同类型的消极自我对话，包括否定（只关注消极方面）、灾难化（认为将要大难临头）、以偏概全、责备、完美主义、自责式、控制谬误（一切事情都在控制之中）、二分法思维（全或无的心态）、夸大等。通过使用自我对话改变绝对性思维，可以使来访者对局面获得更多的控制感。不过，消极自我对话并非都是不健康的，有时也可帮助个体识别危险境况。因此，找到积极自我对话与消极自我对话之间的平衡至关重要。

如何实施自我对话

在教授来访者如何使用自我对话前，咨询师应首先与来访者建立合作，培养来访者对自我对话和治疗的积极态度会很有帮助。要做到这一点，咨询师和来访者应评估来访者的自我思维，识别对来访者健康有益的思维，在教授来访者使用自我对话的过程中，咨询师可以让来访者关注这些思维。

对抗法是一种减少消极自我对话的常用方法，分为四个步骤。第一步的目标是发现并讨论来访者的消极自我对话。为达到更好的效果，咨询师有必要了解来访者的消极自我对话类型、发生频率及出现的情境。扬（Young，2017）建议，让来访者携带记录自我批评的索引卡，不仅可以为咨询师提供有价值的信息，还可以帮助来访者理解进行自我批评时的感受。

经过一周的自我监督后，咨询师和来访者可以进行反抗法的第二步，目标是了解来访者的消极自我对话的目的。当咨询师查看来访者的索引卡时，通常会出现三四种常见情况。对咨询师来说，帮助来访者理解信念存在的基础十分重要，因为来访者出于习惯和自我保护往往不会轻易放弃他们的信念。为了探索消极自我对话的影响，咨询师可以问来访者这样的问题："侵入性思维对我有什么益处或者我对此有什么感受？"研究这一领域不仅可以帮助来访者和咨询师理解消极自我对话的基础，还可以让来访者意识到，他在咨询过程中还有其他想做的事。

一旦来访者意识到他产生消极自我对话的原因，咨询师就可以帮助来访者反驳侵入性思维或发展与其相反的自我陈述。最有效的对抗可以阻止非理性信念，而且与来访者的价值观保持一致，应与质疑的语句模式相同，即用图像对抗图像，用思想对抗思想。"我"（I）和"我"（me）等类似的词，可实现对抗的个人化。而且，对抗措辞应该是积极肯定的、使用现在时态并符合实际，还要便于记忆和经常重复（Ellis，1997a）。如果咨询师的来访者是"必须"型的（如必须得到他想要的一切），那么一种有效的对抗方式就是告诉自己："我从来都不需要我想要的，我只是喜欢它。"

对抗法的最后一步是让来访者在练习后回顾这些方法，练习对抗所需时长各不相同，但通常需要一周以上。可用主观痛苦值（Subjective Units of Distress Scale，SUDS）（见第 29 章）评估对抗法的有效性。首先，以 100 分为满分，用 SUDS 确认来访者的消极自我对话；然后，再次用 SUDS 评估新的不适程度，可用第一次得分减去第二次得分算出对抗的有效性。如果不适感降低，那么对抗就是有效的，且第二次评分下降得越多，对抗就越有效。对于评估为无效的对抗，应进行修订，再次练习并再次评估，直至找到有效的对抗方法。

自我对话的变式

自我对话的一种变式是 P 与 Q 技术，即当来访者开始使用消极自我对话时，让他们暂停（P）、深呼吸并提出质疑（Q），来弄清楚让他们感到苦恼的原因。其中一个质疑应对所发生的事件给出其他解读，以便来访者恰当地处理自己的感受（Shafer，1999）。

即时回放是自我对话的另一个变式。当来访者意识到自己正在以一种不喜欢的方式应对某事时，他需要捕捉消极自我对话，挑战并改变它。为挑战消极自我对话，来访者可对消极自我对话属于事实或歪曲的、适度或极端的、有益或有害的进行评估。当与儿童一起工作并试图识别他们的自我对话时，咨询师可以让儿童将想法想象成思想泡泡，这些思想泡泡在脑中流动，就像漫画中呈现的一样（Southam-Gerow & Kendall，2000）。这种方法使自我对话的概念变得更简单，更易于儿童理解。

自我对话的案例

17 岁的妮可是一名高中毕业班学生，患有考试恐怖症。以下对话是贯穿本书几个章节的起始部分，整个对话涵盖自我对话、深呼吸法以及最后实施的系统脱敏法，提供了一些关于妮可的症状及其影响的初步信息，最后以量表结束。在治疗过程中，咨询师还教授妮可使用视觉意象法并进行渐进式肌肉放松训练。妮可被转介过来是为了进行心理教育评估，以便解决学习无能和注意力问题，在评估过程中，咨询师发现她有明显的考试恐怖症，这才是她最主要的问题。

咨询师（C）: 两个月前，我们讨论过你会因测试、考试和参加考试等事件感到恐惧和焦虑。能再跟我说说吗？我想多了解一些情况。

妮可（N）: 嗯，在考试前我会非常紧张，甚至会因紧张影响考试成绩。

C: 你的考试成绩受到了影响，是什么意思？

N: 因为我很担心考砸了。

C: 当你担心或认为你做得不好时，你是怎么想的呢？

N: 比如，我会想，我的天啊，如果我做得不好怎么办？如果我做错了会发生什么？诸如此类。

C: 你是在自我对话吗？是在脑海中与自己对话吗？

N: 我告诉自己要冷静。

C: 你告诉自己要冷静。你还跟自己说了什么会让你变得更加焦虑和紧张的话呢？

N: 我会告诉自己，我一定要做好，否则就有大麻烦了。

C: "否则就有大麻烦"，会有什么大麻烦呢？

N: 比如"失败了就考不上好大学了"之类的话。

C: 当你对自己说这些时，你感觉如何？

N: 感觉很糟糕。

C: 你的身体也有这种感觉吗？

N: 我的胃和脖子感觉不舒服。

C: 还有其他地方感觉不好吗？

N: 没了。

C: 是胃疼和脖子疼吗？

N: 是的。

C: 在你今天来之前我给你安排过家庭作业，让你写下当你感觉焦虑不安时会对自己说的话。我们将你在心里思考时对自己说的话称为认知自我对话。你可能会想到消极的、讨厌的和令你感到受伤的事情，使你陷入疯狂的状态，让你的胃感觉七上八下，开始感觉脖子疼，或者也可能会想一些积极的或肯定性事件。

N: 是的。

C: 如果你想到一些积极的和肯定性事件，你就不可能想到……

N: 不好的事情。

C: 对，不好的事情，我们称之为交互抑制，这意味着你不可能同时做两件截然相反的事。因此，如果你有积极向上的想法，就不可能会想到消极的或令人感到受伤的事。

N: 好的。

C: 所以, 我想让你做的一件事就是希望你跟我分享一些你会对自己说的积极的话, 而不是说 "我一定要做好, 否则我就有大麻烦了, 或者考不上好大学了" 这样的话, 因为这类想法肯定会让你焦虑并担忧。那么, 你会对自己说什么呢?

此时, 妮可将手伸进口袋, 拿出一张纸, 上面写着她进行自我对话的内容。

C: 啊, 你已经写下来了。

N: 我把这当作家庭作业写下来了。

C: 看得出来你对待这些问题很认真, 我很欣赏你截至目前所做的努力。纸上写了什么呢?

N: 嗯, 是关于我跟自己说的话: "别担心, 最后一切都会变好的, 所以紧张也没有用。"

C: (写下来) "别担心, 紧张是没用的。" 还有其他的吗?

N: 我告诉自己深呼吸并放松。

C: 很好, 深呼吸并放松。你是否做过深呼吸呢?

N: 做过好几次, 在我真的失控时, 我会做。

C: 感觉如何呢?

N: 还可以, 管用。

C: 好的。请背靠在椅子上, 闭上眼睛, 然后大声说出你对自己说的话, 如: "这次考试我一定会取得好成绩!" "我一定会考上一个好大学!" 我希望你感受身体的紧张感。(停顿 15 秒) 现在, 我要你说一些让自己平静下来并放松的话, 如: "别担心, 一切都会好起来的, 不要为此感到有压力, 深呼吸, 放松。" (停顿 30 秒) 感觉如何?

N: 非常好, 我不再觉得紧张了, 而且感觉自己更积极了, 就像我真的可以做到一样, 无所畏惧。我很好奇在考场上用这种方式是否管用。

C: 很好。你是否发现, 每当你想到糟糕的、令人讨厌的事, 想到如果在考试中没有取得好成绩, 生活将会怎么样之类的事时, 你就会感到非常焦虑并紧张, 量表分数一路攀升。但当你持有冷静和放松的想法时, 我看到你对自己说话后, 你真的在做深呼吸, 然后你就开始放松了, 而且感觉好点了。

N: 是的。

C: 很好, 这就是基于交互抑制理论原则的认知自我对话, 也就是说, 你不可能在想到讨厌的事的同时想冷静和放松的事，这样就中断了所有进入你脑中的令人讨厌的事。所有这些令人痛苦和紧张的事都会被屏蔽，取而代之的是让人冷静和放松的话语，这是一种能帮助你摆脱紧张的有效方式，还能让你保持冷静，让你可以集中精力去完成应该做的事（停顿）。关于家庭作业，我希望你每天练习积极自我对话，每天 5 次，每次至少持续 1 分钟，直到我们下周再见。每天的练习时间要分散开，可以在每天早上、午后和晚上各练习 1 ~ 2 次。

自我对话的有效性及评价

自我对话通常可用于解决完美主义、担忧、自负和愤怒管理等问题，也可用于培养来访者的发展动力。例如，如果来访者想要激励自己锻炼，可以在索引卡上列出需要练习的肯定性陈述并每日挑选几个来背诵，这项技术有助于实现从消极陈述到积极陈述的转变，转而培养来访者积极的练习态度。咨询师可将这项技术教给有压力管理需求的来访者，由于消极自我对话会导致压力，因此我们说积极自我对话可以减轻压力是有道理的，通过改变紧张局面对来访者的影响从而缓解来访者的压力。积极自我对话可使儿童不再关注消极的一面，并保持积极心态，进而提高应对技能，目的是让儿童识别消极思想或自我对话，并意识到情况通常没有看起来那么糟糕或悲惨。这项技术并不是为了消除儿童的情绪，也不是一种过于简单化的积极思考方式，而是帮助那些有不切实际的消极想法的儿童识别消极模式，并发展出一种更现实的适应性观点。

韦克（Weikle，1993）建议对具有内控倾向并重视健康的来访者采用自我对话技术。经证实，自我对话对教练和运动员均有效。运动员的自我对话会影响其认知、动机、行为和情感机制，进而影响体育成绩。运动员的积极自我对话与教练的尊重和支持有很大关系，教练的肯定式话语和否定式话语分别与运动员的积极自我对话和消极自我对话有很大关系（Zourbanos，Theodorakis，& Hatzigeorgiadis，2007）。

史密斯（Smith，2002）提出自我对话是认知行为干预的一部分，教师可用它帮助有行为缺陷的学生。弗农和克莱门特（Vernon & Clemente，2004）将自我对话用于对权威人士有敌对反应的高中生。当学生发觉自己处于想要做出敌意反应的情况时，他们可以重复诸如此类的话："我很好，我不赞成他对待我的方式，但这是他的问题，我很好。"关注这些"很好的话语"，学生被迫害的感觉就会减轻，从而更能掌控局面，而且敌意往往也会减少。

很多研究表明，自我对话在处理控制问题、自我调整学习行为和焦虑方面的效果显著。格兰杰（Grainger，1991）指出，对于来访者来说，重要的是不要忽视其所有的消极想法，而是要帮助其识别引发消极自我对话或保障自身安全的消极思维。消极思维是必要的，尤其是当个体处于高风险的情境中时，有时会帮助来访者意识到为了更好地生活和工作，必须制订计划。

自我对话的应用

现在，将自我对话应用于与你合作的来访者或学生，或者重温本书前言中介绍的简短案例研究。你将如何使用自我对话来解决问题，并在咨询过程中取得进展呢？

第 23 章

重构

重构的起源

重构是一种将问题以新的方式呈现出来的技术，以促使来访者采用更积极、更具有建设性的观点。重构将问题放入与原始语境框架相对应的另一种语境中，并变更其意义，进而改变概念或情感性观点。重构的目的是帮助来访者从另一个有利的角度看待情境，使其看起来不那么有问题、更正常，从而使问题看上去更容易解决。重构和隐喻可以通过放大优势来创造希望和动力（Scheel，Davis，& Henderson，2013）。

在使用重构时，咨询师会给来访者提供一个新的观点，希望来访者能以不同的视角看待情境并采取更恰当的行动。为使来访者信服，替代性观点必须与来访者原有观点一样甚至更符合情境。如果重构成功，可以促使来访者将以前无法解决的问题视为可解决的，或者不再将其视为问题（Hackney & Cormier，2017）。在其他情况下，重构可促使来访者采取新的方法解决当下问题。无论如何，只有在替代含义被视为完全可信时，重构才会奏效。

历史上，重构是认知行为疗法、阿德勒疗法、策略家庭疗法和结构家庭疗法中采用的一种矛盾策略。其实，重构是由阿德勒理论进化而来的，但本书从认知维度来讨论它。在系统疗法和焦点解决疗法中，重构强调在社会和文化系统背景下对经验和问题进行重新定义。作为一种积极的人际交往，重构是以社会建构主义认识论为基础的（Becvar & Becvar，2012）。

此外，重构是艾维和扎拉奎特（Ivey & Zalaquett，2018）提出的六大影响技术中的一种。重构的前提是，困扰我们行为和情感的问题并不是事件本身，而是我们对这些事件的看法，当来访者认为事件阻碍了自己的目标或干扰了自己的价值观、信念或目的时，问题就产生了。重构还包含这样一种假设，即人们拥有实现改变所需的一切资源。在此框架内，重构在接受来访者的世界观和看法的基础上制定解决方案。当需要对冒犯性动机或有问题但出发点良好的行为进行重新定义时，重构技术尤为有效。

由于问题行为模式通常会发展成根深蒂固的模式，因此可以通过重构对这些模式进行重新解读。重构背后的假设是，通过改变对一种行为模式的看法，会产生与之相适应的新行为。重构还可以使来访者从"责备他人"转变为"对自身行为承担更多责任"。此外，这项技术还可用于解决内心冲突和人际关系问题。

如何实施重构

重构需分三步实施。首先，咨询师必须不带偏见地倾听来访者，对来访者的问题有完整的了解。这个出发点非常重要，因为重构必须建立在对来访者及其世界观的充分认知上，只有这样，来访者才会认同新的参考框架（如重构）。其次，在咨询师了解问题后，就可以从来访者的观点出发建立起一座桥梁，帮助来访者从新的视角看待问题。在这里，最重要的是要承认来访者观点中的某些部分，同时提出新的观点。最后，咨询师必须加固桥梁，直至来访者实现视角转换。强化新视角的一个方法就是给来访者布置作业，迫使其以新的视角看待问题。

重构的变式

有几种不同类型的重构，分别是重贴标签（relabeling）、定名（denominalizing）和积极赋义（positive connotation）（Eckstein，1997）。重贴标签是一种特殊类型的重构，包括用一个有积极意义的词来替代有消极意义的词，例如，如果一位女士形容她的丈夫是"善妒的"，那么可用"体贴的"来替换这个标签。定名是指去掉特征性标签，用可控的特定行为进行替换，例如，可以把"患有厌食症的女孩"看作"拒绝吃饭的女孩"。积极赋义是将症状性行为简单地描述为动机良好的行为，例如，可将"我妈妈从不让我做任何事"重构为"我妈妈太爱我了，所以对我有很多限制"。

重构的案例

34岁的罗莉正经历抑郁、无助和绝望，她说在这种情况出现前，自己从未经历过任何重大的抑郁发作，常常都会感觉很开心，生活也在自己的掌控中。她感觉现在的心理状态与目前的处境有直接关系。

咨询师（C）：嗯，在我看来你是一个富有洞察力的人，你说抑郁情绪与你目前的处境有直接关系，我相信你的说法。那么，请跟我谈谈你目前的情况吧。

罗莉（L）：好吧，我想想。6个月前，我一直生活得很好，我拥有会计硕士学位，是一名注册会计师——或许我应该说，我曾经是一名注册会计师。

C：你现在不是了吗？

L：呃……从技术上来讲，我是，但自从我不再工作以后，就感觉自己不是了。

C：我明白了，请继续。

L：好的。总之，生活是美好的。在遇到我丈夫特里前，我完成了硕士学业，我一直都知道自己想成为一名会计师。在学校顺利完成学业让我感到骄傲，后来成为会计师也是如此。毕业后，我在一家大型医疗公司找到了一份很棒的工作，一直努力做到了部门主管。那时，我已经认识特里了，3年前我们结婚了。结婚后很快我就怀孕了，现在有一对帅气的双胞胎儿子。我们雇了保姆来照顾孩子，产假结束后我就复工了，生活依然很美好。

C：嗯，听起来你的生活很惬意。你轻松拿到了学位，在遇见你丈夫前专心工作。有孩子后，雇了保姆，这样你就又能继续工作了，这似乎对你很重要。

L：是的，这是我擅长的工作，让我觉得自己很有价值，也得到了别人的欣赏，大家都想要这种感觉，不是吗？这并不是说我没有从家人那里得到……就是不一样，你知道吗？就好像是，你感觉给宝宝换尿布能有多大价值呢？并不是说我不爱我的孩子。他们很……但是，他们不会说："哇，罗莉，你刚完成的那个项目做得太出色了，给你加薪如何？"

C：是的，他们不会这么说。

L：所以，我并不是因为小孩子不懂感恩而生气，不是这样的，主要是我真的很重视工作给我带来的价值感。我努力工作才有了今天的成就，甚至是牺牲了应该跟孩子一起度过的时光，这对我来说真的很难……尤其是孩子哭着找我，或者他们生病的时候……总之，一切都还顺利，我拥有了一切……每个女人都想要的生活……然后……砰!

C: "砰"?

L: 是的。砰! 突然之间,一切都不存在了……我的一切都被夺走了! 我简直不敢相信说了这么多,我只是感觉能跟别人说说这些也好,像是松了一口气。

C: 听你这么说我很高兴,能够大声说出感受可以带来极大的解脱(停顿)。所以,一切都不存在了……我猜,你是指你的事业吧?

L: 是的,一切努力都付诸东流了,都是因为我丈夫。他和他的父母很亲近,在双胞胎儿子出生后,他的父母就跟他抱怨说我们住得太远了,他们没办法看着孙子们长大。当了父亲后,我丈夫对事情的看法改变了很多,他开始质疑我的事业,希望我把更多的精力放在家庭中。为什么女人必须得在两者间做选择呢? 为什么如果兼顾家庭和事业,就意味着害了自己呢? 这真的很不公平。好吧,反正,很突然,他收到一份工作邀请,待遇好得让人不敢相信,工资是之前的两倍,这对他很重要。他说这是命运的安排,因为他并没有主动找新工作。我不知道是否该信他,但他说这个工作机会太好了,令他无法拒绝。回想一下,我应该早就料到这点的,但当时我完全措手不及。更糟糕的是,他把这份工作邀请告诉了他的父母,他们就认为这是板上钉钉的事了,他们特别兴奋地谈论这件事。随后,我开始感到愧疚,认为也许自己就是应该在家里陪着孩子。我丈夫认为他有义务探望父母,不想伤他们的心。生活变成一团乱麻,在我还没完全接受之前,这件事就成了定论。他把我们的房子放在市场上出售,开始新的工作,我向之前工作的公司提交辞呈,现在跟孩子住在新家里。

C: 这就是事情的发展经过,导致你目前的处境。

L: 正是如此。

C: 你能告诉我最困扰你的是哪些事情吗(停顿)? 有哪些事情使你如此压抑?

L: 我感觉自己说得太多了,我是不是说得太多了?

C: 没有。我只是想知道什么对你来说是重要的,以及是什么在困扰着你。

回顾这些对于充分了解来访者的全部观点并理解其世界观是极其重要的,这样才能准确地提出令来访者容易接受的重构。

L: 好吧,目前的情况如何呢?(停顿,以确定最困扰自己的事情是什么)我想……(开始放慢说话速度)是感觉我无法掌控吗……好像是一个巨大的错误吗……我对此无能为力吗……他太自私了吗……我感觉我所做的一切都没有意义……没有意义了。（开始哭）一切努力都白费了，我再也不可能有这样的工作了……

C：嗯嗯，我想我明白了。让你感觉最有意义的事情不在了，而且这不是你的错，你现在感觉一点儿意义都没有了。

L：就是这样。

C：我理解这令你多么伤心。

L：我真的很沮丧。

C：我感觉你还有点生气。

L：是的，我不想承认，但确实是。

C：这并不奇怪，愤怒和沮丧总是相伴出现的，当我们感觉没办法改变令我们愤怒的事情时就会放弃，然后变得很沮丧。

L：是这样的，跟我的情况一样，完全一样。

为了给来访者重构一个新想法，可运用多种方法获取必要信息。下文给出一种简单方法，但这并不是唯一方法。

C：好的，罗莉，接下来我们要来一场头脑风暴。我希望我们共同努力，就目前我们对你目前状况的看法提出一些其他可能的选择或例外。

L：好的……我想我可以。

C：好的。我们来做一个"故意唱反调"的活动。我会根据你今天所说的做一个陈述，我希望你来反驳我说的话，但要言之有理。

L：好的。

C：好，我开始了——"我不能控制自己的生活。"

L：我只要与你说的相反就行吗？

C：是的，但是必须是事实。

L：好吧。在某些方面，我比以前拥有更多的自由，可以按我喜欢的方式安排每一天。我可以熬夜，没有老板告诉我该做什么。类似这样的吗？

C：是的，就是这样。好的，下一个——"我的生活没有任何意义。"

L：（自言自语）生活没有任何意义……做妈妈、姐姐和朋友都是有意义的，而且我还有一些擅长的兴趣爱好……这也让我感到骄傲，我想是这样。

C：好的，继续——"待在家里和孩子在一起一点好处都没有。"

L：哦，事实并非如此。他们再也回不到小时候了，我都不敢想象我之前错过了多少关于他们的生活，他们以后都不可能跟现在一样了。

C：很好，接下来——"我再也不会有事业了。"

L：嗯，这样说似乎很愚蠢，当然，事业总是会有的。只是，在这个小镇上要找到我想要的那种工作似乎不太可能，但毕竟我不会在这里待一辈子啊，所以最终我还是会有自己的事业。

C：好的。最后一个——"我丈夫是一个自私自利的人。"

L：天啊，这个比较难反驳。我是说，也许他并不是在所有事上都自私自利，但在这件事上很难反驳。（停顿，思考了一会儿）我想不到说什么。

C：好吧，我想我能帮你。有时，当我们能理解别人的处境或动机，对他们及其选择表示同情并感同身受时，就会发现很难生他们的气。也就是说，如果你不想再生他的气，你可以这样做。

L：我不想再生气了，我不想生气或沮丧了。

C：好的，我想说的是，理解可以消除愤怒。举个例子，假如有人挡着我的路了，我就会立即想到一两个原因——这可能是她一生中最糟糕的一天。我会告诉自己，"我猜她刚刚被解雇了"或"我猜她刚被男朋友甩了"等。

L：好的，这个很有趣，我想这样一来，你就很难对他们发脾气了。

C：确实如此。所以，让我们来把这个方法用到你丈夫身上。你之前说他的新工作让他获得了更丰厚的薪水，是吗？

L：是的。

C：那我们能不能想象一下，他在这份工作前一直为经济状况发愁呢？

L：哦，不用想象，他总是担心经济状况，我们的双胞胎儿子出生后，他总是惊慌失措，害怕没有足够能力照顾好我们。

咨询师准备给她的丈夫重贴标签，从"自私"到"养家者"。前文讲过，在重构中常常使用重贴标签的方法，这是一种重构形式。还要记住，将冒犯性动机定义为"虽然有问题但出发点是好的"也很有用。

C：那是不是能这样想，你丈夫其实是因为担负养家者的责任才会有这种动机的，而不是出于纯粹自私的目的呢？

L：是的，可以这么想。

C：（站起来，走到窗前，打开百叶窗）你看看窗外有什么？

L：（有点不明白）垃圾箱啊，难怪你关着窗呢！

C：大楼后面景色很不错，不是吗？你还看到了什么？

L：我看到几朵小花，哦，我看到垃圾箱后面有山茱萸。

C：是的，是野生的，这算不算风景呢？

L：算是，唯一不好的就是被一个大的绿色金属物挡住了。

C：是的，但我认为我们不能把它挪走，对吗？

L：我对此也表示怀疑。

C：也许我们没办法改变早已存在的东西（停顿，给罗莉思考的时间，回到座位）。从我们这里看，垃圾箱挡住了山茱萸。你看到对面那栋楼了吗？

L：嗯。

C：假如我的办公室在那栋楼里，假设我们在那里的办公室并从那里向窗外看，而不是从我们现在所在的位置往外看。

L：好的。

C：风景不会变，是吗？

L：是的，垃圾箱依然在。

C：就是这样。但你认为从那个角度看会有不同的风景吗？

L：嗯，是的……是不一样……从那个窗口看，山茱萸就会在垃圾箱前面了。当然，尽管还是能看到垃圾箱，但只是隐约可见，因为山茱萸是最明显的。

C：我认为你是完全正确的，我完全同意你的观点。假设这里的风景就是你的生活，我改变不了你的生活状况——哪怕只改变一分钟，我也没办法移开垃圾箱，但我可以带你到另一扇窗户那儿，从不同的视角去看你的生活。即使垃圾箱依然在，但已经不再是视线的焦点了，你觉得这样想会有帮助吗？

L：我觉得这个主意听起来不错。

C：嗯，你给了我很多有用的信息。我们来看一下，你今天到这里的时候，最担心的是你目前的处境。你感到愤怒和悲伤，认为你的处境超出了控制，你的生活毫无意义，事业也完了，你的丈夫自私自利。现在呢，我无法改变你的处境，但可以给你提供新的视角来看待这些问题。从这扇重构的窗户看出去，相同的景色被赋予了新的意义。事实上，你对自己目前的生活有很大的控制力。在某些方面，你比以前拥有更多的自由，不需要应付老板，可以对自己的日程安排做主，每天都有很多自主选择（停顿）。你的生活是有意义的，你是母亲、姐姐、朋友，你有自己的兴趣爱好，并且在这些方面很擅长，这令你感到骄傲，这些事都让你的生活充满意义（停顿）。你只是暂时搁置了你的工作，这是暂时的，并不意味你再也不可能有自己的事业了，只能说还要等一段时间。同时，你享受小宝宝带给你的点滴快乐，你不会错过他们生命中的任何时刻，那些一旦错过就不可能再有的时刻（停顿）。最后，你发现原来你的丈夫只是在承担一个养家者的责任，想要给家庭带来更好的经济条件，而不是纯粹为了满足自私自利的需求，对此你很难生他的气。

停顿几分钟，让罗莉消化听到的内容。

L：我的天啊！如果我对自己这样说的话，把重点放在这些上面，我肯定就会感觉好多了，甚至可能会享受现状。

请注意，在上述案例中，事实并未发生改变，但在咨询师的帮助下，罗莉的观点被赋予一个可信的替代性意义。

重构的有效性及评价

重构适用于多种情境，尤其适用于重新定义问题的情境，它能促使人们改变对问题的看法，让这些问题更容易被理解、接受或解决。对于因非理性思维导致的痛苦的行为或情绪，个体可以采用重构技术赋予其新的意义。此外，重构可以有效改变来访者对心理咨询的态度（Robbins, Alexander, & Turner, 2000）。

重构用于家庭咨询也很有效。弗雷恩等人（Frain et al., 2007）用重构技术为需要残疾康复服务的来访者家属提供服务，他们帮助来访者改变家庭对残疾的看法，把残疾看作一种挑战和机会，而不是职业生涯的终结。重构在解决配偶调适度和婚姻冲突的夫妻情感咨询中也有益（Davidson & Horvath, 1997）。重构可用于家庭治疗，通过将负面影响归因于环境而非个别家庭成员来减少家庭成员之间的责备，例如，孩子的宵禁令可视为出于对其安全的考虑而非缺乏信任。而且，有研究表明，对消极行为的积极重构可以干预在家庭中寻找替罪羊的过程，并将重点从行为的问题方面聚焦到行为的积极作用上（Jessee et al., 1982）。此外，重构也可用于物质滥用者、教唆者或依赖助成者。拉克拉维和布拉克（LaClave & Brack, 1989）描述了几个成功案例，证实重构可有效消除来访者的阻抗。

虽然针对重构的研究有限，但有些研究已经证明，积极重构对于减少消极情绪和轻微至中度抑郁都是有效的。克拉夫特等人（Kraft et al，1985）对一组消极情绪参与者和对照组采用了积极重构技术，并评估了应用效果，证明积极重构对抑郁和情绪的疗效评定指标有更大改善。斯沃博达等人（Swoboda et al.，1990）开展的另外一项研究，比较了积极重构、矛盾意向法和仿佛法在治疗抑郁障碍中的效果。如"独处""情绪低落"这样的陈述显示了对独处的极大容忍，将"感觉自己很糟糕，而非把不满发泄到别人身上，来表达愿意牺牲自己去关心他人"等话语用于积极重构组。结果表明，积极重构组的参与者在诸多方面都有很大改善，这说明重构是克服抑郁的强有力技术。

重构的应用

现在，将重构应用于与你合作的来访者或学生，或者重温本书前言中介绍的简短案例研究。你将如何使用重构来解决问题，并在咨询过程中取得进展呢？

思考中断法

思考中断法的起源

思考中断指的是经一系列过程，通过提高来访者的认知能力来中断其认知反应序列，这种方法于 1875 年首次用于治疗一名满脑子都是裸体女人的男性来访者。然而，很多人认为是亚历山大·贝恩（Alexander Bain）于 1928 年在其《日常生活中的思维控制》（*Thought Control in Everyday Life*）一书中提出了"思考中断"的概念。思考中断法是由詹姆斯·泰勒（James Taylor）提出并由约瑟夫·沃尔普改编后进入行为治疗领域的，主要用于治疗强迫症和恐怖症，如今常用于治疗性犯罪者。沃尔普（Wolpe，1990）指出，思考中断法能训练来访者尽可能在早期排除一切侵入性思维，并学会调用"停止"指令来打断侵入性思维。

思考中断法之所以能够成功，主要有两个原因：第一，"停止"指令作为一种惩罚，能降低思维重现的可能性；第二，"停止"指令作为一种干扰，能抵抗侵入性思维，因为在"停止"指令后会出现替代思维，就避免了侵入性思维的重现。例如，自我认可型思维可替代消极无用的负面思维，是一个相互抑制的过程。

如何实施思考中断法

思考中断法包含以下四个步骤：

（1）来访者和咨询师需共同决定作为治疗目标的侵入性思维；

（2）来访者需闭上眼睛，想象这些侵入性思维可能出现的情境；

（3）用"停止"指令中止这些侵入性思维；

（4）实施思考中断，用更积极自主的想法替代侵入性思维，从公开使用替代思维开始
逐渐发展为隐秘地使用。

在典型的思考中断会话中，需对来访者进行 15 ~ 20 分钟的自我监测，目的是降低出现侵入性思维（干扰想法）的频率，让来访者能够控制这一过程。

思考中断，即上述步骤中所提到的第三步，需要经历以下四个阶段，进而实现从咨询师主导到来访者自我控制的转变。

（1）咨询师中断来访者明显的侵入性思维，直至来访者发出信号表明该思维已经减弱。当来访者大声说出自己的想法时，只要提到这些侵入性思维，咨询师就会大喊"停止"。

（2）咨询师尝试中断来访者隐秘的侵入性思维。当来访者以沉默姿态发出信号，表示自己正在经历侵入性思维时，治疗师要大喊"停止"。

（3）每当来访者出现侵入性思维时，就要大喊"停止"，这样来访者就能公开地中断隐秘思维。

（4）来访者中断头脑中的隐秘思维，大脑会在出现侵入性思维时命令自己停下来。

思考中断法的变式

对部分来访者来说，"停止"指令不足以抑制这些侵入性思维，在这种情况下就需要更强效的中断方法。来访者可以在手腕上套一根橡皮筋，每当侵入性思维出现时，就猛弹橡皮筋。还可以通过掐自己或者将指甲压入手掌来中断消极想法。此外，当出现侵入性思维时按响蜂鸣器也可以成功中断消极想法。一些来访者发现，做一些实际动作（如站起来、坐下去、转几圈或仅仅是跷起二郎腿）或是体育活动，都有助于打断消极认知循环。

思考中断法的案例

17 岁的农有焦虑－完美主义障碍。她一心希望学习成绩优异，希望自己能考入一流大

学。在这个过程中，她给自己的生活施加了很大压力。她以前曾寻求心理咨询来帮助她中断那些持续的、强迫性想法。

咨询师（C）：好的，你特别想对自己说什么？你一直在想什么？

农（N）：我想，我必须做好功课，否则成绩就会下降。我必须竭尽全力做到最好，这样才能实现我的目标—— 你知道的，我的目标是学习好并取得好成绩。

C：如果没有学好功课，没有取得好成绩，结果会怎样？

N：噢，（紧张地笑）我会感觉很糟糕，比如，自信心不足……感觉自己不够聪明等。

C：这就是你经常想的事吗？

N：差不多，一直如此（停顿，开始思考）。

C：你很担心在学校的表现和自己是否聪明，是吗？

N：什么？哦，是的，我想是的。

C：你会跟自己说什么？我是说，听你现在的说法，更像是把它作为一项智力活动。"哦，我只是想让自己更自信。"但你到底会跟自己说什么呢？

N：不知道怎么说……"我真笨""我感觉自己好蠢""我考试不及格"或者"我进不了好学校"，诸如此类的。你知道，我对这些话真的感觉很沮丧。

C：如果真的出现了你所说的情况，你会有什么感觉？

N：糟糕，是的，很糟糕！

C：如果评分范围是 1 ~ 10 分，你给自己打几分（介绍评分标准）？

N：1 ~ 2 分吧，非常糟糕！

C：你经常这样想吗？

N：嗯，负担过重时常会这样，最近好像总是这样。

C：好的，近一周或两周，这种情况出现的频率有多高呢？

N：嗯，一直这样，在学期末或者当老师对我们进行填鸭式教学时更是如此……

C：也就是说，在最后关键时刻，对吗？

N：是的，每个季度末都会发生。

C：如果某些方法对你这种情况有帮助，你愿意去学吗？

N：当然，这是我来这里的原因。

C：好。对自己说"我真笨"或"我感觉自己好蠢"，或其他不尊重自己甚至是毁灭性的话。对自己说这些话，这样你就可以明白为什么自我感觉不好了。

N: 好的。

C: 这些想法都是对你不好的，很消极。接下来，我要介绍的是思考中断法。

N: 好的。

C: 这种方法不仅在你说"我真笨""我感觉自己好蠢"的时候有用，在你说一些讨厌的或自损的话时也有用，甚至在你每次反复思考这些事的时候也会起作用，我们称为强迫性思维，即当你不断重复想某些事，就是没办法把它从脑中抹去。上次，我们谈过这种情况经常发生在睡前，当你因想一些事而无法入睡时，就会不停地思考，想啊想啊，一直想下去。因此，思考中断法是一种让你打破强迫性思维循环的方式，能让你去思考一些更积极的事。首先，我想让你在思考的时候大声说出来，让我可以听到你在对自己说什么。开始吧，请大声说出来。

N: 我真笨，我感觉自己好蠢。

C: 继续，说的时候，要像事实真的如此那样。

N: 我真笨，我感觉自己好蠢。

C: 就是这样，就像在脑海中对自己说的一样。比如："好吧，医生，我感觉自己好蠢。""哎，这真是一件蠢事，真的好蠢，我感觉自己很愚蠢！"这些就是你所说的，对吗？

N: 没错！这就是我所说的！

C: 好吧。当你开始跟自己说这些的时候，我想让你大喊"停下"好吗？再试试，大声点。

N: 我搞砸了考试，真是愚蠢！我真笨，我怎么能……停下！

C: 很好！现在，请做一些实际动作，比如，大喊"停下"，这样可以从身体上中断负性思维循环。你需要做点什么来打破这种思维模式，把自己的想法转变成更积极的思维，这就是你要进行自我对话的内容。你会告诉自己什么呢？

N: 我会告诉自己："一切都会好的。"

C: 很好。"一切都会好的。别担心，一切都会好的。"如果你愿意，也可以使用一些视觉意象法让自己放松，平静下来。你可以通过大声喊出"停下"来打破这一循环。如果你想，也可以尖叫。然后，加入一些积极自我对话，一遍一遍地重复"一切都会好的"。深呼吸，进入一个平静的视觉意象状态，好吗？

N: 好的。

C: 再试一次。

N: 我真笨, 我真蠢。"停止"（停顿, 加点积极的自我对话, 深呼吸, 想象）！

C: 嗯, 有什么感觉?

N: 很放松。

C: 1 ~ 10 分, 你给自己现在的感觉打几分?

N: 6 分吧, 非常放松, 真的。

C: 太好了! 当你在公共场合, 如学校、商场、加油站时, 一旦出现消极想法, 你就可以在人群中立即大声喊出来……

N:（大笑）天哪, 那太尴尬了! 还是换个方式吧, 好不好?

C: 哦, 好的。当你在公共场合时, 要对这项技术做一下调整。我给你准备了一根专属橡皮筋, 你可以把它套在手腕上（咨询师将橡皮筋套到农的手腕上）。看, 不错吧!

N: 哇! 谢谢! 我会珍惜它的。

C: 那就好。现在, 你不再需要大声喊出"停下", 只需在脑海中对自己说"停下"即可, 同时伸手去摸橡皮筋, 拉起来弹向手腕。

农将橡皮筋拉起来向自己的手腕弹了下。

C: 怎么样, 有什么感觉?

N: 有点刺痛, 还好, 不太严重。

C: 嗯, 是有点刺痛, 这些物理作用可以帮助你中断消极思维循环。我想让你在每次想喊"停下"的时候弹一次, 如果消极思维没有停下来, 就再弹一次, 直到替代你在脑海中默念的"停下"。然后, 我想让你去想一些更积极的事, 深呼吸, 如果你喜欢, 还可以平静地想象。现在让我们再试一次, 想想那些令人讨厌的、消极的想法, 在告诉自己"停下"的同时弹一下橡皮筋, 之后深呼吸, 想象自己来到一个平静、放松的场景中, 开始想一些更加积极、更具创造性的事情。

农进行了思考中断法。

C: 怎么样?

N: 太棒了! 我懂了。

C: 好吧。下次见面前, 请你一直套着这根橡皮筋。在你出现强迫性思维时, 可以使用它。

N: 好的。

咨询师和农讨论了应用思考中断法的其他情境，来帮助她熟悉这一技巧。

C: 如果你出现了消极思维且在你脑中挥之不去，那么只会让你越陷越深，因为消极
思维只会让你的生活变得更加艰难和痛苦。勇往直前，对自己说"停下"，同时弹
橡皮筋，用积极自我对话替代它们，深呼吸，让自己进入一种平静、放松的状态。
集中思绪，很快你就会感到更加平静，平静时才能做出更好的决定。

思考中断法的有效性及评价

虽然思考中断法能解决各类问题，但最常用于强迫症和恐怖症的治疗，包括性幻想、
臆想症、挫败感、性缺陷、强迫性记忆和常见的恐怖症等（Davis et al., 2009）。此外，思
考中断法也常用于治疗性犯罪者，他们有消极思维和幻想，可能导致犯罪行为的发生。沃
林（Worling, 2012）研究了思考中断法应用于性犯罪者的案例，发现该方法经常用于体验
与其犯罪行为相关的侵入性思想和可视化的体验。达乌德和杰汉（Dawood & Jehan, 2013）
将思考中断法作为治疗的一部分，明显改善了治疗强迫症和抑郁症的效果。

德克尔（Dekker, 2015）将 42 名有抑郁症状的住院患者随机分为两组：常规治疗组和
短暂的思考中断法认知治疗组。尽管这两种情况在终止治疗和 3 个月随访时都导致了生活
质量、抑郁和消极思维的改善，但与常规治疗组相比较，思考中断法认知治疗组的患者经
历了更少的心血管急诊事件，且存活率更高。

思考中断法已被用来减少消极的自我思考。研究人员将 60 名参与者随机分配到 3 个
条件：思考中断、认知融合和对照组，他们的结论是，两个治疗组的自我报告都显著减
少了不适和思想停止，这导致了更高水平的自我感知有用性和处理侵入性思想的能力
（Fernández-Marcos & Calero-Elvira, 2015）。

还可以将思考中断法用于减少侵入性思维、吸烟、幻觉和幻听以及失眠等。萨曼
（Samaan, 1975）公布了一项针对一名饱受幻觉、强迫症和抑郁障碍困扰的女士所做的案
例研究。经过 10 个阶段的思考中断、冲击疗法和相互强化治疗后，这位女士的行为障碍
从之前每周 22 次幻觉、14 次强迫发作和 8 次抑郁发作，降至早期治疗时每周平均 1 ～ 2
次发作，最终这 3 种症状完全消失。研究人员将思考中断法用于多元认知行为干预的一部
分，治疗患有抑郁障碍的女大学生（Peden et al., 2001）。他们发现，这一干预大幅度缓解

了抑郁症状，尤其是降低了消极思维出现的频率，而且干预效果持续了 18 个月。

一些研究人员认为，试图抑制消极的、强迫性思维反而有可能导致症状恶化，当然，也有研究人员得出了不同结论。汉等人（Han et al.，2013）的研究表明，中断思考法可能对广泛性焦虑障碍的治疗没有帮助。由此可见，思考中断法需要咨询师有计划且深思熟虑地使用。巴克（Bakker，2009）提供了一篇关于思考中断法在认知行为疗法中有效应用的优秀论文，阐明思考中断是一种专门的思维抑制形式，而且非常有效，能改善来访者的应对效果。然而，这个方法被多方批评，因为某些支持者采用了轻度催眠作为反向刺激，这样做是被禁止的。

思考中断法的应用

现在，将思考中断法应用于与你合作的来访者或学生，或者重温本书前言中介绍的简短案例研究。你将如何使用思考中断法来解决问题，并在咨询过程中取得进展呢？

第 25 章

认知重构

认知重构的起源

认知重构是从认知疗法中衍生出来的一种技术，通常被认为是阿尔伯特·埃利斯、亚伦·贝克（Aaron Beck）和唐纳德·梅肯鲍姆的研究成果。认知重构有时也被称为纠正认知扭曲，是将学习原则应用于思维中，旨在通过改变习惯性评估行为来帮助个体获得更好的情绪反应，从而减少偏执。认知重构基于以下两个假设：

（1）非理性想法和认知缺陷会引发自我挫败感；

（2）这些想法和自我陈述可通过个人看法和认知的改变而改变。

通常来讲，咨询师通过帮助来访者进行认知重构，促使其习惯于用积极想法和行动替代消极想法和解释。

如何实施认知重构

多伊尔（Doyle，1988）打造了一套由咨询师对来访者进行认知重构的七步疗法：

（1）收集背景信息，了解来访者处理现在和以前问题的方式；

（2）帮助来访者认识自己的思维过程，讨论一些在现实生活中能支持来访者的结论，并讨论关于证据的不同解释的例子；

（3）审视理性思考过程，侧重了解来访者的思维如何影响其幸福感，咨询师可以夸大非理性想法，让来访者能够更加清楚地看到这一点；

（4）帮助来访者评估自己及他人的逻辑思维模式；

（5）帮助来访者学习改变内在想法与设想；

（6）再次审视理性思考过程，利用生活实例探究来访者的重要信息，帮助来访者形成合理的、能够实现的目标；

（7）将思考中断与模拟、家庭作业和放松相结合，直至形成逻辑模式。

霍夫曼和阿斯蒙德松（Hofmann & Asmundson，2008）探讨了认知重构有助于咨询师与来访者共同识别非理性或侵入性思维的方式，使用特定策略（如逻辑辩论、苏格拉底问答和行为实验）对来访者提问，以了解实际情况。梅肯鲍姆（Meichenbaum，2003）论述了认知重构的三大目标，即咨询师和来访者通过以上七个步骤可实现的目标。

一是，来访者需要意识到自己的想法，这个目标可在上述第二步实现。要做到这一点，梅肯鲍姆建议咨询师直接询问来访者的想法及相关感受，也可帮助来访者使用图像重建，以获取特定的想法，这一过程需要来访者用慢镜头想象一个场景，根据特定事件来描述想法和感受，因为对来访者来说，为其他有相同困扰的人提供建议比较容易。梅肯鲍姆还建议来访者进行自我监控并记录自己的想法，当陷入困境时，需要记录这件事以及相应的想法和感受。

二是，来访者需要改变自己的思维过程，咨询师可以在上述第四步中帮助来访者实现这个目标，并学习改变思维模式。咨询师可通过"评估自己的想法和信念、诱发预测、探究替代方案和质疑错误逻辑"来帮助来访者意识到自己在思维过程中的改变。在评估来访者想法和信念时，咨询师可借助提问来帮助来访者定义自我标签。通过让来访者进行自我预测帮助来访者识别理性或自我挫败的想法。例如，咨询师可提问："当某事发生时，你是怎么看待这件事的？你有什么想法？我们如何能知道？你怎么知道那真的一定会发生？"讨论替代方案的意义在于让来访者从不同角度看问题，如果来访者能提出合理的替代方案而非自我挫败的想法，就表示取得了进展。在这个步骤中，咨询师需通过提问找出来访者的错误逻辑，包括"二分法思维、非此即彼、以偏概全和个人化"。

三是，来访者需要探讨并改变对自身以及世界的看法，这个目标可在多伊尔理论的第五步中实现。咨询师可以先让来访者在治疗环境中进行个人实验，然后在其准备就绪后转向现实生活。计划日记可协助改变来访者的想法，以下是来自梅肯鲍姆理论的一段摘录，介绍了来访者应如何制定日志方案。

- ✦ 触发因素：是什么引发了我的反应？
- ✦ 情绪：我当时有什么感觉？
- ✦ 思维：我在想什么？
- ✦ 行为：我到底做了什么？
- ✦ 生活陷阱：我的哪个"按钮"被按了？早期的生活经历可能与此有关吗？
- ✦ 应对方法：（现实的担忧）我的反应在哪些方面是合理的？我做什么会导致这种情况或使之恶化？谁可以帮我看看？
- ✦ 过激反应：我在哪些方面夸大或误解了情况？
- ✦ 问题解决：我将来有什么方法可以更好地处理或解决问题？
- ✦ 学到的经验：我从这种情况中学到了什么？

认知重构的变式

认知重构的一种变式是要求来访者在遇到问题时意识并记录下自己的想法和感受，由此咨询师能读取来访者的日志并进行分析。要特别注意自我挫败的想法以及可能会造成来访者紧张的特定情境，一旦发现这些细节，咨询师就要帮助来访者用积极的想法替代自我挫败的想法。

多伊尔介绍了这种技术的另一种变式，即来访者可采用三列法进行自我分析，以此更深入地了解自己。来访者在第一列写下会导致焦虑的情境，在第二列写下关于这个情境的想法，在第三列写下自己在思考过程中察觉到的错误想法。

哈克尼和科米尔（Hackney & Cormier，2017）描述了如何在认知重构中使用应对思维。咨询师需协助来访者找出自我挫败的想法，并帮助其在出现侵入性思维后形成应对陈述。应对陈述是一种积极思维方式，是对自我挫败想法的理性回应，例如，不要说"我害怕飞机"（一种自我挫败的想法），但可以想"飞机通过了航空安全专家的检验"（一种应对想法）。

索瑟姆–杰罗和肯德尔（Southam-Gerow & Kendall，2000）提出了一种适用于儿童的认知重构的发展变式。在咨询师试图识别儿童的自我对话时，可让儿童将其想法想象成思想泡泡，并想象这些思想泡泡在脑海中流动，就像卡通片中经常出现的那样，这样有助于儿童更容易理解自我对话的概念。

认知重构的案例

48 岁的凯伊首次来访时，咨询如何处理关系。经过几次咨询后，可以判断她每天都会对家人发好几次脾气，这常导致她一整天都充满敌意，心烦意乱，烦躁不安。

咨询师（C）： 我看到你今天带了几张纸过来。

凯伊（K）： 是的，纸上写的是我们上次见面时你给我布置的家庭作业。

C： 你写下了上周让你生气的所有事吗？

K： 是的，还写下了让我生气的原因，看看吗？

C： 如果你不介意，我更愿意听你讲几个。

K： 好的，从第一个开始吧。上周刚一离开这里，我丈夫就给我打电话问我在哪儿。我已经告诉过他那天下午预约了咨询，但他忘记了，还打电话问我在哪里，让我很生气。他说他打电话是让我买晚餐的食材，这本来是我交代让他做的，但他居然给忘了，好吧，这真的让我很生气，因为这本该是他做的。

C： 我需要更好地了解你所说的"生气"意味着什么。这通电话让你多生气呢？如果在 1 ~ 10 分这个范围来为你的生气打分，那么你会给自己打几分？1 分代表轻微愤怒，10 分代表⋯⋯

K： 代表⋯⋯我气得都要砸窗户了！

C： 好的，10 分代表你已经准备砸窗户了。

K： 这很简单，10 分。到家后，我非常生气，气得想把所有窗户和他修的所有轿车玻璃都砸碎了。

C： 好的，我知道了。另外，（停顿）想想你丈夫的行为和那通电话，如果还是 1 ~ 10 分，1 分代表有点粗心但可能并非故意，10 分代表有人对你做了让你感觉最糟糕的事。

K： 我还是打 10 分。

C： 好的，我们将在稍后继续谈这个问题。

接下来，咨询师将使用"爬梯"技巧，这个技巧有助于揭开人们情感和行为背后的核心想法。

C： 我知道，你这周费了好大劲才写下那些让你生气的事，先谈完下面的情况，我们再去讨论那些。现在，请你想想这通电话，你刚才说有两件事让你很恼火，第一件是你丈夫忘了你曾说过要去咨询，还打电话问你在哪里；第二件是他让你买晚餐的食材，但这是他早就该做好的，对吗？

K: 对。

C: 你丈夫忘记了你曾提过的咨询预约，居然还电话问你在哪里，这对你来说意味着什么？

K: 意味着他没有注意听我说话。

C: 那么，他没有注意听你说话又对你意味着什么？

K: 意味着他不重视我。

C: 那么，他不重视你又对你意味着什么？

K: 意味着他不关心我！（低头，稍作沉思，向上看）如果他关心我，就会重视我说的话，对吗？如果他关心我，他会不重视我说的话吗？

凯伊刚刚发现了自己的一个潜在信念，现在对这个信念产生了质疑。

C: 很好，凯伊，我知道这些问题有点残酷，但还是要继续。现在请想一想，如果他不关心你，那么这对你来说意味着什么？

K: 意味着没人关心我，我不值得被爱（她开始时说话很温柔，之后变得很大声，并再次变得愤怒）。如果连我的丈夫都不关心我，那么还有谁会关心我呢？

C: 你说得对，凯伊。你认为，当他不注意你或不记得你说的话时，就一定是不关心你。如果他不关心你，就表示你不值得被爱，而且没有人关心你。

K: 是的！就是这样！非常正确！

咨询师猜想，凯伊的愤怒是有主题的，即她的愤怒主要与感到不被爱和不被关心有关。

C: 如果你可以，那么让我们回到那通电话。你曾提到，那通电话有另外一件事让你很沮丧，他让你带晚餐食材，而这本该是他做的，你说过他早该已经完成这件事的。

K: 是的，他早该已经完成这件事的！我经历了很糟糕的一周——你知道的，上周我告诉过你，我还得在做完咨询后回家做饭。我受够了这一切，受够了每个人，他知道的！在他有时间又没其他事可做时，至少应该去买些食材回来。他知道我有多累，却不愿伸出哪怕一根手指头来帮我（又生气了）。

C：嗯，这听上去很熟悉。我们继续，他知道你很累，你经历了糟糕的一周，他却选择不帮你，这对你来说意味着什么？

K：嗯，我知道这意味着什么。当然，他知道我已经厌倦了这一切，而他竟然连我交代给他的事都没做，那就意味着我在他心里已经不再排在第一位了，不是吗？

C：嗯，如果你在他心里已经不再排在第一位了，那么这对你意味着什么？

K：我猜，这意味着我对他不是那么重要。

C：嗯，如果你对他不是那么重要，那么这又意味着什么？

K：天哪，我想我已经知道这意味着什么了……在那个时刻我不重要，我一点也不好。

C：很好，凯伊，你注意到你现在说的和刚才说的有什么类似的地方了吗？

K：我刚才就说过"没人关心我"，是吗？

C：是的，没错。

凯伊默不作声地想了一会儿，她可能很难承认自己的想法可能导致了她对丈夫的愤怒，她更愿意归咎于丈夫。

K：刚才，当我说"我不重要时"，说明我不好。

C：是的，是这样的。

K：当然，我能看到类似之处，我不值得被爱……我不好，这些很类似。

C：凯伊，每个人都有自己的信念，这些信念伴随着我们每天的生活，有时我们甚至不知道自己的信念是什么以及在哪里。长久以来，它们已经成为我们生活的一部分，我们甚至都没注意到它们的存在。不过，请相信我，它们控制着我们对事物的理解和感受，还有随后的行动，因为它们太强大了，我们也对它们非常信任。我敢打赌，凯伊，我们刚刚发现的那些信念，你拥有的这些信念，是你手里那张纸上的核心内容。我也敢打赌，如果我们用你所列清单上的所有内容来重复这个过程，那么很可能可以找到类似的想法。你觉得呢，凯伊？

K：（看向手上的纸，思考若干情形，沉思了一两分钟）我明白了，是的。我只是在头脑中做了一些质疑，我也想到了事情的结果……是的，有些事情是这样的。不过，他的所作所为有时对我的确不公平，我不想为他做的那些蠢事找借口，我不会为他的行为负责！

C：好的，凯伊，你不想，一点都不想。我们不会为他的行为负责，我们没必要改变他的行为，我们能做的是关注这些行为带给你的感受，关注你的反应和你的愤怒情绪，（停顿）还有那些让你认为自己很糟糕的感觉。

K：好吧，可以。

C：我想采取两个步骤，先来想想你丈夫做出这种行为的其他原因，再想想他人的行为是如何定义你的，好吗？

K：好吧，针对他的行为，我可以想到几个其他原因。

C：很好。

K：哦，我跟他说我预约了咨询时，他正在修车，也许他当时需要专心做事，这说明，我很可能是选了一个糟糕的时间和他说这件事。

C：很好！然后呢？

K：（沉思片刻）嗯，他打电话时的语气听起来有些担心 —— 在他找不到我时常常会这样。不过，也许也不是这样，他可能只是担心晚餐吃什么。我不确定，也许是。

C：也可能是当时他专注于工作，没有听清你说的预约时间。也许是他找不到你时，有点担心你。

K：确实有这种可能。

C：很好！还记得吗？之前我让你针对那通电话为他的行为评分，1 ~ 10 分，1 分代表有点粗心，但可能并非故意，10 分代表有人对你做了最糟糕的事情。

K：记得。

C：你的答案是 10 分，而且是绝对的 10 分。

K：是的。

C：现在，把我们刚才讨论的那些可能性考虑进去，用 1 ~ 10 分来给他的行为打分，你会打几分？

K：嗯，好的，也许要低很多，可能是 2 分，也可能是 3 分。

C：这些是他行为的更准确的原因吗？

K：理性思考的话，非常可能，是的。

C：假如是这些原因，他的行为是 2 分或 3 分，而你的反应却是 10 分——想要砸窗户，对此你怎么看？

K：看起来有些极端，我必须承认，我的很多反应都是这样的。有时我会在事后感觉很糟糕，但再次遇到类似情况时还是会发火，甚至没时间纠正或道歉。就好像当我知道自己可能反应过激时，又有些什么事会让我再次愤怒。

C：的确，如果一个人总是忘记你说的话，忘记你给他交代的事，你就容易把他的意思解释为自己不好或者不值得被爱。

K: 差不多就是这样, 那我该怎么办?

C: 问得好! 我们已经取得了很大进展, 你今天也很努力。我希望你认识到, 这些想法不是在一夜之间形成的, 而是已经存在 40 多年了, 所以需要花一些时间才能做出改变。

K: 我希望不用 40 多年那么久!

C: 不会的! 不会用 40 多年, 但需要一些时间并付出很大的努力, 就像我们今天做的这样。

K: 我会的。

C: 很好, 那我们来看看我的第二种方法。不要忘记我说过的, 我希望你首先想想你丈夫会做出这些行为的其他原因, 就像刚才一样。我说过, 我希望让我们重新思考你丈夫的行为是如何定义你的, 还记得吗?

K: 当然, 继续吧。

C: 好的。接下来, 让我们冒着会让你再次生气的风险来假设, 如果你丈夫不关心你就意味着你对他来说不重要—— 你说过, 这代表你不值得被爱、你不好。不过, 真的是这样吗, 凯伊?

K: 嗯。我丈夫对我不关心, 这真的很糟糕, 它一定意味着什么。

C: 是的, 它确实有意义。这除了表示你丈夫不关心你, 是否还有其他含义呢? 他对你的想法和感觉是否会定义你呢?

K: 你的意思是, 这是否一定代表没人认为我重要、我好或者我值得被爱?

C: 是的! 你怎么看?

K: 不, 我想不是这样的。这只能代表我丈夫这么看。

C: 这很糟糕吗?

K: 是的, 让我感到很受伤。

C: 不错, 的确会让你感到很受伤, 但……

K: 当然, 这并非最糟糕的事, 也不表示所有人都像他这么想。

C: 很对, 凯伊! 你自己也知道, 不是吗? 这样是否会让你感觉好一些?

K: 这么说有点怪怪的。

C: 换种新思路未尝不可, 是的, 如果在接电话时能这么想, 结果会怎样? 就在刚才, 我们改变了对你丈夫行为的看法和评价。现在, 假设你在接电话时就是这种感觉,那么你还会认为会给自己的生气打10分，想要砸窗户吗？

K: 应该不会了，也许我会有点难过，但不会生气。你知道，从该死的生气到有点难过，是一个不错的转变。

认知重构的有效性及评价

成年人的认知灵活性是一项重要指标，代表个体是否能获得并掌握认知重构应对策略（Johnco，Wuthrich，& Rapee，2012）。虽然认知重构可以在团体中进行，但一对一交流更有助于来访者敞开心扉。认知重构常用于思想偏激、在某些情境下会出现恐惧和焦虑、过激应对常见生活问题的个体。如果将认知重构用于有焦虑障碍的青少年和儿童，那么只要找到焦虑的根源，他们就可以学会用应对策略挑战自我挫败的想法（Velting，Setzer，& Albano，2004）。

近年来，认知重构常用于治疗青少年和成年人的创伤后应激障碍，尽管在使用更传统的、长期的暴露疗法进行治疗后，认知重构的附加效应并没有得到提升，但认知重构被证明可有效减少那些在儿时遭受过性虐待的成年幸存者拥有的被玷污的感觉。认知重构也曾成功用于治疗抑郁障碍、惊恐障碍、自尊问题、应激、侵入性思维、焦虑、社交恐怖症、强迫症、恐慌症、恐怖症和药物滥用等问题。在一项尝试在高风险测试期间减少测验焦虑的研究中，认知重构与更传统的系统脱敏疗法同等有效。

认知重构的应用

现在，将认知重构应用于与你合作的来访者或学生，或者重温本书前言中介绍的简短案例研究。你将如何使用认知重构来解决问题，并在咨询过程中取得进展呢？

理性情绪行为疗法：ABCDEF 模型及理性情感想象技术

理性情绪行为疗法的起源

理性情绪行为疗法（REBT）是阿尔伯特·埃利斯于 1955 年开创的咨询方法，他认为卡尔·罗杰斯的疗法及精神分析疗法对来访者无效，因为这两种方法没有关注来访者当下的想法和信念。爱泼斯坦（Epstein，2001）提出 REBT 经历了几次转变，从理性疗法到理性情绪疗法，再到现在的理性情绪行为疗法，试图在名称中涵盖思维、当埃利斯将它命名为"理性情绪行为疗法"时，他意识到情绪、行为和思维是不能分割的（Seligman & Reichenberg，2013）。

REBT 理论认为，情绪固然重要，但个体的认知才是心理问题产生的根源。咨询师需要帮助来访者认清这一事实：感受不是由事件、他人或过去的经历造成的，而是由个体围绕情境产生的想法造成的。这个理论的基本观点是，通过将个体的非理性信念转变为更加灵活、更加理性的信念，从而使其产生更具适应性的行为和情绪。REBT 的一个主要目标是帮助来访者无条件接纳自我（Unconditional Self-Acceptance，USA）、无条件接纳他人（Unconditional Other-Acceptance，UOA）及无条件接纳生活（Unconditional Life-Acceptance，ULA）。

如何实施理性情绪行为疗法

接下来介绍的是 REBT 的一个简化版本，也可以称之为解构版本。在 REBT 中，咨询师会采用指导性方法帮助来访者，治疗过程很简单。咨询师需与来访者保持一定程度的分离，以便客观地了解来访者的非理性信念。使用 REBT 时，联合治疗是很好的选择，但并非必不可少。REBT 包含以下三个目标：

（1）帮助来访者进一步了解自我对话；

（2）帮助来访者评估自身想法、感受和行为；

（3）依照 REBT 的原则对来访者培训，使其在将来没有咨询师帮助的情况下也能有效发挥作用。

REBT 的核心内容是 ABCDE 模型［科里于 2018 年在此基础上增加了 F，代表在争执切实起效的情况下来访者所产生的新感受（feeling）］。触发事件（activating event，简写为 A）是指触发来访者信念的情境，可能是已经发生的或可推断将要发生的事件，可能是外部事件或内部事件，也可能是过去、现在或将来发生的事件。对于咨询师来说，重要的是了解事件发生的实际情况及来访者对此的看法。咨询师需帮助来访者整理适量的与 A 有关的详细信息，因为有些来访者会提供过多的不必要细节，还有些来访者会给出过于模糊的信息。如果来访者描述了许多与 A 有关的内容，那么咨询师需要帮助来访者选择一个恰当的起始点。

REBT 认为有两种信念（belief，简写为 B）类型，即理性的和非理性的。一个人的信念会对其想法及行为产生影响，理性信念是现实的，可获得证据支持，灵活且合乎逻辑，能帮助来访者达成目标；非理性信念是不现实的，通常基于"绝对必须"这一准则，僵化且不合逻辑，不能帮助来访者达成目标。为确定来访者的非理性信念体系，咨询师需识别来访者认为哪些情况是"应该的"和"必须的"，哪些情况是"令人厌恶的""不能忍受的""无价值感"以及"过度泛化的"。通常情况下，来访者的非理性信念与自我诋毁以及他人对挫折的苛刻责备 / 谴责有关。以下是 11 种典型的非理性信念（Hackney & Cormier，2017）：

（1）我必须获得每一个接触过的人的喜爱或认可；

（2）我应该胜任工作，并被认可是有价值的；

（3）有些人是坏的、邪恶的，他们应该受到指责和惩罚；

（4）如果事情不按我的想法进行，那将是一场可怕的灾难；

（5）造成不愉快的原因是我无法控制的；

（6）危险或可怕的事情是非常令人担忧的，它们可能造成的伤害是我应该经常关注的问题；

（7）逃避困难和责任比面对它们更容易；

（8）我应该在某种程度上依赖他人，而且应该有一些可以依靠的人来照顾我；

（9）过去的经历和事件决定了我现在的行为，它们对我的影响永远无法抹去；

（10）我应该为他人的问题和困扰感到不安；

（11）每个问题都有一个正确的或完美的解决方案，必须找到这一解决方案，否则结果将是灾难性的。

应当在触发事件（Ａ）之后、信念（Ｂ）产生之前评估结果（consequence，简写为 Ｃ），即来访者因对触发事件所持有的信念而产生的相应情绪或行为，也往往是促使来访者寻求心理咨询的最初缘由。忧虑、悲伤、悔恨和懊悔等情绪是健康的反应，而焦虑、抑郁、内疚及伤害等情绪或行为是不健康的反应。

在对触发事件（Ａ）、信念（Ｂ）和结果（Ｃ）进行鉴别和评估后，咨询师通过"提出问题以鼓励来访者质疑非理性信念的实证性、逻辑以及实际效用"来形成对来访者的非理性信念的争议（dispute，简写为 Ｄ），包含辩论、区分和定义三个步骤。咨询师就与触发事件（Ａ）有关的信念体系与来访者辩论，帮助来访者区分理性与非理性反应，并帮助来访者以更理性的方式加以定义。咨询师可使用以下问题："这种逻辑好吗？如果一位朋友有这样的想法，你会接受它吗？为什么必须这样，有证据吗？如果……，会发生什么？为什么一定要……？即使无法得到想要的东西，你也会开心吗？"

争议（Ｄ）可通过认知、情绪以及行为技术来实现，咨询师可使用逻辑争议攻击来访者论点的准确性，使用实证性争议聚焦来访者非理性信念的真实情况，使用功能性争议来关注通过改变信念以减少结果（Ｃ）中的不适经验。理性自我心理分析同样可用于实现争议，在这个过程中来访者对触发事件（Ａ）、信念（Ｂ）、结果（Ｃ）和争议（Ｄ）进行审查，并对替代反应加以描述。

完成争议后，咨询师与来访者评估争议（Ｄ）的效果（effects，简写为 Ｅ）。如果争议（Ｄ）成功，那么来访者会因为信念的改变而改变自身感受和行为，当再次发生触发事件（Ａ）时，来访者可以得出更理性的结论。

以下是咨询师在实施 REBT 时的 13 个具体步骤（Dryden，1995）。

（1）询问来访者促使其前来咨询的缘由。

（2）与来访者就需要讨论的目标问题及咨询目标达成共识。

（3）评估触发事件（A），确定触发非理性信念的行为至关重要。另一种方法是，在步骤（3）之前进行步骤（4）。

（4）评估导致来访者寻求咨询的问题的结果（C），可能是行为、情绪或认知。

（5）识别并评估来访者的次要情绪问题（如果有的话）。

（6）对来访者说明触发事件（A）背后的信念（B）与结果（C）直接相关。

（7）评估信念（B），区分绝对主义（传统）信念和更理性的信念。

（8）在非理性信念（B）和结果（C）之间建立联系。

（9）帮助来访者展开对非理性信念的争议（D），并促使其深入理解非理性信念（B）。

（10）帮助来访者提高对新的理性信念的信心。

（11）布置家庭作业，让来访者将已学内容付诸实践。

（12）在下次咨询时检查来访者的家庭作业。

（13）帮助来访者解决与问题或作业有关的困难，并将此过程推广到其他方面。

我通过现场及视频资料观察了阿尔伯特·埃利斯的实际操作，他在许多情况下采用以下七个步骤。

（1）进入来访者的自我对话：鼓励来访者谈论现有问题以评估触发事件（A）和结果（C）。特别关注来访者思维中的自我信息，将这些信息外显。

（2）识别来访者的潜在信念：通过外显的自我对话信息确定来访者行为的潜在信念体系（B），如果是不理性的，就要与来访者共同努力，通过改变信念获得令人满意的感受和结果。

（3）认同更理性的信念：来访者与咨询师就更理性的、更恰当的信念达成共识，形成更理性的信念和情感。

（4）实施理性情感想象技术（Rational-Emotive Imagery，REI）：相关步骤请参阅接下来的理性情感想象技术部分。在咨询中至少使用一次这项技术，以确保来访者理解如何正确运用。

（5）布置作业：直到下次咨询前，来访者需针对现有问题每天练习理性情感想象技术3～5次，以培养更为理性的信念。

（6）积极结果：来访者完成作业后可进行自我奖励。

（7）消极结果：来访者未完成作业可进行自我惩罚。

使用理性情感想象技术处理来访者的问题通常需要 20 ~ 50 分钟。

理性情感想象技术

理性情感想象技术是马克西·莫尔茨比（Maxie Maultsby）于 1974 年提出的，这项技术通常包含在 REBT 中，是通过高强度的心理练习来建立情绪适应模式。在咨询师的帮助下，来访者将自己的想法、感受和行为形象化，像他希望在日常生活中能够做到的那样。理性情感想象技术的主要目标是让来访者在咨询师的帮助下将不健康的情绪转化为健康的情绪。

在实施这项技术前，咨询师要帮助来访者进行理性自我分析，以确保来访者理解与痛苦情境有关的非理性信念。咨询师也要理解 REBT 的 ABCDEF 模型，一旦确定来访者的非理性信念，咨询师与来访者就可以进行以下七个步骤。

（1）想象不愉快的触发事件：咨询师应告知来访者想象事件的生动细节。

（2）体验不健康的消极情绪：来访者需感受触发事件过程中的情绪，花几分钟面对，这个过程被称为消极意象（negative imagery）。生动地想象自己置身于此对于来访者来说非常重要。

（3）改变情绪：一旦来访者产生不健康的情绪，就需要花时间将其转变为恰当的反应，想象自己对触发事件做出健康的情绪反应，这个过程被称为积极意象（positive imagery）。

（4）审查过程：在这个步骤中，咨询师需帮助来访者了解，改变信念体系（B）可以影响触发事件（A）和由此产生的结果（C）。至关重要的是，来访者必须了解是自我对话改变了旧信念，使它转变为更理性的新信念。

（5）重复与练习：来访者需要每天用至少 10 分钟来重复步骤（1）到步骤（3），直到不再因触发事件产生不健康的情绪。

（6）强化目标：经过几周后，来访者在遇到触发事件时应能体验健康、恰当的情绪，曾经经历过的不恰当的情绪，这时应不再发生。

（7）技能普适化：一旦来访者学会这个技能，就可以将其用于其他引发不恰当的情绪反应的触发事件。

理性情绪行为疗法的变式

一般性 REBT 适用于患有普遍问题的来访者，复杂的 REBT 适用于那些寻求更深刻、更有意义的哲学思维方式变革的来访者。当使用复杂的 REBT 时，咨询师通常会让来访者用理性的、积极的应对方式陈述。来访者写下非理性信念、争议和有效理性信念，咨询师记录来访者叙述的有效理性信念，以便让来访者在家复习，提高咨询效果。

理性情绪行为疗法的案例

巴布是一名教师，也是两个青少年的母亲，她从小就与完美主义做斗争。以下是使用 REBT 和 REI 的案例。巴布患有惊恐障碍，在咨询之初已被治愈。在第四次咨询中，她与完美主义做斗争的情况是作为次要问题加以讨论的。触发事件（A，即与完美主义有关的事件）已得到确认，巴布也提供了几个会对她产生影响（C）的事件。咨询师由评估巴布的自我对话（第一步）入手。

咨询师（C）：你是怎么知道自己有完美主义倾向的？在你的生活和行为中，有什么事情可以证明？

巴布（B）：如果事情不能按我的计划进行，我就无法进行下去。如果每件事不是做得刚刚好，我就会感到很沮丧，会变得非常、非常地……嗯，非常地害怕。如果一切都没有做得刚刚好，那么接下来的所有事都会一错再错，我会认为都是我的错，并会因此而感到压力很大。

C：焦虑会对你的生活产生什么样的影响？你通常是如何应对这样的生活的？

咨询师正在帮助巴布进一步探寻影响（C）。

B：呃，我有时会神经质地做计划，要让事情完美，你知道的，我对事情结果的期望值非常高。我认为随着年龄增长，如今这种情况已有所好转。但在我年轻时，这种情况尤为严重，如果我不能立即做完一件事，就会认为自己不能完成，或认为是因为我的错误导致了无法完成的后果，甚至不再去做任何尝试。现在，有些事我可能还会去做——我已经好多了，但还是不敢轻易尝试，因为我觉得一旦不能成功完成，就会担心别人认为我有问题。

C：好的，这很值得关注，我听到你暗示完美主义心理会阻止你尝试新事物，你会因此感到很沮丧，甚至不去做这些事。有的人有时会比较有控制欲，好像无论如何都要掌控。

B: 我属于前者，如果我觉得自己不行就会逃避，更害怕失败，至少不想让别人看到我失败。

C: 然后你就逃避。好，这是今天我们要讨论的。我会使用更专业的治疗术语———"理性情绪行为疗法"，这个疗法涵盖一个人心理内容的方方面面，如自我理性思考、自我情绪感知、自我行为能力。我们将尝试做一些事来解决完美主义思想及随之而来的感受和行为变化。你提到的关于完美主义的一点是，你要求每一件事都一定要做得刚刚好，而且无论何时何地都得如此。你思考这些事的时候就会陷入脑中的自我对话中，在刚开始的一两分钟里，我听到了一些你的自我对话："如果一切不顺利，就没什么事是正确的，这都是我的错。"这会让你表现得紧张、担心、追求完美。

B: 对。

咨询师开始第二步: 帮助巴布确定她行为的潜在信念体系（B）。

C: 我想要你关注的是，你认为哪些价值观和信念决定了你的潜意识？

B: 嗯，如果我要做什么，如果它值得这么做，就必须做好！嗯，我认为得把做的每一件事都做好，因为如果在做一件事，就必须把它做好。你知道的，我不接受失败，我真的不能把事情搞砸……

C: 我甚至听出你不仅仅是想把事情做得刚刚好，你说如果你要做什么，就必须做好。就好像，我必须做得很好，我应该做得很好，如果我不做得很好，就……

B: 如果失败了，那就是我有问题！

C: "我失败了，我失败了，就是我有问题。"（写下来）现在我们取得了一些进展。你有问题，你到底怎么了？因为我知道你一直在考虑这个问题。

B: 我不完美，我不是一个好人，人们会认为我不是一个好人，会认为我低人一等，比他们差，比同事差，或者不如我的朋友们。

C: 那么当你想着"我不完美，我比我所有的朋友、邻居和同事都差"时，你的情绪是怎样的？

B: 哦，就像这样大爆发，好像心脏被填满了，有时会不知所措，不知道下一步该做什么，不知道如何修复它。哦，天啊，我要做，我必须这样做，我必须采取措施解决它。所以对我来说，一直都是这样，我就什么都不做——因为如果我做不好，就只会找理由不再继续，而不是坚持试着在某件事上做到最好。我要是做得不好，就会认为自己完全不应该去做。

C: 好的，你会得到这些本能反应。你可以感觉到它们在你的身体里完全紧张起来。我可以从你的手看出你对这件事感到紧张不安。

B: 是的。

C: 好的，很好。

B: 好吗？

C: 我的意思是，你能表达出所有这些是很好的，因为这正是我们在这里想要尝试做的事，它真的能帮助我理解更多。

介绍评估程序（见第1章）。

C: 假设我们用1~10分来描述你的状态，1分代表冷静、放松、没有任何问题，10分代表惊恐发作、情绪不稳定、胃痛等。在你对自己说"我不完美"或"我不如同事、朋友和邻居"时，你给自己的状态打几分？

B: 9分或10分。

C: 9分或10分。也就是说，你处于某种真正消极事件发生的边缘。

B: 嗯。

C: 所以你会觉得"我不完美，我比其他人差"。如果认识到自己的不完美，会导致他人认为你低人一等或一无是处，或者只是你自己对自己说这样的话，那么可怕的是什么？

B: 嗯，这是我对自己说的，这就像脑中浮现的那些小事，比如如果他们知道我并不完美，如果他们知道我做不到，他们就不会喜欢我，也不会雇用我，不会与我为邻，或者成为我的朋友。他们不会跟我说话，也不会在观看体育比赛或做其他事时坐在我旁边。如果人们认为我不完美，就不会喜欢我。如果我不完美，他们就不会接受我。

C: 好的，这是一个非常强大的信念。现在，想一想这些想法的情绪后果是什么？如果你能标记出这些情绪，那么它们会带你到什么地方？比如："我必须是完美的，我必须优秀，我必须和其他人一样好，甚至比他们更好。如果我不是，就太可怕了。"

B：是的。

C：但它会对你的情绪反应产生什么影响呢？我的意思是，如果你给它贴上标签，那么你会如何称呼它？

B：这要看情况。有时它会摆出一副样子，它让我看起来似乎很肤浅。

C：对，现在你就是这样应付情绪反应的（停顿）。我听你说话，感觉像是已经开始变得非常焦虑、担心和……

B：受伤害，就像情感受到伤害一样，就好像有人对我做了什么——我已经接受了这个评价，但我并不知道。我不知道是否真有人在评价，但我头脑中有一个小小的声音在告诉我："是的，他们正在评价你，而且是消极的评价。"

C：每个人都在看着你、评价你。是的，所以我们会有这种担忧、被伤害的感觉，以及真实的焦虑，这种内心的焦虑每次都会发生。你会认为："我不完美，这太可怕了，很糟糕，如果我做到完美，我的生活就会好得多。"

B：嗯。

C：你的生活曾经完美过吗？

B：哦，不。

C：没有，那么有没有人的生活是完美的呢？

B：没有（开始笑）。

C：好的，你在认知层面意识到了这一点。你在想："是的，我知道这是非理性的，我不应该这样想，但我无法控制自己。我只有这一种思维方式，它会引发几近惊恐的反应、这么多的不安和焦虑。"这是理性的吗？

B：绝对不是。

咨询师开始第三步：形成更理性的信念（B）和情感。

C：当你感觉自己不完美时，除了紧张焦虑、担心或恐慌，还会有什么更理性的回应？

B：我不知道。也许……也许别人只是感到失望，或者只是看到后当什么都没发生，继续过自己的生活。我不知道。

C：哦，"失望"（写下来）。所以我们现在需要做一些事（停顿），当发生这些你会对自己这样说的事时，你达到 9 分或 10 分的焦虑，你意识到："这些事都是我自找的。事实上，大概所有这一切都是我自找的。"现在我们需要做的是让你更接近正常反应，你会发现，有时犯错是正常的。你会有种感觉："我应该做得更好，因为我是一个聪明、善于表达、有能力的女人，我应该能以一种相当有效的方式完成任务，不一定是完美的却相当有效。"我希望让你更接近这种正常反应，所以我现在想要对你实施理性情感想象技术。

咨询师开始第四步：实施理性情感想象技术（REI）。

C： 请你闭上眼睛，想象正在发生一些事情，比如你失败了，事情进展得不顺利。你对自己说："我真不敢相信，我不完美。邻居们会怎么想？同事们会怎么想？他们会认为我低人一等。"我希望你能够感受到它们在你胃里，在你身体里面，在你的9分或10分焦虑的基础上，而这只是发生在你身上可怕的事情之一，你能感受到吗？

巴布大笑，摇了摇头，继而摆了一个明显的"是"的手势。

B： 哦，我可以感受得到……

C： 好的，这很容易做到。我希望你能感受一下，真正感受到你内心的翻腾（停顿一分钟）。现在，巴布，我想让你改变那些情绪或那种感受，改变那个可怕的9分或10分。我希望你只是感到有一点儿失望，而不是焦虑或翻腾，不是真正的担忧或不安，我希望你对自己有点失望——只是有一点失望，而不是彻底失望，在刚才那个量表的最低分的位置。如果你肯花时间付出更多努力，事情也许会变得更好。不过，一切都会好起来的。你只是稍微失望一下，你只是没有把每件事都做到完美，然后给我一个你能做到的小暗示。你甚至可能想要通过深呼吸来让自己冷静下来。所以，继续把自己的情绪降到有点失望的程度。失望，但并不担忧，不对任何事感到心烦或愤怒。（停顿一分钟，直到巴布点头）。你感受到了吗？

B： 是的。

理性情感想象技术通过创建一个新的自我对话来帮助来访者过渡到争议阶段（D）。

C： 好，现在你做什么能让自己得到9分或10分？你现在可以睁开眼睛再回想一遍。你做了什么让你从9分或10分下降到有点失望的程度？你对自己说了什么？你脑子里想了什么？

B： 嗯，我不必事事完美。

C：很好。

B：我并不完美，没有人是完美的，别人也并不完美。最坏的结果，我们已经说过了——没人会拖你出去并对你开枪，或是用棍子把你打死，也没人会解雇你，他们都会给你一个解释的机会。即使没有，也不用担心，因为最坏的结果也不那么糟糕。

C：好的，有没有像你曾经想的那么糟糕？

B：也许一生中只有一次。

C：也许在很长一段时间内，它会带来十分消极、糟糕的后果。但是你也说了，事情从来都不是这样的，很少会有更糟的结果。因此，很多担心基本上只会对你的身体和思维产生影响，但不会对生活产生真正的影响。在其他人看来也一样。

B：是的。

C：只会让你紧张，让你办坏所有事。

巴布笑出声来。

咨询师准备开始第五步（布置家庭作业），但在布置家庭作业前完成了第六步（积极结果）和第七步（消极结果）。

C：很好。现在告诉我一件你真正喜欢做的事情，你觉得有价值、有乐趣而且只是为了奖励自己去做的事情。

B：购物。

C：购物，很好。

B：或者阅读。

C：好的，购物，阅读。我敢肯定，你丈夫更喜欢你以阅读为乐。

B：是的，当然。

C：很好，现在告诉我一件你不喜欢做的、不想做的事。

B：熨衣服！

C：好的，我希望你将每天练习 5 次理性情感想象技术作为家庭作业，每天都要练习，直到下周见面时。分别在早上、下午和晚上练习。当你一天练习 5 次理性情感想象技术时，我要你用 30 分钟的阅读消遣来奖励自己，但如果没做到 5 次，那就要熨 30 分钟衣服——从你家里需要熨烫的衣服开始，然后把衣服从衣橱里拿出来再熨一次，甚至可以打电话给你的亲戚和邻居，问问他们有没有需要熨烫的衣服。

B: （被这种幽默逗笑了）哇，我是该做我应该做的事来得到我喜欢的东西呢，还是做不该做的——整晚熨衣服？嗯，我应该选哪个呢？

C: 每天这样奖励或惩罚自己，直到下周我们再见面。

咨询师通过查看今天和巴布一起工作的过程完成评估（E）。

理性情绪行为疗法的有效性及评价

咨询师可将 REBT 用于有各种问题的来访者，其中包括高强度应激、人际关系问题及残障人士（Ellis，1977b）。REBT 可用于儿童和青少年、多元文化背景的来访者、残疾来访者，以及家庭和正在进行治疗的群体，同时提供与这些群体相对应的模型，以供咨询师使用（Yankura & Dryden，1997）。REBT 可有效应用于女性、夫妻和成年人；适用于个人、夫妻、家庭和团体治疗；同样适用于临床问题，如成瘾行为、焦虑、边缘性人格障碍、抑郁、病态嫉妒、强迫症和创伤后应激障碍；也适用于情感教育、会心团体、行政领导、马拉松及其他密集性集体工作经验。

REBT 被称赞为有效，是因为其可迅速减少来访者的症状，并令来访者的人生观发生重大变化。对儿童和成人来访者使用 REBT 可有效解决诸多问题，如焦虑、抑郁、挫折容忍度低、完美主义、强迫症、创伤后应激障碍、考试焦虑、心境障碍、学习无能等，可以有效减少儿童和青少年的破坏性行为、焦虑和遗憾感。

埃利斯等人（Ellis et al.，2002）认为，这是一种可以帮助人们更加理性地思考，在失败或被拒绝时不再感到焦虑、沮丧和愤怒的有效方式。例如，研究人员对 88 名患有抑郁症的罗马尼亚青年进行了 RCT 治疗，发现三种治疗条件之间没有差异：REBT/CBT 组、药物治疗组以及药物治疗联合组（Iftene et al.，2015）。研究表明，尽管没有进行长期随访，但单次 REBT 教育研讨会减少了精英青少年足球运动员的非理性思维（Turner, Slater, & Barker，2014）。它还可以增加治疗依从性。例如，对患有艾滋病的妇女进行 8 周的 REBT，改善了一般心理健康因素，从而提高了治疗的依从性（Surinena et al.，2014）。理情行为疗法也是一种有效的技术，用于来自不同文化背景的来访者和丧亲后遇到情绪问题的人（Boelen et al.，2004）。

尽管 REBT 在很多情况下都是有效的，但也有其局限性。塞利格曼和瑞森伯格（Seligman & Reichenberg，2013）指出，REBT 忽视来访者的过去，而且节奏过快。此外，正如埃利斯等人（Ellis et al., 2002）所言，REBT 在治疗患有严重人格障碍的来访者以及有冲动控制障碍（如酗酒、入室盗窃、恋童癖、窥阴癖）的来访者时收效甚微，除非来访者有改变的意愿。

理性情绪行为疗法的应用

现在，将理性情绪行为疗法应用于与你合作的来访者或学生，或者重温本书前言中介绍的简短案例研究。你将如何使用理性情绪行为疗法来解决问题，并在咨询过程中取得进展呢？

第 27 章

系统脱敏疗法

系统脱敏疗法的起源

20 世纪 50 年代末期，约瑟夫·沃尔普创立了系统脱敏疗法，这是治疗焦虑和恐怖症最常用的方法之一。起初，这个方法被看作纯粹的行为疗法，但因其含有认知成分，如今已被纳入认知行为疗法中，我们将在本章展开讨论。系统脱敏疗法是让来访者反复回忆、想象或体验焦虑事件，并运用放松技巧来抑制事件引发的焦虑。

系统脱敏疗法建立在经典条件反射、对抗性条件反射及交互抑制概念的基础上，也就是说，两种相互竞争的反应不能同时发生。例如，恐惧的同时不可能伴随放松、平静的反应，关键是强化理想反应（平静），以阻止不良反应（恐惧）。使用系统脱敏疗法时，让来访者学习和运用放松技巧可降低刺激性事件引发焦虑反应的可能性。焦虑和放松是两种对立反应，通过让来访者逐步暴露于恐惧事件并进行放松训练，以降低其对事件的敏感度。系统脱敏疗法适用的恐怖症包括对动物或昆虫（如狗、蜜蜂、蜘蛛等）的恐惧、恐高，以及对密闭空间（如电梯、密室等）的恐惧。

系统脱敏疗法既可以隐秘进行，即在咨询师办公室进行可视化想象（如想象蜜蜂在面前或站在高处），也可以在现实生活中进行，即真实地接触刺激（如让来访者实际暴露在蜜蜂面前或置身于高处）。我提倡使用可视化意象，因为咨询师可以更好地控制环境和心理咨询过程，但两种方法同样有效。

如何实施系统脱敏疗法

系统脱敏疗法包括以下三个阶段：

（1）咨询师要让来访者熟练掌握放松技巧［如深呼吸、渐进式肌肉放松训练
（PMRT）］；

（2）建立焦虑事件等级量表；

（3）在放松时呈现引发焦虑的刺激。在来访者和咨询师准备开始真正的脱敏过程前，
来访者应在前两个阶段达到令人满意的水平。

在来访者和咨询师确定咨询关系后，实施系统脱敏疗法的第一步是找出要干预的目标
行为。要做到这一点，咨询师需要收集来访者的全部病史。咨询师通过对来访者进行广泛
提问，分析来访者的问题，并将其与生活中的其他事件联系起来。除了要了解来访者的基
本信息外，还要了解会引起焦虑的情境，这有助于第二步的实施。

第二步，咨询师与来访者共同找出引发来访者焦虑的所有相关因素，对来访者来说，
提供焦虑细节的说明是很重要的。为使系统脱敏疗法效果最大化，咨询师需了解所有导致
来访者痛苦的情况。虽然恐惧量表（fear survey schedule）、威洛比调查问卷（Willoughby
questionnaire）或伯森特自给自足量表（Bernsenter self-sufficiency inventory）也有助于发现
来访者的恐惧，但信息主要是通过讨论获得的。

第三步，咨询师应帮助来访者建立焦虑事件等级，且等级应该是现实、具体的。威洛
比调查问卷可以提供必要的原始数据。咨询师应为来访者布置家庭作业，让其创建一个与
恐惧相关的刺激清单。必要时，应帮助来访者至少想出 10 个项目，且通常不要超过 15 个。
然后，咨询师应审查与恐惧相关的列表和项目组合，来访者查看列表，并使用主观痛苦值
（SUDS）（详见本章案例）对特定事件进行分级。接着，按顺序将最能引起焦虑的情况放
在列表底部，将引起最少焦虑的情况放在列表顶部，构建出层次结构（详见本章案例）。

第四步，来访者要准备好学习放松技巧。虽然沃尔普曾在 1958 年建议使用催眠术来
放松，但目前最常用的是渐进式肌肉放松训练（见第 16 章）。来访者应学会放松身体各部
分肌肉群。为确保系统脱敏疗法产生最佳效果，来访者应完全放松，因此需要在家多加练
习，熟练掌握放松技巧。

第五步，咨询师需制定方案为来访者呈现层级情境，这通常是一个渐进过程，从隐匿
的到更公开的场景，由轻到重或到更真实的情境。同时，咨询师应与来访者约定一个信
号，当来访者感到焦虑时，可以发出这个信号告知咨询师，轻微抬手或手指抽动通常是很

有效的信号。

当来访者和咨询师准备好开始实施系统脱敏时，来访者需要通过使用所学的放松技巧进入深度放松状态。来访者闭上眼睛，咨询师首先引入一个在来访者层级表中没有的中性情境，如果来访者想象这个情境时没有产生焦虑感，咨询师就会要求来访者想象处于最顶层的情境。几秒到半分钟后，要求来访者想象焦虑层级表的次一层焦虑情境，如果来访者在这个过程中感到焦虑，就可以利用约定的信号告知咨询师。当来访者感到焦虑时，应停止想象并回到完全放松的状态，放松后，咨询师可继续呈现这个层级表中的情境。在单次咨询中，通常让来访者想象层级表中所列的 5～6 种情境就足够了。第二次咨询的内容取决于第一次的进度，应将来访者未产生焦虑的情境从层级表中去除。如果来访者对最顶层的情境产生了显著焦虑，就需要用更低焦虑刺激的情境进行替换。如果呈现的刺激过于强烈，就可能会产生危害，咨询师应始终稳妥行事，选择低焦虑刺激的情境，避免产生伤害，随后的咨询应以类似的方式进行。沃尔普指出，虽然与轻度到中重度恐惧相关的 15 项层级表只需 4～6 次咨询即可完成，但系统脱敏疗法通常会进行 15～20 次咨询。如果来访者在治疗过程中能够在想象层级表中引起重度焦虑的情境时仍然保持放松状态，治疗就结束了。

最后，咨询师和来访者应制订一个后续计划，要求来访者在咨询结束后在家练习。同时，强化是确保治疗成功的必要条件，因此咨询师应制订后续跟踪随访计划。

主观痛苦值

为测量来访者焦虑程度的变化，沃尔普创建了主观痛苦值（SUDS）。其最初的设计目标是在系统脱敏疗法中加以应用，咨询师可通过主观痛苦值评估并了解能最大程度引发来访者产生焦虑的情境。对来访者使用主观痛苦值时，沃尔普建议想象以下情节：

> 将你可想到的最令你焦虑的情境指定分值为 100 分。然后，想象一个最平静（即完全没有焦虑）的情境，指定分值为 0 分。现在，请你创建一个 0～100 分的焦虑量表。在你醒着的每时每刻，你的情绪状态都处于 0～100 分。你此刻的焦虑值是多少分？

0～100 分的量表具有很大灵活性，使用频率很高。此外，也可使用 0～10 分的量表，与前文讨论的量表技术类似。来访者关于 SUDS 的自陈报告是建立焦虑等级的基准。当来访者对几种不同情境都感到焦虑时，咨询师可让来访者运用 SUDS 判断最焦虑的情境。如此一来，可在咨询中仅关注这一种情境。

沃尔普对如何使用 SUDS 建立焦虑层级表进行了说明。焦虑层级表是"一种与焦虑主题相关的刺激事件列表，按照所引起的焦虑程度进行排列分级"。焦虑层级量表的内容可以是来访者的内在因素，但更多的是外部因素。创建层级表时，咨询师和来访者应列出清单，纳入来访者对引起焦虑的刺激事件的看法，然后使用 SUDS 对各项进行分级。最后，咨询师应依据 SUDS 的评分，将引起焦虑的情境按照焦虑程度等级从轻到重排列，建立层级表，这个层级表为咨询师和来访者实施系统脱敏疗法提供框架。

系统脱敏疗法的变式

科里（Corey，2016）描述了一种常见的系统脱敏疗法变式，即现实生活脱敏疗法。上文所讲的脱敏疗法要求来访者在脑海中想象焦虑情境，而现实生活脱敏疗法是让来访者置身于实际的恐怖情境中。在适当的时机，来访者可自我管理现实生活脱敏，必要时，咨询师应陪同来访者一起面对焦虑情境。这个疗法的支持者认为其治疗效果更明显，原因在于来访者可以将所学经验更好地进行泛化。

扬（Young，2017）提出了系统脱敏疗法的另一种变式，这个方法专注于缓解焦虑，而非消除恐惧。相较于细分来访者的清单及采用多种层级表，这个变式只需构建一个层级表。治疗方案仅包含 6 次咨询，仍会采用放松技巧并构建层级表，将列表中的每种情境写在一张单独的索引卡上。咨询开始时，让来访者放松并想象一个中性情境。然后，咨询师从最低层级的焦虑情境开始读卡片上的描述，如果来访者可以保持放松，则继续读下一张卡片。咨询师应在每张卡片上记录层级号、最初的 SUDS 分数、焦虑情境说明、实验编号、来访者保持放松的时长，以及与每个实验编号相关的 SUDS 等级。扬建议在适当时机可对来访者使用现实生活脱敏疗法。

里士满（Richmond，2017）提出了系统脱敏疗法的另一种变式——自我管理系统脱敏，它与原始的系统脱敏疗法一样，也包含 3 个步骤：来访者先要熟悉放松技巧，然后创建焦虑层级表，最后对情境进行详细说明。里士满建议层级表应包含 10 ～ 15 种情境，将每一种情境写在单独的一张卡片上，并采用 SUDS 对每种情境评级。对卡片分类后，来访者需要按焦虑程度，从低到高想象每一种情境；次日，来访者将层级表各项内容与放松情境相匹配。每次咨询持续 30 分钟，来访者需要尝试想象 3 种情境，结束后应有几分钟处于深度放松状态。

来访者不得在咨询外自己尝试系统脱敏疗法。不过，一个很好的做法是，咨询师在每次咨询结束后给来访者安排家庭作业，让来访者练习并强化深呼吸、渐进式肌肉放松训练、视觉意象和自我对话等技能。

系统脱敏疗法的案例

系统脱敏疗法包含三个方面：教会放松；构建焦虑层级表并用SUDS进行分级；将放松技巧应用于层级表中的情境，完成脱敏。

在下面的案例中，咨询师在咨询开始时教授妮可积极自我对话、视觉意象、深呼吸和渐进式肌肉放松训练等技巧。现在，妮可已经准备好开始使用系统脱敏疗法治疗考试恐怖症。咨询师在治疗室进行想象脱敏策略，而非现实生活脱敏疗法。采用基于意象的方法，咨询师可以灵活控制引发焦虑的刺激事件（与来访者实际置于电梯中产生的恐惧反应相比，当来访者在咨询师的治疗室想象自己处于电梯等封闭空间时，产生的恐惧反应更容易控制），而且这个方法与现实生活脱敏疗法的效果相同。下文对焦虑层级表的创建、SUDS和想象系统脱敏疗法的实施进行了说明。

以下摘自第一次咨询。

咨询师（C）： 好，来看看，我们已经学习了积极自我对话和视觉意象，也进行了深呼吸和渐进式肌肉放松训练。也就是说，我们已经准备好了，可以运用系统脱敏疗法处理你的考试恐怖症了。这个方法听起来奇特，基本意思是我们将帮你逐步适应考试情境，并用放松替代焦虑。为了完成这个过程，我们还需要做两件事：第一是创建焦虑层级表，包含与考试相关但不会导致焦虑的事件；第二是与考试相关的让你恐惧和焦虑的事件，会让你感觉真的在参加考试，你会发抖并感觉"世界末日来了"，你的焦虑程度会达到9分或10分。

妮可（N）： 好的。

C： 然后，我们会进行放松训练，这些你已经学过了。所以我们将在第三步的系统脱敏过程中会用到恐惧层级表和放松技巧，好吗？

N： 那就开始吧。

C： 我们先花几分钟谈一下焦虑层级表，我们先进行层级表中10～15级的情境。我们来梳理一下，在考试的整个过程中你所经历的让你焦虑的事件，从让你焦虑程度最低的事件到你最害怕或最恐惧的事件。

N: 只是与考试有关的吗?

C: 是的,考试焦虑。

N: 你是说,就像……当我……就像……当我感觉……就像……压力最大的时候?

C: 嗯,是的,与量表中 9 分或 10 分很接近的情境。

N: 可能就是我搞不懂、被问题难住时,真的很糟糕。比如,考试时,有一个问题或一部分我完全无法理解,我感觉这是最糟糕的。

C: 好的,就是说,你在考试时卡在一个自己不理解的问题上了,是吗? 咨询师写下这个事件,随后接着往下写。

N: 是的。

C: 好的,还有呢? 你还遇到过什么情况?

N: 我看到其他人都做完了,可我还在疯狂地写着的时候,也很糟糕。

C: 所以,他们……

N: 他们放下笔或坐着等。

C: 还有呢?

N: 考试时间快结束了,这个比较吓人,而我根本没做完,或者短时间内还有很多内容要写。

C: 好的,还有呢?

N: 考试一开始时,还有如果我觉得考试内容很多,比如,试卷有很多页或很多问题,我也会感觉很焦虑,因为我感觉自己永远都做不完。

C: 好的。你已经说了一些量表中让你感到严重焦虑的情境,我需要你说些中度或者是一些处于低层级的、不太会引起焦虑但会让你的情绪产生少许波动的事件。这样的事件有什么呢? 是什么样的情境呢?

N: 嗯,也许是老师宣布将要举行考试的时候。中度的,可能是我知道要举行考试的时候,而且我必须做很多准备。

C: 你需要做很多准备?

N: 是的。

C: 这可能比宣布考试时更让你感到紧张吧?

N: 是的。

　　构建考试焦虑层级表是相当具有预见性的，所以咨询师应帮助来访者补充一些低等程度和中等程度的反应。

C：我们还可以说说诸如在考试的早上等情况。

N：好的。

C：很好，还有考试前一晚，怎么样？

妮可点头同意。

C：如果你还在上课，那么我们还可以聊聊上课的前一天？　妮可点头同意。

C：从老师通知要考试时起，通常会给你们多少时间准备呢？是提前一周还是几天？

N：一周，有时候是几天。

C：几天？

N：通常会给一周的时间。

C：很好，我就写提前两天、提前三天、提前四天。

N：好的。

C：还有其他的吗？

N：这是全部了吧，我能想到的。

C：但在考试的早上，从起床后到考试开始时，离考试时间越来越近，时间一点点流逝，这期间会发生很多事。

N：我起床后会再复习一遍，全部看一遍。

C：也就是说，你早上起来还会复习？

N：是的。

C：还有呢？在你去学校的路上感觉怎么样？

N：非常紧张。

C：到学校后呢？

N：嗯，是的，那时也是，基本上一直到开考前都会非常紧张。

C：所以，从你到了学校开始，直到老师发试卷这期间，发生了什么事吗？

N：考试时间越来越近，时间一点点过去，我会感到越来越焦虑和紧张。

C：嗯，就是指在等待开考之前的那段时间吗？

N：是的。

C：也就是说，有等待开考的时间，有老师分发试卷的时间，有你感觉试卷有很多页或很多问题，有考试时间快到了但你还有很多要写，有你看到其他人都放下了笔，还有你在考试的过程中被一道你不理解的问题难住了，等等。

N：是的。

C：好的，我统计了一下，我们一共写了 16 项。我们的咨询马上就要结束了，可以添加或划掉几个。接下来我们要用主观痛苦值（SUDS）把这些事件按 0 ~ 100 分的量表进行评分。

N：好的。

C：根据这些事件发生时你的焦虑程度来评分，有些可能接近 90 分或 100 分，有些则可能接近 10 分、15 分或 20 分。

N：好的。

C：接下来，我们会先按照这些事件引起的焦虑程度进行排序，再实施系统脱敏疗法。我会让你闭上眼睛，想象其中一件事正在发生。我们会从低层级的开始，当你想象这些事时，你可以通过深呼吸来放松，也可以通过渐进式肌肉放松训练、积极自我对话、想象沙滩的画面等方式让自己冷静下来，好吗？

N：好的。

C：然后我们会逐级进行，以后每次咨询只能进行 4 ~ 5 项，所以从现在开始，我们的咨询会加快很多，因为我们进行了 4 ~ 5 项，然后会停下来，下次再进行 4 ~ 5 项，直到我们想象量表分数最高的情境时不会让你感到真正的焦虑和沮丧。

以下摘自第二次咨询。

C：妮可，你还有一周就要开学了，是吧？

N：是的。

C：你认为今年还会有考试吗？

N：是的，很多。

C：嗯，你真的这么认为吗？今年会有很多场考试。

N：是的。

在继续进行系统脱敏疗法前，咨询师回顾了先前咨询的内容，检查了所有家庭作业。在本次咨询中创建了妮可的焦虑层级表，见表 27-1。

表 27-1　妮可的焦虑层级表

SUDS	事件
015	老师宣布一周后有考试
025	考试前四天
032	考试前三天
040	考试前两天
055	马上要考试了，必须做准备
068	考试前一天
078	考试前一天晚上
084	考试当天早上
086	考试当天早上去学校的路上
087	考试当天早上到学校
089	老师分发试卷，考试马上开始
090	看到试卷有很多页
094	遇到了难题，卡在了某个问题上
097	其他人都做完了，放下笔等着
097	考试时间快到了，还有很多题没做完

C：上次咨询后，我把你的焦虑层级表列出来了，并将事件按照我认为合理的顺序排序。所以，今天要做的第一件事就是针对焦虑层级表应用主观痛苦值，这么做是为了帮我们评估每一件在你想象中发生或在生活中实际发生的事件。你需要给每一项评分，按照焦虑程度，从最低到最高依次排序。在所有层级表事件都完成后，我们可以从最低层级开始逐步进行到最高层级，采用放松、视觉意象、自我对话和深呼吸法，让你在想象焦虑的事件时也可以放松。最终会发生什么呢？因为你在想象的时候很放松，所以你会对这些焦虑事件变得不那么敏感。将来在现实生活中再次遇到此类事时也会感到很放松，因为你在治疗室已经处理好了，对吗？

N：好的。

C：我们先来应用主观痛苦值。你有没有见过液晶显示屏的闹钟？就是那种会显示数字，背景是黑色、红色或其他颜色的闪光数字的闹钟？现在我希望你想象一个液晶显示屏，上面有3个数字，这3个数字会上升，可以从000上升至100。000表示你一点都不焦虑，完全放松，这件事一点儿也不会影响到你；100则表示你很焦虑，随时可能会惊恐发作，因为你特别沮丧且紧张。明白了吗？

N：明白了。

C：我们要做的就是在 0 ~ 100 分的量表中，由我读出每一项会发生的活动或事件，你来评分，这样我们就可以把这些事件按顺序排列。请你闭上眼睛，在我读的时候，我希望你在脑海中想象这些事正在发生，并把液晶显示屏放在脑中画面的右上角。

N：好的。

C：明白了吗？

N：明白了。

C：妮可，我希望你想象一下在课堂上，可以是你喜欢的课。想象老师马上就要宣布，一周后这门课程将举行一次考试。按照 000 ~ 100 分的量表，000 分代表一点都不焦虑，100 分表示焦虑不安，你的焦虑值是多少？

N：015。

C：015。这很接近没有焦虑，是吗？

N：是的。

C：现在，我要你想象一下距离考试还有四天，你的焦虑值是多少？

N：025。

C：025？好的，分数有点高了哦。

N：是的。

C：那么考试前三天呢？

N：040。

C：040？

N：是的。

C：马上要考试了，必须做好准备。

N：055。

C：055？

N：是的。

C：嗯，那还有两天呢？

N：050。

C：好的。考试前一天呢？

N：更高了，大概 068。

C：068，那么是在考试前一天，你开始感到焦虑的。

N：是的。

C：好的。你知道明天就要考试了，白天焦虑值是 068，那么在考试前夜呢？

N：078。

C：078。好的，在考试当天早晨呢？

N：087。哦，不是，应该是 084。

C：084。好的，考试当天早晨你还在复习，你从起床后就在为考试做准备。

N：086。

C：好的。现在，你出发去学校。

N：可能一样，也是 086，通常不会变。

C：那在你到了学校后呢？

N：可能是 087。

C：好的，只高了一点。

N：是的。

C：老师分发试卷，你等着开考。

N：这个很糟糕，089。

C：089。好的，考试时，有道题你不理解，被难住了。

N：这时候分数会很高，因为我在这种时候通常会惊恐发作，所以可能是 094，是的。

C：094？

N：是的。

C：好的。其他人都做完了，把笔放下了。

N：哦，天啊，这时特别高，096。

C：时间快到了，你还有很多题没做完。

N：我觉得这个是最高的了，可能是 097。

C：097？

N：是的。

C：好的，你现在已经接近 100 了。

N：是的。

C：顺便问一下，100 分会是什么事呢？有没有什么事会让你的焦虑值达到 100 分？

N：我不认为我真的会达到 100 分的程度，只是会很接近。

C: 那我们需要把你带出教室或者诸如此类的吗？

N: 是的。

C: 好的。那么，这里已经写下来了。老师宣布一周后要考试，焦虑值为 015，随着考试越来越近，你开始感到越来越焦虑，直到考试当天的早上。在去学校的路上，你到达学校，焦虑值已经接近 090。老师发试卷时，焦虑值为 089。然后，你看到试卷有很多页，你被一道不理解的题难住了。其他人看起来好像已经完成了，而你呢，时间快到了，可你还有很多没有做完。

N: 是的，这是最糟糕的。

C: 你再浏览一遍清单，看看有没有想要补充的？有没有什么你觉得对你来说是问题却被漏掉的事件？

N: 我认为基本上都包括了，这就是全部了。

C: 好的。有两件事的焦虑程度你给了相同的评分 —— 去学校的路上，还有考试当天早上复习时。我准备删掉一项，这样焦虑层级表上的内容就剩下 15 项了。在我们开始实施系统脱敏治疗前，你还有其他想要说的吗？

N: 没有。

咨询师现在开始实施系统脱敏治疗。

C: 好的，我们继续吧。从清单最下面的内容开始，今天进行 3 ~ 4 项，或者 5 项吧，我们来看看你的表现。

N: 好的。

C: 现在，我希望你感觉舒服点，你可以通过深呼吸和渐进式肌肉放松训练让自己全身放松。我想让你做几次深呼吸，好吗？

N: 你要我现在就开始吗？

C: 是的。做几次深呼吸，闭上眼睛，你甚至可以把自己带到海滩，或者使用积极自我对话达到完全放松的状态。

暂停几分钟。

C: 很好，进行下一步。我们来做深呼吸，要平稳、缓慢地深呼吸，我希望你想象一下列表上我们刚才讨论过的内容。我们从低层级开始，我希望你在脑海中想象，然后，我希望你在想象时保持缓慢的深呼吸。当你变得非常焦虑或紧张时，我希望你能忘记考试的画面，并用海滩的场景取而代之，好吗？

N: 好的。

C: 还有，我要你给我一个信号，表示你很放松，准备好进入下一个层级了。当你在脑海中想象这个事件，并且恢复了平静和放松，你就举起手指，让我知道你已经准备好继续下一步了。

N: 就像这样？

妮可举起手指作为信号。

C: 没错，很好。你需要想象一个画面，想象老师通知说一周后要举行考试。想象这个画面，继续深呼吸并保持放松，当你准备好继续的时候，当你能够在想象这个事件时保持冷静和放松的情况下，举一下手指（停顿）。好的，现在请睁开眼睛，回到我这里来。你现在感觉怎么样？在 0 ~ 100 分的量表中，你现在的焦虑值是多少？

N: 可能是 003 吧，刚才我真的感觉很放松。

C: 最开始时你说的是 015，现在是 003，非常平静和放松，一点都不焦虑。

N: 是的。

C: 很好，继续，闭上眼睛，再进行几次深呼吸，给我手指信号，接下来我们会再进行 3 ~ 4 项。

暂停，等待手指信号。

C: 好的，现在我希望你想象一下离考试只剩下四天时间了，继续深呼吸，继续保持放松。

暂停，等待手指信号。

C: 很好，现在想象一下离考试只有三天了。

暂停，等待手指信号。

C: 很好，现在想象一下离考试只剩下两天时间，试着呼吸并保持冷静，深呼吸。

暂停，等待手指信号。

C：很好，现在我希望你想象马上就要考试了，而且你需要做准备，想象你需要做准备。

暂停，等待手指信号。

C：很好，妮可，慢慢地收回意识，回到我身边。当你准备好时，睁开眼睛（停顿）。

C：你现在感觉怎么样？在 0 ~ 100 分的量表中，你的焦虑值是多少？

N：（打哈欠，伸懒腰）010。

C：010？

N：或者是 008。

C：很好，太棒了！你做得非常好，你一下子就做到了量表的三分之一。所以，你已经到了 55 分了——你已经可以想象一些焦虑值为 055 的事件，并且在想象这些画面时能让自己的焦虑值直接下降到 010。这是我们在之后的 3 ~ 5 次咨询中要做的。我们会多进行几次，试着让你在想象这些事时保持冷静和放松。这样，你在真正参加考试时就不会太焦虑，在实际生活中也会平静和放松。你可以利用深呼吸控制自己的想法和脑海中的画面，你一定可以应对所有这些压力，对吗？

N：对。

C：现在，有一点很重要，咨询结束后，不要自己独自练习，明白了吗？只能在咨询期间进行，并且得是我在场时，主要是确保你做得正确，保证你的安全。

N：没问题。

在第三次咨询期间，妮可倒退了，开始达到焦虑层级表的第 4 级，然后顺利完成了 5 ~ 10 级。在第四次咨询时，妮可又倒退了，开始达到焦虑层级表的第 9 级，然后顺利完成了 10 ~ 14 级。此时，治疗几乎完成了。在这个过程中，只要妮可有不良反应，咨询师就会利用交互抑制原理帮她排除焦虑的意象，并运用深呼吸、自我对话和渐进式肌肉放松训练来帮助她恢复放松状态，然后结束当次咨询。遗憾的是，妮可错过了第四次咨询，而且在第五次（最后一次）咨询开始前一周，她还参加了几次考试。以下内容为第五次咨询中的对话。

C：你错过了上周的咨询，跟我说一下在学校发生了什么吧。

N：嗯……我参加了几次考试。

C：是吗？感觉怎么样？有很难的吗？

N: 哦，是的。准备微积分和化学考试时比较难，但奇怪的是我没有感到恐惧或恶心。在事情变难时我只是进行了深呼吸，只是把讨厌的东西排出脑外。

此时，妮可明显达到了期望的治疗效果。咨询师以13级想象开始完成了咨询，又进行了第15级的情境，完成了层级表，然后使用了标记雷区技术（见第5章）。妮可完成了高三学业，对考试不再产生任何不良反应，而且她的SAT分数提高了150分（数学和阅读综合分数），她考上了第一志愿的大学，并进入了理想的专业。

系统脱敏疗法的有效性及评价

通常将系统脱敏疗法用于治疗特定恐怖症，在某些情况下，单次咨询中会采用现实生活脱敏疗法（Ost，1989；Zinbarg et al.，1992）。特定恐怖症即个体的恐惧局限于特定情境，如考试恐惧或恐高。例如，将认知行为疗法与系统脱敏疗法结合使用对治疗飞行恐惧很有效（Triscari et al.，2011）。当来访者具备必要的应对技能，却因高度焦虑而逃避某些情境时，系统脱敏疗法最有效。

研究人员建议将系统脱敏疗法用于缓解学生的应激情境（如考试焦虑）（Egbochukuand & Obodo，2005；Austin & Patridge，1995）。在治疗高风险考试焦虑方面，认知重构和系统脱敏疗法同样有效。克劳福德（Crawford，1998）指出，系统脱敏疗法适用于治疗有阅读焦虑的职前教师。

大多数咨询师一致认为，系统脱敏疗法在治疗恐怖症方面十分成功，但对于可视化想象或现实生活脱敏疗法的效果，咨询师们的看法存在分歧。一些研究人员审查了关于儿童恐怖症行为治疗方面的文献，发现与其他治疗方法相比，系统脱敏疗法在减轻特定恐怖症和情境焦虑方面更有效，无论是用于个体或团体，还是采用体验式或隐匿性脱敏方式（Graziano，DeGiovanni，& Garcia，1979）。这个研究结果促进了研究人员对隐匿性或现实生活脱敏疗法的讨论。事实上，隐匿性系统脱敏疗法和现实生活脱敏疗法是相互补充的，主要是为了满足来访者的偏好。例如，一位拒绝使用现实生活脱敏疗法的老年女性，在应用视觉化想象脱敏疗法时表现良好（Pagoto et al.，2006）。

最近的几项研究已将系统脱敏法应用于医疗和牙科治疗领域。萨贾迪等人（Sajadi et al.，2017）报告称，与对照组相比，系统脱敏法可以有效减少护士的焦虑。希顿等人（Heaton et al.，2013）研究了计算机辅助放松学习（Computer Assisted Relaxation Learning，

CARL）的使用，它基于自我节奏的系统脱敏的计算机化治疗牙科注射恐怖症，研究发现，选择注射的治疗组参与者（35%）是阅读教育小册子的对照组参与者（17%）的 2 倍。

　　一些支持者称系统脱敏疗法利用的是交互抑制原理，但有些人则认为，系统脱敏疗法之所以会成功，是因为来访者了解到反复暴露于刺激事件不会对他们造成任何伤害。还有一种解释是，来访者在完成脱敏的过程中获得了洞察力。梅肯鲍姆（Meichenbaum，2013）指出，来访者在这个过程中实现了认知改变，并改变了对焦虑情境的期望。然而，对这项技术的有效性还存在另外一种解释，即来访者学到了一种新的、更有效的应对技巧（即放松）来处理焦虑。

　　对于有焦虑症的来访者，系统脱敏疗法并非总是最适合的。为使这项技术更有效，来访者必须熟练灵活使用渐进式肌肉放松训练或其他放松技巧。如果无法学会放松，就要选择另一种疗法。此外，如果有些来访者无法生动地想象情境，那么系统脱敏疗法也是无效的。里士满提出，如果来访者在多次接触层级表中所列各项情境后仍然存在高度焦虑，那么建议考虑以下两点：（1）来访者对事件的评分可能太低了；（2）事件的情境描述过于详细，可能包含了层级表中更高层次的情境。此外，咨询师还需确保来访者不会太长时间想象某种情境，且未向咨询师发出信号。

系统脱敏疗法的应用

　　现在，将系统脱敏疗法应用于与你合作的来访者或学生，或者重温本书前言中介绍的简短案例研究。你将如何使用系统脱敏疗法来解决问题，并在咨询过程中取得进展呢？

应激预防训练

应激预防训练的起源

应激预防训练（SIT）由唐纳德·梅肯鲍姆于 20 世纪 70 年代初创立，其理念是要帮助来访者应对轻度应激源，并培养对重度痛苦的忍耐力。梅肯鲍姆认为，通过改变来访者对自己处理应激情境能力的信念，可以提高应对技能。SIT 旨在提高来访者的应对技能，并鼓励来访者运用自己所拥有的应对技能，它结合了苏格拉底式教学和教导式教学、来访者自我监测、认知重构、问题解决、放松训练、行为演练和改变环境等元素。然而，SIT 不是一种可以盲目应用于所有紧张型来访者的处方疗法；相反，SIT 包含的一般原则和临床程序必须根据个体情况量身定制。

梅肯鲍姆使用 SIT 治疗的第一批来访者具有多重恐惧，他们都难以控制自己的愤怒，并且存在生理疼痛应对问题。梅肯鲍姆强调认知行为矫正技术，注重改变来访者的自我对话。SIT 包含认知元素，专注帮助来访者修改自我教育，以使其更有效地应对遇到的问题。SIT 可帮助来访者将应激概念化并进行重构，让来访者可以重新规划自己的生活，并对自己的应对技能产生新的认识。

SIT 是在交互型应激观点的基础上产生的，这个观点认为，当情境要求的认知需求超出系统满足需求的认知能力时就会产生应激。因此，应激是人与情境之间的一种关系，在这种关系中，个体认为当前需求超出了自己的应对资源。SIT 旨在提高来访者的应对技能，并增强对自身的信心，从而使他们能更有效地应对生活应激。

SIT 有以下多重目的：

✦ 让来访者学会将自身应激当作正常的适应性反应，还可以发现自身症状历程、应激
　的交互性质，以及自己在维持应激方面扮演的角色；

✦ 通过改变来访者对应激的概念，帮助其理解应激情境可变与不可变之间的区别，使
　其学会管理应激；

✦ 来访者应学会将较大的应激源分解为具体的短期、中期和长期应对目标。

如何实施应激预防训练

SIT 可用于个体、伴侣、小团体或大团体，通常情况下包含 8 ~ 15 次咨询，以及强化
咨询或后续跟踪随访（可延长 3 ~ 12 个月）。SIT 包括 3 个阶段：概念化阶段、技能获得
与练习阶段、应用与持续跟踪阶段。

概念化阶段旨在教授来访者认识应激的本质，以及来访者在应激过程中所扮演的角
色。来访者与咨询师共同确定当前存在的问题。一旦确定了整体应激源，咨询师就可以帮
助来访者将应激源分解为具体的应激情境，并评估当前的应对措施。让来访者认识到应激
的某些方面是可以改变的，而在那些不可改变的方面则需制定短期、中期和长期具体行为
目标。同时，来访者需要对自己在应激情境下进行的自我对话、产生的情绪和行为进行自
我监测。然后，咨询师可根据来访者的自陈报告帮助其形成新的应激概念。

在技能获得与练习阶段，来访者学习处理应激情境的各种行为和认知应对技能，包括
收集与应激有关的信息、规划资源和逃避路线、对消极自我对话进行认知重构、以任务为
导向的自我指导、解决问题及行为技巧（如放松、自信或成功应对后的自我奖励），以及
其他重要应对技能（如社交技能、时间管理、发展支持系统、重新评估优先级）。在来访
者学会大量应对技能后，可通过行为和意象演练、应对示范和自我指导训练法进行强化。
咨询师应与来访者讨论使用应对技能时可能存在的困难和障碍。

在应用与持续跟踪阶段，要促使来访者将在治疗中所学的技能应用于现实生活。在这
个阶段，将运用角色扮演、模仿、意象和逐级现实生活实践强化等技能。在来访者掌握这
些技能后，可通过布置逐级家庭作业的方式泛化至现实生活中。在这个阶段，还要注重预
防复发，来访者与咨询师应共同识别高风险情境、预测应激反应并练习应对技能。此外，
SIT 通常还包括后续或强化咨询，训练时为更好地帮助来访者还会让重要他人参与。

应激预防训练的变式

应激预防训练仅存在一种已知的发展变式，是由阿奇博尔德·哈特（Archibald Hart）博士开创的五步法，旨在帮助儿童学习如何应对应激。哈特博士建议让儿童逐步暴露在问题中，并应告知儿童一些与其年龄相符的家庭问题信息，不要过度保护儿童。父母应抑制自己拯救孩子的冲动；相反，应让孩子自己解决问题。父母还应教会孩子使用积极自我对话，对自己说一些鼓励性的理性事件。儿童在经历应激后，应给予足够的恢复时间，并应教授儿童自己恢复。最后，儿童必须学会过滤应激源，确定值得做出应激反应的事件。

应激预防训练的案例

21 岁的大学生萨拉，因感到不知所措且无法应对之前被强奸的经历而寻求心理咨询。大约 10 个月前，在春季学期期末，萨拉在校外的聚会中被同学特雷强暴了。在母亲的坚持下，她在事发后立即向本地咨询中心寻求心理咨询，并退出了暑期班和秋季课程。经过四个月的心理咨询后，她认为自己的情绪有了明显改善，于是终止了咨询，并重新报名参加春季学期的课程。回校后，她遇到了很多困难，难以应对过去的创伤，于是她在大学所在城市寻求心理咨询。以下是她与咨询师进行的第二次咨询内容的摘录。

萨拉（S）： 我知道我应该忘了这一切，但它仍然在影响着我的生活，我感到十分沮丧。我不知道回到学校会这么难，我也许应该回家。

咨询师（C）： 你在家会感到安全吗？

S： 是的，我在学校则完全感觉不到安全，所有事物都在提醒我那件事，我害怕会再碰到他。

C： 我能看出这对你来说很难。

S： 太不公平了，没人理解我，我甚至都不跟去年交的朋友联系了，他们可能认为我这么快逃跑回家找妈妈是很愚蠢的。

C： 他们也可能认为，你能回学校是很勇敢的。

S： 也许吧，我不知道。

C： 的确是你自己决定回学校的，你感觉自己足够坚强了。

S： 我曾经是这么认为的，但我回来后感觉一切都变了。现在我感觉自己随时会崩溃。我感觉回到了一年前事情发生时的状态，我真的没办法面对这件事。我是说，如果我再碰到他呢？如果所有人都知道了呢？如果大家都认为我是自找的呢？如果大家都站在他那边，并仍然认为他是一个非常了不起的人呢？我甚至不敢想象马上就到开庭日了。我希望从来没有告诉过妈妈，是她让我提出控告的，这真的太可怕了。我觉得这一切都会发生，而且不得不再次面对他。我做不到，只想回家，忘记曾经发生的一切。

C: 你知道的，对于你所说的，我很想告诉你一切都没必要担心。但我不得不说，你提到的所有事，（停顿）都是可能发生的。你可能会在校园里或者外出时碰到他。有些人可能不明白发生了什么，错误地批判你，可能还有人仍然认为他是一个非常好的人。此外，法庭听证会肯定会召开，你一定会再看到他。即使不确定，这些也都有可能发生。但是，这些都是你可以应对的情况。

S: 但我不知道怎么做。

C: 我想，我们应该先来确定一下哪些事情可以改变，哪些事情无法改变。

S: 什么意思？我什么都改变不了，这些都超出了我的控制范围，这是最糟糕的。

C: 有些事，比如你会碰到他，这就是不能改变的。不过，在事情发生时，我们可以改变它对你的影响以及你的反应。他强暴了你，这点我们没办法改变，但你看到了你能控制这件事对你的影响。过去，你坚强地面对可怕的悲剧，现在你也能面对这些问题，这些只是需要解决的问题。

咨询师正在努力建立关系和治疗联盟，同时识别她在思维方面存在的问题，如逃避、穷思竭虑和灾难化。咨询师在尝试针对她关于问题无法解决的认知进行重构，问题既不是压倒性的，也不会使她虚弱。咨询师想要为来访者奠定基础，让她明白控制权一直掌握在她自己手里（即使不是直接控制），她可以改变情境事实并控制情绪，进而控制自己对事件的反应。

以下摘自第四次咨询。

咨询师想在开庭日前制造一些小的应激源和成功案例，帮助萨拉为开庭做好准备。开庭当天对萨拉来说肯定是一个很大的应激源，需要很大的复原力。

C: 所以，我想知道，如果你再遇到他，你会怎样呢？

S: 呃……（开始摆动 T 恤下摆）我必须考虑这个问题吗？

C: 在我看来，你已经想过这个问题了，我猜你经常会想这个问题。

S: 是的，我想过。

C: 请跟我说说你想的是什么。

S: 出于某种原因，我总是想肯定会在图书馆外遇到他，比如我准备进图书馆，而他刚好出来或诸如此类的。在他走过来之前我看到了他，然后我就很恐惧。我停下脚步，惊呆了，开始发抖，并想大声尖叫找人帮忙。我希望有人能来帮我，走到我和他中间来保护我……但没人会这么做。而且，我喊不出来，发不出任何声音。然后，我感到恶心……特别恶心……好像是要吐了。

C: 然后呢？

S: 我把所有注意力都集中在胃上，然后画面消失了。

C: 哇，萨拉，（深呼吸）听起来你想象出来的是一种很可怕的感觉。

S: 我特别害怕。

C: 还记得我之前说过的吗？这些困扰你的事都是要解决的问题，而且每件事至少有一个方面是在你控制范围之内的。

S: 是的，我记得，我喜欢这种说法，这令人感到欣慰……虽然我不明白该怎么做。

C: 很好。就以此为例，比如你会遇到他，我们可以如何控制这种问题呢？

S: 嗯，我记得你说过，虽然我们没办法改变事实，但可以控制自己的反应，或是控制事实对自己的影响。

C: 对。那你能否假设你给自己创造的情境——就是你说的呆住了，想要尖叫但发不出声音，然后感到恶心想吐，这些情境会引发你更可能像这样应对你的遭遇呢，还是说不太可能？

S: 我觉得在脑海中一遍遍想象这种情境，在脑海中反复播放，这更有可能会让我做出这种反应。

C: 这也是我想说的。不过，我想问你（停顿），这是你想要的反应吗？如果你现在就可以决定这种情境下事情会如何发展，那么这种反应是你想要的吗？

S: 不！不！一点都不是！这是我害怕的，我不想有这样的反应。

C: 但是，既然你这样想，就可能会这么做。

S: 确实。

C: 所以，告诉我，你想要怎么做呢？如果你能选择，那么你希望它如何发生呢？

S: 是的，我肯定会想要自己表现得很坚强、沉着。

C: 在图书馆外的人行道上，那些表现得很坚强、沉着的人是什么样子的呢？

S: 嗯，我想想……我会站直，昂头直视前方，脸上不会有任何表情。

C: 你能做给我看看吗？就像你描述的那样，你能站起来走到门口，然后走回治疗室吗？

S: 这太愚蠢了。

C: 但这种情境肯定会发生，所以不会太愚蠢，我们必须做好准备。

萨拉点头表示同意，改变了态度，不再感到尴尬，而是变得严肃。她站了起来，就像她说的那样，坚强、沉着地走回治疗室。

S: 我想再做一遍。

C: 当然可以。

萨拉再次从治疗室走向门口，这次她头抬得更高了。

C: 非常好，萨拉。现在，我希望你再做几次，我还想让你大声地重复："我很坚强，一切都在我的掌控中。"

萨拉练习了几次，脚步坚定，表情泰然自若，大声地重复着。

C: 很好，萨拉！在我看来你很坚强，而且很泰然自若。

S: 我是吗？

C: 是的，但这只是在治疗室。你觉得你可以在这一周多加练习吗？

S: 你的意思是？

C: 每天练习五次。我希望你在校园里走路时，随便选一个男生，假装他是那个人，这对你来说会很可怕吗？

咨询师应谨慎使用这个方法并评估情感风险，因为这个方法想要创造并强化的正面练习经验，尽管不会使萨拉崩溃，但也可能会引发她的自我防御，反而会产生消极后果。

S: 不，我可以做到，因为我知道那不是真正的他。

C: 很好。那么，每天练习五次，我希望你随意选择向你走来的人，当他向你走近时，我希望你对自己说："好的，就是这样，我必须坚强并且淡定。"而且，我希望你立即摆出你刚才在治疗室所做的姿态—— 高昂起头，面无表情地从他身边走过。明白了吗？

S: 我会很享受这个过程的。

萨拉已经改变了对潜在情境的态度，从吓得要死变为享受。

下文摘自第五次咨询。

C: 你肯定别人就是在议论你吗？

S: 是的，这看起来很明显。我不知道该如何反应，不知道该说什么，所以我就离开了，然后回家了。

C: 那么跟你在一起的朋友呢？

S: 我告诉他们我不舒服，然后留下自己的饭钱就离开了。

C: 我懂了，所以这件事毁了你的整个晚上。那么，下次你还想像这样应对别人的议论吗？

S: 是的，因为不这样做，我就会再次感到特别无助，而且我不知道该说什么。

C: 好吧。我扮演你，你来扮演餐馆中的一个男孩，你觉得怎么样？

S: 好啊。

C: 好的。当时你是站着还是坐着呢？当别人议论时，发生了什么？

S: 我刚点完餐，去了趟洗手间。当我从洗手间出来，经过他们那桌时听到了。

C: 好的，继续，说出你听到的话。

S: 好的。"哦，看，那就是特雷的女朋友。"另一人说："喂，她不就是那个……"

C: 我可能会说："是的，确实是我，但我希望你不要称我为他的女朋友。"这样如何呢？

S: 这样会很好，很坚强，问心无愧，也不是情绪化的。

C: 那我们来角色扮演一下其他可能遇到议论的情境吧，可以吗？

以下摘自第六次咨询。

C: 这是你真正想做的吗？

S: 是的，真的。我感觉只要是我还想避开它，就说明它还在影响着我。我在过去的一年中经历了很多，大多是恐惧和焦虑。现在，我想我已经准备好哀悼了，就像上次我们提到的那样。我丢了一些东西，一些我可能再也不会拥有的东西，我必须哀悼，这是我欠自己的。离那件事发生马上快到一年了，我想这对我来说是很好的方式，不再逃避那个地方，而是对所发生的事表示哀悼，越过另一个障碍，就作为对这件事过去一年的纪念吧。我准备好了，是时候了。我知道这是一个巨大的进步，但我感到自己更自信了。我知道这会很难，但我已经做好准备进行下一步了。

C：好的。既然你决定这样做了，那么我会帮助你掌握一切必要的技能，这样就能获得好的结果。你已经和你妈妈说过了吗？

S：是的，她很高兴能来支持我。只要我需要，她就一定会在我身边支持我。

C：好的，我们今天要做的是学习肌肉放松训练和深呼吸。从今天起，如果你感觉很好就可以在家练习，每天不少于三次。等到了周末，如果你准备好了，我们就会再回到那件事发生的地方……就是特雷强暴你的地方，你妈妈也会在那里等着支持你。

S：好的。

C：好的，找个舒服的姿势坐在椅子上，闭上眼睛，感受身体在椅子上的重量。你非常清楚椅子贴着你背部的感觉……和你腿后面的感觉……你想要挤压你的脚趾……尽可能用力地挤压……然后让它们保持一会儿……放松。现在，你想绷紧双脚双手……保持这种状态……放松，感受身体能量被抽走了。收紧小腿肌肉……将感觉集中在你的小腿上，当你收紧时，专注于小腿的紧张感……现在全面放松。

咨询师继续帮助萨拉对身体各部分（如大腿、臀部、腹部、下背部、胸部、上背部、手指、双手、双臂、肩膀、颈部和面部）进行肌肉放松训练。

S：我无法相信感觉这么好。

C：现在想象你能做到，并且现在你每天可以有三次良好的感觉。给（递给萨拉一张光盘），这张光盘上有我每次想让你听和做的内容。到周末时，你会发现已经能运用自如了，你的身体会越来越快、越来越容易地放松。这也是让你在真正需要放松的时刻到来前多加练习的原因。

应激预防训练的有效性及评价

SIT 既可用于补救，又可用于预防，如今已用于演讲焦虑、考试焦虑、恐怖症、愤怒、自信训练、社交能力差、抑郁和幼儿的社会退缩行为的治疗（Corey，2016）。20 多年来，

SIT 一直是工作场所应激管理训练的主导模式，也用于内科患者、运动员、教师、军人、警察和应对生活过渡期的群体。

已有大量研究证明这项技术的有效性。一项针对法学院学生的应激展开的研究发现，接受 SIT 的学生的应激和非理性信念数量均有所下降，这种改善在跟踪随访期间一直保持（Sheely & Horan, 2004）。此外，有研究证明了 SIT 在治疗公众演讲焦虑方面的有效性，无论是否包含教育阶段（Schuler et al., 1982）。与只接受应用和练习阶段的小组相比，接受完整 SIT（包括教育阶段）的小组，焦虑明显减少，他们在演讲时更自信，沟通时焦虑水平更低。此外，目前尚没有研究证明 SIT 存在负面效果。

SIT 还被用于治疗焦虑障碍、抑郁障碍和睡眠障碍。乔卡尔和罗马提（Jokar & Rahmati, 2015）报告说，SIT 可以缓解焦虑障碍和睡眠障碍的症状。卡沙尼等人（Kashani et al., 2015）将 40 名癌症患者随机分配到常规治疗组（TAU）与 SIT 组 [TAU 外加为期 8 周（每周 90 分钟）的 SIT] 中，发现 SIT 组经历了较低的压力、焦虑和抑郁水平。

曾有大量研究证明 SIT 可有效治疗创伤后应激障碍。在一项临床试验中，在治疗性侵犯受害者的创伤后应激障碍时，在治疗结束和六个月的随访中，SIT 产生的效果却不如长时间暴露疗法的效果明显。一方面，研究人员审查了 32 例性侵犯受害者创伤后应激障碍的治疗案例，发现虽然 SIT 的效果不如长时间暴露疗法和认知处理疗法的效果明显，但也能起到一定作用（Vickerman & Margolin, 2009）；另一方面，研究人员通过对 8 次临床试验的综合分析指出，尽管从统计学上来讲，无法确定哪种方法在治疗创伤后应激障碍方面更有效，但长时间暴露疗法与 SIT 结合使用比单独使用长时间暴露疗法更有效（Kehle-Forbes et al., 2013）。通过审查成年人的创伤后应激障碍的实证治疗，研究人员证明 SIT 可能是一种有效的治疗方法（Ponniah & Hollon, 2009）。而在创伤后应激障碍治疗的临床试验的元分析中，研究人员发现，SIT 的初始效果很大，但效果随着时间的推移而减少（Lee et al., 2016）。

有两项研究审查了 SIT 在治疗战争相关群体中的有效性。在一项研究中，研究人员使用 SIT 治疗军事部署人员的创伤暴露和与战争有关的应激源（Houram et al., 2011）。而一项针对受到战争和酷刑折磨的创伤性受害者使用 SIT 进行治疗的研究发现，这项技术在减少创伤后应激障碍症状方面的效果并不明显 [有效规模（ES）= 0.12)]（Dorothea Hensel-Dittmann et al., 2011）。

一项研究表明，使用 SIT 在治疗高血压来访者的紧张症状方面有效。研究人员在一项针对高血压来访者的小型随机临床试验中发现，与对照组相比，SIT 在改善一般健康问题方面效果显著（Ansari，Molavi，& Neshatdoost，2010）。

有几项研究审查了 SIT 的教育适应性。研究人员针对大群体开展了指导干预，证明了 SIT 在减少感知应激和紧张反应方面的效果比班级的应激教育项目更有效（Szabo & Marian，2012）。研究人员在一项针对 30 名大学生考试焦虑的研究中发现，在治疗中将眼动脱敏与再加工疗法（Eye Movement Desensitization and Reprocessing，EMDR）、生物反馈治疗与 SIT 结合使用效果最佳（Cook-Vienot & Taylor，2012）。

应激预防训练的应用

现在，将应激预防训练应用于与你合作的来访者或学生，或者重温本书前言中介绍的简短案例研究。你将如何使用应激预防训练来解决问题，并在咨询过程中取得进展呢？

应用于咨询会谈之外的技术

心理咨询师应该积极关注那些能提升咨询效果的关键要素。此外，建立有效的治疗联盟也是达到好的咨询效果的要素之一。兰伯特（Lambert，1991）的一项经典研究发现，30%的治疗效果得益于这些关键要素和治疗联盟的强度；15%得益于咨询使用的特定技术或方法［例如，认知行为治疗（CBT）、阿德勒心理疗法、焦点解决短期咨询（SFBC）］；15%得益于来访者的期望（例如，这是否会起作用，我准备好做出改变了吗）；值得注意的是，还有40%的治疗效果得益于咨询环境之外的要素。正是最后一种要素构成了本书第七部分的核心内容：在来访者咨询会谈外的时间，我们如何帮助他们？

这对提升治疗的有效性至关重要，然而不幸的是，咨询师经常忽略这一问题。咨询师和来访者通常认为咨询只局限在咨询师的办公室。这就大错特错了！许多咨询的目的是让来访者或学生在现实生活中有不同的思考、感受和行为。来访者需要将他们在咨询会谈中的收获转移并拓展到咨询办公室之外的生活中。

当然，咨询会谈之外的生活可能是双向的：来访者可能会遇到好事，当然也可能会遇到坏事。来访者在咨询会谈结束后走在人行道上或停车场时，他们会遇到各种各样的经历，这些经历可能会提高或降低他们的生活质量。这让我想起一个沮丧的年轻女人，在结束会谈后，我一人在办公室思考下周会发生什么可能导致她病情恶化的事，结果在下一次会谈中，她表现得兴高采烈，因为她出去和朋友社交了（这是心理咨询师给她布置的任务），还开始了一段恋情！所以那些不快乐、抑郁的症状就消失了！我没想到会发生这种事，当然她也没想到。但事情就这样发生了，她的抑郁量表得分结果迅速下降。我们成功了！

我的一位同事讲述了一个年轻人的故事，年轻人的爱人威胁要离开他，因为他们正面临经济困境。咨询的那一周，来访者刚刚经历了重大的职场转变（这也是之前咨询的目标之一），新工作有更高的薪水，他欣喜若狂地期待着他的家庭生活水平会更高，婚姻关系会更和睦。当来访者离开办公室时，他是非常乐观的，没有任何抑郁情绪。可当他回到家时，所有的家具都不见了，镜子上写着一句话："你永远都是一个失败者！"那天晚上，来访者试图自杀，后来我的同事去医院探望他时才知道发生的一切。

来访者在每次会谈之外的生活状态才是关键，而你和来访者都无法预测或控制这期间发生的事。尽管事实确实如此，我们仍希望本部分的技术能帮助咨询师对影响 40% 治疗结果的这一要素有一定的控制，方法是在会谈之外进行一些结构性活动，让来访者或学生在两次会谈之间仍能专注于追求心理咨询的目标。在接下来的 3 章中，我们将介绍有助于实现这一目标的 3 种技术：布置任务法（assigning homework）、阅读疗法（bibliotherapy）和日记疗法（journaling）。公平来讲，后两种方法既可以在咨询过程中实施，也可以在两次咨询会谈之间进行。会后任务指的是咨询师布置的一些会谈下一次的任务，这些任务要在下一次的咨询会谈前完成并在下一次咨询中讨论。这些任务包括深呼吸练习或自言自语技巧、与朋友或同事外出社交、自我监控和记录来访者希望改变的某些行为的频率。

阅读疗法包括使用媒体来探索与咨询目标相关的主题和想法。这可能意味着读一本关于饮食失调、抑郁症或多动症的书，或者看一部关于强迫症或创伤的电影。阅读疗法是一种根据不同理论方法提出的技巧，是一种基于读写能力的咨询方法。在使用这种方法时，咨询师和来访者阅读一个故事或段落，并参与讨论故事的内容、意义和对来访者的影响。

日记疗法（或一些类似于博客的技术）也能让来访者自我监控、表达想法和感受，并及时保留对问题和解决方案的见解。在咨询会谈之外运用日记疗法的好处是，它扩展了咨询体验，并使来访者专注于咨询的目标、过程和咨询会谈之间的结果。例如，一个来访者或学生可以每天晚上用 5 ～ 10 分钟的时间来记下其当天在人际关系中如何反应并实施了哪些咨询会谈中提及的策略。照此，他们被要求记录自己是如何将这些技巧从会谈中转移并拓展到现实世界中的。

布置任务法、阅读疗法和日记疗法是安排来访者在会谈之外使用的方法，它们有利于来访者和学生每天专注于咨询目标，并且可以促进咨询室外那 40% 的要素的实施！

应用于咨询会谈之外的技术的多元文化意义

人本主义现象学、心理动力学和认知行为理论都强调融洽关系和治疗联盟的重要性。像日记疗法和阅读疗法这样的方法都以一种不具威胁性的方式，使用合理的逻辑和清晰的过程来处理当前的问题，许多来访者认为这是一种赋能过程，它特别吸引那些有系统思维的来访者。因此，这些方法通常对来自各种文化背景的来访者很有吸引力，特别是那些处于一种不善于分享与家庭有关的问题的文化（如拉丁美洲文化）或有强烈的情感表现的文化（如亚洲文化）中的来访者。

阅读疗法和日记疗法等技术可能特别容易被那些具有讲故事传统的文化所接受（Hays & Erford, 2018）。例如，拉丁美洲文化有很强的口述故事的传统，而故事疗法就是为拉丁美洲人设计的。这种方法使用历史和文化故事来强调一些重要经验，让来访者深入了解并帮助他们适应生活环境。

这些咨询会谈之外的方法是非评判性和非威胁性的，并且适合来自不同背景和世界观的来访者，因为这些方法不认为来访者或来访者的问题和行为是糟糕的；相反，它们认为来访者的问题源于错误的思想，可以通过分析和更正思想来适应复杂和流动的社会文化环境。

咨询师必须注意，在了解来访者信仰的文化背景之前，不要挑战他们的信仰，因为许多来访者不愿意或拒绝他人质疑其基本的文化价值观。例如，一些阿拉伯裔美国人坚持遵守极其严格的与宗教、家庭和育儿相关的习俗和信仰。争论甚至质疑与这些习俗相关的动机或行为可能会给这些来访者造成额外的困扰。在通常情况下，来自不同种族、宗教和民族背景的来访者会理解这些直接干预，因为其关注的是来访者的思想和与之相关的行为，而不是来访者作为人的本性、社会文化背景或文化信仰。

第
29
章

✦ # 布置任务法

布置任务法的起源

会谈后的任务是来访者和咨询师在咨询会谈之余共同开发的旨在实现咨询目标的活动。布置任务是许多咨询方法的基本组成部分。因此，这种技术的起源是多元化的，能让来访者在每次会谈之间实现行为、认知、社会、情感或态度的变化。

从历史上看，随着认知行为范式的兴起，布置任务在心理咨询中的使用频率迅速增加。存在主义疗法（如格式塔疗法和意义疗法）也使用布置任务法和会谈外"实验"来促成改变。阿德勒（Adler）的仿佛法鼓励来访者想象自己希望成为的样子，凯利（Kelly）的个人建构心理学理论帮助人们组织、整理他们的经历，要求来访者通过尝试新的思想和行为风格，尝试一个心理上不同的新角色。因此，布置任务法经常帮助那些陷入无效问题解决循环中的来访者，使其融入新的经验和观点，从而创造改变的机会。

如何实施布置任务法

谢尔等人（Scheel et al.，2004）提出了六阶段过程，用于实施布置任务法的具体操作，这源于他们对十多项给来访者布置任务的实证研究的系统回顾，六阶段过程具体包括：

（1）来访者 – 治疗师对任务的制定；

（2）治疗师提供布置任务的建议；

（3）来访者收到任务；

（4）来访者在会谈之外的时间完成任务；

（5）治疗师在下一次会谈时询问来访者任务体验；

（6）来访者报告任务体验。

布置任务法对许多类型的来访者和问题都颇有帮助。例如，一位想要管理愤怒情绪的来访者可能在会谈中学到几个有用的策略；然后，咨询师应该根据这种技能的发展布置相应任务，在每天的不同时间以及来访者愤怒情绪上涨时使用这几种策略。使用理性情绪行为疗法（REBT）的咨询师可能会指导来访者列出一整天中出现的不良情绪和伴随而来的非理性想法，然后对这些想法提出疑问。同样，来访者经常被要求进行理性情绪意象活动、深呼吸、自言自语或视觉表象活动。在教授学生这些技巧时，我经常要求他们："在我们下次见面前，要每天练习三次，并且把这项技能教给他人。"每天练习三次的目的是行为演练和技能发展，以提升掌控力和自主力；要求把这项技能教给他人是因为，我认为检验自己是否学会什么的方法就是能把它教给他人。这也有助于长期使用这项技能。想象一下，无数学龄学生教他们的父母如何平静、缓慢、放松地深呼吸；再试想一下，焦虑的母亲教她焦虑的孩子和伴侣如何使用视觉意向法。

也许最重要的是，咨询师需要充分地将布置的任务与咨询目标联系起来，以提升依从性和临床效果。也就是说，来访者需要理解为什么完成任务对他们来说是必要的。研究人员发现，在他们调查的 32 名咨询师中，超过 75% 的人使用了一些共同要素（Houlding, Schmidt, & Walker, 2010）。他们会赞扬来访者完成任务；会将不依从作为咨询会谈中的重点；会以适当的理由使来访者了解咨询目标和任务之间的关系；会根据来访者的优势和能力调整任务；会与来访者一起开发任务，并花时间跟进；会根据完成任务时遇到的障碍解决问题，并在设计任务时借鉴过去的成功经验。

布置任务法的变式

虽然任务布置法常常在 CBT 方法下进行使用和探讨，但是这一方法也可以轻松应用于其他咨询方法中，如阿德勒疗法、焦点解决短期心理咨询、家庭系统方法和多重家庭疗法。例如，个人或家庭被分配的任务要求其在一周内应用和掌握策略，并在咨询会谈之外实现目标。来访者在经历了焦点解决短期心理咨询后，可能会被指派落实一个商定好的计划，记录下实施情况和效果，然后在下一次会谈中分享行动并评估效果。从阿德勒取向来看，咨询师可能会要求来访者表现成自己希望成为的样子，或者首先想象自己希望成为的样子，并在工作场所自信地与同事互动（见第 7 章）。

布置任务法的案例

案例 1

你还记得第 15 章中的萨姆及深呼吸法的例子吗？

萨姆持续在咨询师的定期鼓励和指导下呼吸 5 ~ 10 分钟。然后咨询师布置任务：在下次咨询前，每天进行 3 次深呼吸练习，每次练习 5 ~ 10 分钟。

在萨姆进行下次咨询时，这些练习都有助于他掌握这些技能。

案例 2

在第 33 章中，戴维在与咨询师会谈时通过尝试各种放松和控制愤怒的技巧（如深呼吸、离开、数到 10、在房间的角落坐下、闭上眼睛、放松及冥想）来控制他的愤怒情绪。

戴维的任务是继续练习他的行为预演，在他适应了这种技巧后，在现实生活中进行尝试，并立即将结果报告给咨询师。

案例 3

还记得第 9 章互讲故事法中介绍的贾斯廷的案例吗？在会谈结束时，发生了以下交流。

J：好棒的故事，我喜欢小老虎。

C：很好。你可以把录音带回家，在我们下次见面前，你每晚都要听一遍这个故事，好吗？

J：没问题！我妈妈和弟弟也可以一起听。

通过每天晚上听录音重新体验讲故事的过程，并希望与他的母亲和弟弟进行讨论（妈妈被要求参与以强化效果），贾斯廷有更多的机会内化并实施我建议的策略。

布置任务法的有效性及评价

来访者常常认为咨询不过是每周一小时的经历。布置任务法通过将会谈中发生的事情延伸到现实环境中，并使来访者一周里每天都思考他们的咨询，以此帮助来访者实现咨询目标（Leucht & Tan，1996）。观察和监控任务的完成情况可以让咨询师和来访者了解他们对会谈内容的掌握程度，并将其扩展到现实世界中，以及明确未来的治疗应该如何改进。

布置任务法较为灵活，且广泛适用于各种临床情况，包括矫治康复、儿童强迫症、强迫症、抑郁症、社交恐怖症、广泛性焦虑症、人格障碍、精神分裂症和场所恐怖症（McDonald & Morgan，2013）。

一项元分析探讨了任务布置及任务临床结果之间的相关性（r 值分别为 0.36 及 0.22）（Kazantzis et al.，2000）。也有研究发现，使用电子邮件对任务进程进行监控、报告并提供反馈，不仅提升了临床效果，还改善了来访者与咨询师的关系（Murdoch & Connor-Greene，2000）。研究人员以 45 名有赌博问题的成人为样本，研究了 CBT 导向的任务参与的效果，在完成结果测评后，他们发现，任务参与对治疗终止时及一个月随访时的结果有很强的预测作用（Riley，2015）。

布置任务法可能对抑郁症患者特别有效。一项路径分析研究发现，来访者对布置任务的开放性和完成程度可以用来预测抑郁症的治疗结果（Neimeyer et al.，2008）。研究人员研究了 50 名青少年抑郁症患者的 CBT 治疗依从性和抵抗性（Jungbluth & Shirk，2013）。他们发现，如果咨询师在第一阶段花更多的时间并提供更有效的理由说明任务布置的重要性，那在第二阶段可以预测来访者对任务的依从性。第二阶段的问题诊断和反应可以预测第三阶段的依从性。因此，这些策略增强了那些初期很少参与治疗的抑郁症青少年的依从性。

布置任务法的应用

现在，将布置任务法应用于与你合作的来访者或学生，或者重温本书前言中介绍的简短案例研究。你将如何使用布置任务法来解决问题，并在咨询过程中取得进展呢？

阅读疗法

阅读疗法的起源

阅读疗法由塞缪尔·克罗瑟斯（Samuel Crothers）于 1916 年提出，指的是在咨询过程中将阅读作为治疗的一部分。虽然很多理论咨询方法使用或整合了阅读疗法，但本书将其纳入咨询会谈之外的方法。20 世纪 30 年代，图书馆员和咨询师将阅读疗法的使用推向高潮，他们将那些能帮助读者改变想法、感受或行为的书籍整理制成书单。现今，当来访者需要改变思维方式时，咨询师常选用阅读疗法来帮助来访者实现这一目的。阅读疗法旨在帮助来访者在阅读中获得快乐，同时释放精神困扰，进而对其生活产生影响。这项技术的主张之一是，来访者能够在阅读的过程中发现与自己面临类似问题的角色。阿卜杜拉（Abdullah，2002）在研究中指出，通过阅读一本书并认同其中的角色，来访者可以间接地学习与角色产生共鸣，发现解决问题和释放情绪的方法，找到新的生活方向，并探索新的互动方式。阅读疗法不限于书本，电影、录像、视频等也同样适用。弗农和克莱门特（Vernon & Clemente，2004）提出了阅读疗法的五个目标：

（1）培养建设性和积极想法；

（2）鼓励自由表达问题；

（3）协助来访者分析自己的态度和行为；

（4）寻求问题的替代性解决方案；

（5）允许来访者发现自己的问题与他人的问题的相似性。

如何实施阅读疗法

阿卜杜拉介绍了实施阅读疗法的四个阶段：认同、选择、呈现和跟踪。在第一阶段，咨询师需要确定来访者的需求。接下来，需要选择适合来访者的书籍，要与来访者的理解水平相符，书中的角色要有可信度。咨询师应只推荐自己阅读过的书，并且符合来访者的价值观和目标。在呈现阶段，来访者通常在非咨询时间独立阅读，在咨询期间与咨询师讨论书中的重要内容。对于较小的儿童，咨询师通常与他们在咨询期间共同阅读。如果能帮到来访者，咨询师可以要求来访者划出书中的重点内容，或者做读书笔记。

杰克逊（Jackson，2001）描述了如何帮助来访者认同故事中的角色。他要求来访者复述故事，可以选择自己喜欢的方式（如口述、艺术表演等）。在这个过程中，最重要的是让来访者关注故事角色的感受。然后，帮助来访者指出角色在感情、关系或行为上的转变。接下来，协助来访者将故事中的角色与自身进行比较，这个阶段的重点是让来访者找出角色所面临问题的替代解决方案，并讨论每个方案可能产生的结果。

阿卜杜拉提出，在阅读疗法的最后跟踪阶段，咨询师应与来访者就其对故事角色的认同中所学和所获进行讨论。杰克逊提出，来访者可通过讨论、角色扮演、艺术媒介及其他创造性方式来表达自身体验。在运用这项技术的过程中，咨询师必须时刻牢记来访者的实际情况。

阅读疗法的变式

布鲁斯特（Brewster，2008）提出，阅读疗法可分以下三种类型：

（1）自助阅读疗法：涉及非小说类、关于心理健康状况的咨询类书籍；

（2）创造性阅读疗法：使用小说、诗歌、传记写作及创意写作来改善读者的精神健康状况，提升幸福感；

（3）非正式阅读疗法：这是一种非结构化的创造性阅读疗法，包括开展阅读小组活动、图书馆工作人员推荐，以及图书馆展览等形式。

阅读疗法的变式众多。如上所述，传统的阅读疗法在性质上趋向于反应性，换言之，来访者有问题，咨询师为来访者选择一本书来帮助其解决问题。互动式阅读疗法包含来访者的参与，允许他们反思阅读。咨询师为来访者提供的参与方式有不同形式，包括小组讨论或写日记等形式。临床阅读疗法仅适用于经过培训的咨询师针对有严重心境问题的患者的治疗，还可使用写日记、角色扮演或绘画等方式。可运用认知阅读疗法教授患有抑郁障碍的来访者学习认知行为疗法，旨在降低其抑郁程度。教师通常在小组指导或识字教育的读写指导中，与学生一起使用发展性阅读疗法，以改善其健康状况。

与学生一起使用阅读疗法时，需在课程初始激发学生的兴趣，方法之一是让学生将故事中的角色制成木偶，还应让学生在阅读后进行深入思考。约翰逊等人（Johnson et al., 2000）概括了在课堂上应用阅读疗法的五个步骤：通过介绍激发学生的参与动机；提供阅读时间；提供孵化时间；参与后续讨论时间；在结束时加以总结及评述。现在许多书籍都提供有声读物格式，来访者可以在家中或车内收听。此外，视频、电影及视频剪辑都可以起到有效的辅助作用。

阅读疗法的案例

以下是一个关于阅读疗法的很好的例子，来访者是经历了丧父之痛的孩子。这个故事摘自哈蒙德（Hammond）1981 年的著作《当我爸爸去世时》（*When My Dad Died*），它很好地传达了失去父母或监护人的孩子所经历的情感、信念和行为。

好的阅读疗法不只是读故事那么简单。下面是阅读《当我爸爸去世时》的一些指导提示。

当爸爸去世时，我感觉：_____

有时我担心：_____

我记得关于我爸爸的一些事：_____

我喜欢的事：_____

现在我感觉：_____

现在我读完了这本书，我学到了：_____

正是来访者和咨询师之间对经历类似故事的后续讨论，使阅读疗法得以实施。讨论越深入，治疗效果越佳。

阅读疗法的有效性及评价

咨询师会针对来访者的不同问题（如疾病、死亡、自我毁灭行为、家庭关系、身份认同、暴力和虐待、种族和偏见、性与性欲、性别等）选择阅读疗法。其他受益于此技术的群体包括有数学焦虑障碍的学生、有身体意象问题的女性、抑郁症患者、同性恋青少年及离异家庭的儿童。阅读疗法作为一种工作情境的心理健康干预措施，在减少或消除来访者潜在耻辱感方面具有一定优势，实施干预的阅读材料可以在没有预先识别心理健康问题风险的员工中广泛分发（Couser，2008）。

阅读疗法有助于提高理性思维能力，促进其他观点的形成，培养社会兴趣，而且可以在治疗的任意阶段使用。书籍可以让来访者洞察自身未曾认识到的那部分。阿卜杜拉提出，阅读疗法被用来激发对问题的讨论，传播新价值观及态度，并为问题提供切实可行的解决方案。阅读疗法也可作为家庭作业布置给来访者，学校咨询师可以在开设指导课程、组织小组讨论或个体咨询时使用阅读疗法。

阅读疗法已用于解决各类问题，但许多研究结果都聚焦于有抑郁和焦虑症状的来访者。研究发现，基于阅读疗法的接纳与承诺疗法（Acceptance and Commitment Therapy，ACT）自助计划能减少抑郁和焦虑症状，对成人教育工作者的一般心理健康功能也能起到改善作用（Jeffcoat & Hays，2012）。一项以泰国成年抑郁症患者为样本的研究发现，采用治疗手册的方式实施阅读疗法可有效减少抑郁障碍和心理困扰（Songprakun & McCann，2012）。也有研究发现，与安慰剂组、延迟治疗组和无治疗组相比，阅读疗法在终止治疗和随访期间都能减少抑郁症状（Moldovan et al.，2013）。

许多研究都进行了传统的面对面咨询方法与阅读疗法之间的成本效益比较。基尔费德等人（Kilfedder et al.，2010）进行了面对面咨询、电话咨询与阅读疗法在职业压力的随机治疗意向中的对比实验，发现这三种方法都有效，而且在咨询结束后，三种方法的效果也没有明显差异。采用阅读疗法的成本仅为传统的时间密集型咨询方法的一小部分，所以基尔费德等人推荐采用阅读疗法作为第一个疗程。斯蒂斯等人（Stice et al.，2008）在一项针对青少年的随机抑郁预防实验中，将群体认知行为疗法、支持性团体疗法与阅读疗法进行了比较。尽管在治疗结束后，以及随后的三个月和六个月的跟踪随访中，群体认知行为疗法组在抑郁障碍、社会适应及药物滥用方面均得到了改善，但在六个月的随访中，与对照组相比，参与阅读疗法的来访者表现出了抑郁症状的改善，这意味着阅读疗法是能产生良好成本效益的预防策略。同样，斯蒂斯等人（Stice et al.，2010）证明了阅读疗法在降低抑郁风险方面的成本效益，尽管在整体临床试验中，认知行为干预的效果更明显。

针对那些患有严重精神障碍且无法当面会谈的来访者，阅读疗法甚至可以线上进行。例如，莫里茨等人（Moritz et al.，2016）在一项研究中发现，线上治疗辅以阅读疗法可能有益于精神分裂症患者的治疗。

许多执业咨询师都使用阅读疗法，他们相信这种疗法的有效性。研究表明，阅读疗法可有效减少有行为问题的青少年的攻击性行为、降低高内控人群的抑郁程度、促进小学阶段的儿童的发育成长。虽然阅读及理解阅读疗法的材料很重要，但阅读疗法中更积极的部分可能是后续提问和交流。例如，约林等人（Joling et al., 2011）在一项针对轻度抑郁的高龄老年人的随机对照研究中发现，阅读治疗组与常规护理组之间没有差异。在这项研究中，研究人员只是将阅读材料分发给社区居民，并没有组织相关讨论。诺尔丹等人（Nordin et al., 2010）指出，无辅助（无临床医生接触）阅读治疗组在治疗结束以及后续随访中的表现皆优于对照组。拉比等人（Rapee et al., 2006）在一项随机临床试验中发现，对于儿童焦虑障碍，父母协助的阅读疗法（没有咨询师介入）与对照组相比是有效的，但效果弱于标准治疗组，这再次说明由临床医生介入的阅读疗法更有效。富尔马克等人（Furmark et al., 2009）在社交焦虑障碍的治疗中，直接对社交焦虑的对照组、自助式（无咨询师辅助）阅读疗法组、咨询师通过互联网加以指导的阅读治疗组（这一组采用咨询师指导下的在线小组讨论和候诊名单控制）进行了比较。他们发现，两种治疗方式在治疗结束及一年后的随访中，效果均优于对照组。尽管两种治疗条件没有统计上的显著差异，但富尔马克等人报告说，咨询师辅助治疗组的效应量更高。狄克逊等人（Dixon et al., 2011）开展了两项独立研究，分别测试了一种有效改善特定恐怖症的最低限度指导阅读疗法，以及一种有效改善一般心理困扰的自助阅读疗法的疗效。显然，最低限度指导及自助阅读治疗的效果优于无治疗组。阿布拉莫维茨等人（Abramowitz et al., 2009）报告称，与等待治疗的参与者相比，在接受最低限度指导的阅读疗法（自助工作簿）后，社交焦虑障碍者的焦虑和抑郁症状均有所减轻。

尽管也有证据显示出相反结果，但多数证据表明，由咨询师指导的阅读疗法与缺少方向性的自助阅读疗法相比，具有更好的临床效果。当然，所有阅读疗法的干预主题都不同，临床试验应报告具体书籍的效应值及标准化问题讨论，以便复制并推广研究成果，由此辅导员会知道哪些读物最有效。此外，阅读疗法的实施速度与进度在疗效方面似乎并没有体现出差异。在一项随机对照研究中，患有惊恐障碍的成年来访者，其阅读进度的不同并没有导致治疗效果的差异，无论是在进度较慢还是进度较快的条件下（Carlbring et al., 2011）。研究人员在两年后的随访中发现，单组效应值均接近1.00。值得注意的是，虽然咨询师大都认为阅读疗法的短期效果不明显，但他们也认为通过提高对治疗的认知并保持积极态度可能会带来长期效果。

研究人员审查了关于阅读疗法的研究，发现了不同的结果，尤其是在改变态度、自我概念和行为方面（Riordan & Wilson，1989）。格拉丁（Gladding，1991）指出，咨询师必须意识到，来访者可能会将自己的动机投射到角色上，从而强化自己的观点和解决方案。当来访者有诸如缺乏社交和情感体验、遁入幻想以及具有防御性等情况时，对其使用阅读疗法可能是无效的。来访者可能没有准备好做出改变，也可能不愿意使用这种疗法。阅读疗法的另一个局限性是，某一特定主题的资料可能是无法获取的。

阅读疗法的应用

现在，将阅读疗法应用于与你合作的来访者或学生，或者重温本书前言中介绍的简短案例研究。你将如何使用阅读疗法来解决问题，并在咨询过程中取得进展呢？

第
31
章

✦ 日记疗法

日记疗法的起源

日记允许来访者表达并外化自己的想法、感受及需求，这些通常是内化性私人领域的内容。几个世纪以来，人们通过使用正式和非正式日记完成记录，但要想把日记作为一种治疗技术，就需要将书面表达内容纳入咨询环节，并与咨询师公开分享，使之成为咨询的原材料。日记还可以帮助来访者在非咨询时间仍专注于咨询目标。

使用日记疗法的咨询师通常会要求来访者在咨询间隔期间写日记，有时是每天都写，并在下一次咨询时与咨询师分享。来访者通常可以写任何内容，但咨询师有时会给来访者指定主题，以强化来访者对目标的关注。

克纳和菲茨帕特里克（Kerner & Fitzpatrick，2007）描述了两种主要的治疗性写作类型：情感 / 情绪日记和认知 / 建构主义日记。情感 / 情绪日记允许来访者记录自由流动的想法，以达到情绪表达与释放的目的，这个过程可帮助来访者直面、外化并调节自身情绪。

认知 / 建构主义日记是一种更加结构化的写作方式，侧重于对来访者认知和意义的建构，通常以促进洞察力和重构为目标（见第 23 章）。毫无疑问，情感 / 情绪日记与人本主义现象学方法更接近，而认知 / 建构主义日记则与认知行为疗法的关系更紧密。无论咨询师采用哪种方法，都需要鼓励来访者对自身想法、感受和行为有更全面的理解。

认知或思想日记的理论渊源主要来自理性情绪行为疗法（见第 26 章），这个理论认为，歪曲的非理性想法和信念会影响来访者的感受和行为，从而引发困扰。ABCDEF 模型可供来访者分析其源于触发事件（A）的非理性想法与信念（B），以及引发的情绪后果（C）。来访者通过分析这些令人困扰的信念，练习写下所遇情境的具体细节，并通过积极参与使其内化，从而获得实践经验。

人本主义理论的创始人卡尔·罗杰斯也发现，日记在咨询中发挥着重要作用。与认知行为执业者采用指导性更强的方法相反，罗杰斯认为，使用日记疗法的来访者只需要很少的指导就能发展出对真实自我整合的洞察力，从而提高在将来遇到问题时处理和解决问题的能力。日记疗法就是让来访者通过创造性表达和写作过程引导其感受与情绪，达到自我探索、成长和自我实现的目的。

如何实施日记疗法

日记实现了从非定向自由流动写作到结构化工作表记录的转变，但所有日记练习中的关键要素都是使这项技术与来访者的需求相匹配。扬（Young，2017）建议每天都应写日记，需要由咨询师与来访者达成一致的指导方针，并根据需要做出调整。指导方针可以非常简单，如"每天至少用五分钟写下你喜欢的事""记录每次想要饮酒时的情况"。日记记录的一般步骤包括：描述日记的目的与内容；记录；检查来访者的进度，与来访者针对日记内容和过程进行有意义的交流；鼓励来访者并根据需要修改日记内容。提前澄清或确定能与咨询师分享的日记条目是非常重要的，如前文所述，与咨询师分享并讨论日记内容可改善治疗效果，还可以提高来访者对想法、感受和行为的洞察力。

日记疗法的变式

可供使用的日记变式众多，也可以借助其他媒体（如绘画、舞蹈和音乐）。克纳和菲茨帕特里克将治疗性写作分为六类：程序化写作、家庭日记、日记、自传/回忆录、讲故事，以及诗歌。伦特（Lent，2009）探讨了使用博客作为治疗性日记的变式，但他也提出了严厉警告：使用互联网对保密性是一种挑战。其他创造性阅读疗法还包括，通过撰写小说、诗歌、传记及创造性写作来改善心理健康并提升幸福感。

日记疗法的案例

科特勒和陈（Kottler & Chen，2011）提出了一种可促进认知日记使用的简单且有效的方法。来访者可将页面分为三栏，第一栏是情境，第二栏是感受，第三栏是伴随的想法。
表 31-1 展示了这种认知日记的案例。

表 31-1 认知日记的例子

情境	感受	伴随的想法
我最近体重增加了很多	不足、不吸引人、超重、不可取、不可爱	如果我无法保持苗条的身材，人们就会觉得我缺乏吸引力
我的论文没有准备好，无法按时交给老师	愚蠢、懒惰、尴尬、拖延	我是一个差生，我将无法通过这些课程，也无法参与项目
由于我的主管缺乏有效的管理技巧，我的工作量明显增加了	愤怒、怨恨、巨大压力、不知所措、沮丧、无望	每个人都信赖我，成功或失败都取决于我

扬鼓励来访者将日记整合到日常生活中。下面的例子是一个低投入、耗时 5 分钟、非定向、自由流动的记录。

> 我迟到了，想在州际公路上开快一点儿来争取一些时间，也确实有作用，直到有个人撞上了我！他是故意这么做的，我所能想到的只是："好样的！我会因为这个人而迟到！我应该教训他一下！"但我控制住了自己，做了 5 ~ 6 次深呼吸，并对自己说："一切都会好起来的。从今以后我需要早一点从家出发，对我来说，做出更好的计划会帮助我避免这种在紧急关头发生的戏剧性事件。这位'白痴先生'可能也要迟到了，我们都需要安全稳妥地度过高峰时段。"在那一刻，我真的感觉心情轻松了下来，压力正在驱散。然后，我把正在听的歌从快歌切换到一首轻松的曲目上，虽然悠闲但不会软绵绵的——我讨厌软绵绵的歌！我坐在座位上，放松紧握方向盘的手，将心情调整得比之前更好——我竟然早到了 30 秒！

日记疗法的有效性及评价

日记是一种廉价且有效的治疗技术，被广泛用于咨询间隔期间，以保持来访者的积极性与专注性，还可以帮助来访者记住整个星期发生的重要事件和事例，让咨询师了解非咨询时间发生的重要事件和信息。也可以将日记疗法用于跨文化群体，为来访者提供支持。

日记疗法取得了众多治疗成效，包括减少躯体疾病、增强工作记忆力，以及促进积极成长。有研究指出，日记能够有效减少创伤性症状（Utley & Garza，2011）。在一项针对创伤后应激障碍患者的随机对照实验中，研究人员调查了创伤经历治疗情况记录，并将其与安慰剂对照组进行了对比，发现日记组的情绪显著提升，皮质醇明显下降（Smyth et al., 2008）。

日记可以改善心情、信念，还可以改变思维结构。研究人员指出，与对照组相比，使用"思维记录"时个体信念发生了显著变化（McManus et al., 2012）。在一项实验中，研究人员将被试随机分为3组，分别为15分钟日记活动组、15分钟绘画活动组、未接受治疗组（Chan & Horneffer, 2006）。结果发现，与另外两组相比，15分钟日记活动组的心理症状和应激水平都有更大程度的下降。在一个为期4周的咨询干预中，研究人员使用了日记和雕塑技术，他们发现这种干预能够帮助参与者表达情绪，增加对自身资源及能力的认知，帮助其从自我中分离问题，减少症状和问题行为，培养自主意识（Keeling & Bermudez, 2006）。

日记疗法在治疗成瘾方面也取得了良好效果。克莱因佩特等人（Kleinpeter et al., 2009）指出，采用日记疗法的专业小组法可作为传统毒品法庭服务的有效辅助疗法，日记疗法可提高参与毒品法庭计划人员的保留率和完成率。德怀尔等人（Dwyer et al., 2013）指出，日记疗法中的反思与智力过程可作为成年女性赌博成瘾治疗的一种有效干预手段。艾哈迈德（Ahmed, 2017）的一项研究将每周进行感恩日记组和对照组进行比较，发现幼儿父母的日常感恩日记在降低父母压力和提升生活满意度方面有很大的作用。不过，这只是一个小样本研究，所以并未发现显著的统计学差异。

日记疗法广泛适用于各种人群，是一种能让来访者和其他咨询相关者在会谈间隔期间持续关注治疗目标的有效方法。

日记疗法的应用

现在，将日记疗法应用于与你合作的来访者或学生，或者重温本书前言中介绍的简短案例研究。你将如何使用日记疗法来解决问题，并在咨询过程中取得进展呢？

第八部分

基于社会学习理论的技术

2006 年，阿尔贝特·班杜拉（Albert Bandura）提出了社会学习理论（social learning theory），认为人类的许多学习行为都是在没有强化和惩罚的情况下发生的，他打破了基于操作性条件反射的传统行为疗法（见第九部分和第十部分），认为它们过于简单，缺乏认知成分。班杜拉发现，人类在做出某种行为之前，往往会进行大量观察、预先计划和思考，而行为主义忽略了所有这些必要步骤。他注意到，人、行为和环境之间的相互作用是大多数行为的核心。

班杜拉（Bandura，2006）发现，来访者经常通过观察他人和模仿观察到的行为来学习执行任务和做出简单的行为，他把这个过程称为替代学习。他和追随其理论的咨询师们将社会学习理论应用于咨询，开发了一些有助于来访者的技术，包括示范法（modeling）、行为演练法（behavioral rehearsal）和角色扮演法（role playing）。

示范法包括向来访者演示某项技能或技能序列，以便来访者模仿。例如，咨询师可能会向来访者演示介绍自己的恰当方式，或者果断处理与同伴之间冲突的方法。

在来访者了解执行一项任务或进行人际交往的方式后，行为演练随之而来，这项技术是咨询师或其他咨询参与者对社会行为进行建设性反馈的实际实践。

角色扮演法允许来访者和咨询师（或其他咨询参与者）在模拟情境中进行自由流畅、动态的交流，以便尝试新行为，并获得建设性反馈。角色扮演的主要优势是，当来访者在非咨询期间遇到需要运用新学到的技能时，能表现出的即兴表演能力和介绍复杂现实生活的能力。基于社会学习理论的心理咨询疗法可产生大量学习机会。

基于社会学习理论的技术的多元文化意义

基于社会学习理论的心理咨询疗法因允许来访者与咨询师针对自身文化背景和社会维度进行基本交流，故在多元文化中被广泛应用。社会学习理论允许来访者在特定文化背景下将社交困难概念化、建立具体目标、为获得最大限度的成功制订治疗计划，并利用来访者与咨询师或他人之间的社交互动来实现这些目标。有些文化背景的来访者（如拉丁裔美国人、阿拉伯裔美国人、亚裔美国人）更喜欢以行动为导向，教学策略基于具体目标和目的，避免情感表达和宣泄。

特别重要的是，咨询师应了解来访者多元文化背景中的正常行为和异常行为的概念，以及来访者对自己表现出的问题的定义和概念。基于社会学习的行为疗法通过关注特定行为，允许来访者通过社会干预解决问题。在多元文化背景下使用社会学习理论的最后一个优势是，对将问题视为个人内部问题的传统行为疗法提出批判。在社会文化背景下，不同民族的个体往往更喜欢中立和包容的社会学习理论，因其在一定程度上关注社交互动和社会文化背景中的技能提升。

第32章

示范法

示范法的起源

示范是个体通过观察他人来进行学习的过程。示范法是阿尔贝特·班杜拉创立的社会学习理论中的一种方法，已成为最常用的、研究最充分、被高度重视的基于心理训练的干预方法。示范法也被称为模仿、识别、观察学习和替代学习。米勒和多拉德（Miller & Dollard，2013）对示范法展开了早期研究，他们发现通过强化，参与者可以模仿榜样的行为，而不去学习另一种行为，学会分辨二者的差异，并将是否模仿他人行为的鉴别力泛化至其他类似的人。

示范法有以下三种基本类型。

（1）外显示范法（overt modeling），又被称为现场示范法，是由一个人或多个人演示要学习的行为。现实生活的榜样包括咨询师、教师或来访者的同伴。有时，对于来访者而言，观察多个榜样十分有用，如此可吸收借鉴不同人的优势和风格。

（2）象征示范法（symbolic modeling），即通过视频或音频材料演示目标行为。利用这个方法，咨询师可以更好地控制行为演示的准确性，在开发出适当的象征示范法模式后，来访者可以很容易记住这个模式并重复应用。如果以自我为示范，那么需要录制来访者实施目标行为的过程，然后来访者可以直接观看视频或使用积极的自我意象法回忆自己成功运用技能的情境。

（3）隐匿式示范法（covert modeling），要求来访者想象自己或他人已成功完成目标行为。

示范法可以产生三种不同类型的反应。

（1）来访者可通过观察他人来获得新的行为模式，被称为观察学习效果（observation learning effect）。

（2）示范可以强化或消退来访者对已掌握行为的抑制，被称为抑制效应（inhibitory effect）（强化）或去抑制效应（disinhibitory effect）（消退）。

（3）示范行为可作为来访者给予特定已知反应的社会暗示信号，被称为反应促进效应（response facilitation effect）。

为促使来访者成功学习示范行为，需要有四个相互关联的子过程。

（1）来访者必须能关注示范演示（注意力）。

（2）来访者必须能保留对示范事件的观察力（保持）。注意和保持对学习十分重要。

（3）来访者需要通过肌肉运动再现示范行为（再现）。

（4）来访者必须被激励，通过内部（如内部激励）或外部强化来完成目标行为（动机）。

再现和动机是获取行为的必需因素。班杜拉（Bandura，2006）将前两个子过程称为获取阶段，将后两个子过程称为表现阶段。他对行为的获取和表现阶段的区分，强调了这样一个事实：来访者仅仅是获得了一种行为，并不意味他有做出这种行为的动机。

观察学习是否会成功还受其他几种因素的影响。哈伦贝克和考夫曼（Hallenbeck & Kauffman，1995）在一项研究中指出，当来访者认为榜样与自己相似时，示范法会更有效。此外，与已掌握目标行为的榜样相比，来访者更容易模仿正在学习示范技能的榜样。观察者的特征也会影响来访者的模仿意愿。性别、年龄、动机、认知能力及之前的社会学习都是影响示范法效果的因素。成功的社会学习在很大程度上依赖强化，强化可直接应用于来访者的外显行为，无论其是否表现出目标行为。来访者也可以观察替代强化，如榜样因表现出目标行为受到奖励或惩罚。一般而言，看到榜样的行为受到表扬时，模仿行为会增强，而看到惩罚时则会减弱。

如何实施示范法

在实施示范法前，来访者与咨询师必须选择一种可控的替代行为来取代不良行为。此外，咨询师应将示范法的基本原理告知来访者。示范情境可将来访者的应激降至最小，还能将复杂的行为分解为小而简单的步骤。当执行目标行为时，无论是榜样还是咨询师都应说明完成示范行为的步骤。目标行为演示结束后，咨询师应引导来访者针对目标行为展开讨论，并对来访者的行为进行语言强化。

在示范完成后，应为来访者提供机会实践目标行为。频繁、时长短的咨询往往比时长长的咨询更有效，咨询师可为来访者安排家庭作业，让其在咨询时间外进行练习。自导式实践有助于来访者将示范行为应用到现实生活中，但咨询师应注意，不要期待数量和效率。教授新行为通常会遇到阻抗，尤其是当来访者不理解目标行为背后的原理时。

示范法的变式

认知示范法的创立是为了帮助来访者避开消极自我挫败的想法和行为，用积极陈述取而代之，包含五个步骤：

（1）咨询师应扮演来访者，并做出示范行为；

（2）咨询师在与来访者讨论每个步骤的同时，来访者都需完成任务；

（3）来访者需再次执行任务，并大声指导自己；

（4）来访者在第三次执行任务的同时，小声指导自己；

（5）来访者再一次执行任务，同时以隐匿的方式（如通过意象或默读）指导自己。

技能训练是一种心理咨询干预，包括示范法等多种不同技术。在技能训练过程中，咨询师与来访者应确定要学习的技能，然后将其按照从易到难的顺序排列。咨询师针对示范技能进行培训，让来访者模仿示范行为，给出反馈，并重复这个过程，直至来访者掌握这个技能。

示范法的案例

下文给出两个示范法的案例，在下一章分别给出他们继续使用行为演练法的案例。第一个案例是教17岁少女妮可学习深呼吸技巧。而在第33章（行为演练法），咨询结束后立即对示范法的练习阶段进行说明。开始前，妮可和咨询师达成共识，能让她放松的方式是帮助她平静地呼吸，从浅而快的呼吸（这会导致压力和换气过度）到深长缓慢的呼吸，也就是让她采用另一种行为方式。然后，咨询师会讨论使用示范法和行为演练法的基本原理。最后，咨询师会说明深呼吸法的步骤及工作原理。

咨询师（C）： 当你放慢呼吸时，你的整个中枢神经系统都会放慢，就像画面中的约翰尼一样，可以令你感到平静和放松。以缓慢和舒服的节奏吸气和呼气……在你完成吸气后不要屏住呼吸，但我希望你一直吸气，直到胸腔充满空气，使空气进入肺部。然后，我希望你立即呼气。我会为你做示范，然后我们再练习。

妮可（N）： 好的。

C： 好，我来给你示范一下正确的做法。我会示范给你看什么时候吸气结束，什么时候呼气。

暂停，吸气。

C： 好了，我已经尽可能地吸气了，现在我会噘起嘴，慢慢地呼气。

暂停，呼气。

C： 看到了吗？明白我刚才是怎么做的了吗？如果需要，呼气时间可以更长。有趣的是，呼气时间通常比吸气时间长。

N： 嗯，我注意到了。

C： 通常情况下，当我深度放松时，每分钟只呼吸两次，甚至是一次半。所以，我吸气的时间是 10 ~ 15 秒。

N： 嗯嗯。

C： 不要屏住呼吸，吸气后立刻呼气。我通常呼气时间为 15 ~ 25 秒，所以从我吸气到完成呼气并再次开始吸气需要 30 ~ 40 秒。你的肺活量可能没有这么大，所以试着放慢呼吸速度，达到让你自己感觉舒服的程度。

咨询师再次对步骤进行讨论，当妮可执行每一步时，通过语言强化她的意识，并回答她的疑问。

C： 你是希望我再示范一次，还是你已经准备好了自己试一下？

N： 我可以了。

C： 好的。我希望你放慢呼吸，将每分钟呼吸降到 8 次或 6 次，或者每分钟 4 次，这样你就可以让自己的身体进入放松状态（停顿）。然后继续，我希望你再次集中精力，非常缓慢地吸气，然后非常缓慢地呼气。

下一章将会继续描述这个案例，来说明使用行为演练法练习示范行为的步骤。

第二个案例记录的是教 10 岁男孩戴维学习社交技能，即在被嘲笑、嘲弄时进行自我控制。在下一章将会给出对其使用行为演练法的案例，补充说明示范法的练习阶段。在开始前，戴维描述了自己被他人寻衅找事或嘲弄时感受到的情感挫败，今年他因打架被多次叫到校长办公室，他因脾气急躁而遭到很多同伴的挑衅，并受到了老师爱德华兹先生的惩罚。

戴维（D）： 我就是会像火山爆发一样失去控制，无法停止。那两个人太可恶了，他们就是故意找麻烦，所以我必须保护自己，不是吗？我不能让他们羞辱我，你知道吗？

咨询师（C）： 戴维，你确实值得被尊重，但听起来你需要一种策略来控制自己的情绪，让你不再招惹麻烦。他们侮辱你是不对，但你也确实惹了麻烦。

D： 确实如此，一点都不对，所以你会对爱德华兹先生解释这一切吗？

C： 不完全是这样。你看，戴维，当你和其他孩子打架时，你违反了学校规定，爱德华兹先生需要像对待每个打架的学生一样让你承担后果。

D： 可是，是他们挑起来的。

C： 是这样的，但他们没动手打人，而你动手了，所以最终是你有麻烦，而不是他们。

D： 那我该怎么办呢？如果我不保护自己，就会被他们嘲弄，我该怎么做？

C： 好，我想我们都同意你的行为并不好，你最后闯祸了，那些戏弄你的人也会变本加厉。

D： 你说得对，这不对。

咨询师用与德肖恩最喜欢的足球队有关的体育进行比喻说明。

C： 如果钢人队一次又一次地重复相同的动作会怎么样？

D： 他们肯定走不远，每个人都知道会发生什么。

C： 的确如此，所以他们会变换不同的方式，让其他队猜测他们会做什么，这是在选择如何实现自己的目标。

D： 是吗？

C： 你有没有发现，这与你对付欺负你的人的策略有什么相似之处吗？

D： 嗯，哦，你是说我的反应一直没变……做同样的蠢事，然后惹上麻烦吗？

C：正是如此。也许我们该改变做法，采用其他方式，做出不同的选择。既然我们知道反击不是很好的选择，那么你还可以做些什么呢？

咨询师与戴维进行头脑风暴，想出了很多办法，并列出了清单：（1）从1数到10；（2）进行几次深呼吸放松；（3）运用视觉意象让自己放松；（4）进行肌肉放松训练；（5）走开；（6）与信任的人交谈；（7）在日记中写下感受；（8）用积极的、自我肯定的语言进行自我对话。

D：哇，除了打架，还有另外八种选择啊，我之前都不知道还有这么多选择！

咨询师向戴维示范技能。

C：我来给你做个示范，看看将来可以怎么做。我们来假装这两个男孩在戏弄你，对你说了些很刻薄的话，并想和你打架。在这种情境下，我会自言自语，声音大到让你能听到，同时，我也需要你在脑海中想象自己会这么做。我能感到自己对这些戏弄感到不安，于是我想了想选择清单，我在数到10时做了几次深呼吸。

咨询师看着戴维，深呼吸，戴维模仿咨询师进行深呼吸，并用手数到十。

C：他们没有停止戏弄，所以我转身走开了，找朋友或老师谈谈，或找一个地方自己坐下进行放松练习。（看着戴维）你理解了吗？

D：有点理解了，我可以练习几次吗？

C：当然可以。

然后，示范过程结束了。下一章会给出同一次咨询中关于行为演练法的案例。

示范法的有效性及评价

示范法可用于教授来访者许多不同的技巧。通常情况下，现场示范在教授个人和社交技能方面更有效，而象征示范法在解决认知问题方面更有效。录像示范法和录像自我示范法已成功用于治疗发育障碍患者和有破坏性或攻击性行为等外倾性问题的个体。自我示范法在治疗自我接纳问题、人际技能发展、教学或咨询技能发展等方面有效。对于因孤独症谱系障碍表现出问题行为的儿童，使用录像自我示范法可产生积极效果。

示范法也可用于帮助青少年处理来自同伴的压力，帮助家庭成员学习新的沟通方式，或适用于来访者缺乏恰当替代反应的任何其他情境。示范法已被用于教孤独症患儿说话、向住院患者传授应对技巧、向有社交障碍的儿童传授新行为、向吸毒者和酗酒者传授人际交往技巧、向智力残疾患者传授生存技巧、治疗恐怖症。示范法还用于开发管理、沟通、销售和来访者服务技能的培训项目，被扩展到更广泛的应用领域，包括跨文化技能。

埃莉萨（Elisa，1983）调查了观看社会问题解决视频对社交障碍男孩的行为产生的影响。在这个为期五周的项目中，他发现参与视频讨论的儿童的社交孤立感降低了，受欢迎度上升了，同时还提高了自我控制能力，延迟满足能力得到增强，减少了情感抽离，且人格问题有了整体改善。这些研究结果表明，通过观看问题解决视频的象征示范法，能有效改善儿童的社交技能。

弗劳尔斯（Flowers，1991）通过调查学生回答问题细节的意愿来测量自信度，研究了示范法对自信的影响。他发现，与对照组和高度自信组学生相比，缺乏自信的学生看到其他之前缺乏信心的学生自信心增强时，他们的自信也会增强。这项研究证实，当来访者认为榜样与自己相似时，示范法更有效。哈伦贝克和考夫曼（Hallenbeck & Kauffman，1995）指出，对于能很好地适应社会的同伴，有心境或行为障碍的学生很难模仿他们的行为，因为他们不认为自己与这些同龄人有相似之处。研究表明，他们更可能从有类似障碍但成功克服不良行为的榜样身上获益。

示范法的应用

现在，将示范法应用于与你合作的来访者或学生，或者重温本书前言中介绍的简短案例研究。你将如何使用示范法来解决问题，并在咨询过程中取得进展呢？

第
33
章

行为演练法

行为演练法的起源

行为演练法是行为疗法衍生的众多技术之一，起初被视为行为主义心理剧，经改编后，已成为咨询师常用的社交学习方法（Thorpe & Olson，1997）。针对需要对自身建立完整意识的来访者，咨询师通常会采用行为演练法，这是角色扮演的一种形式。在这个过程中，来访者用所学的新的行为模式应对心理咨询情境外的特定情境和人。行为演练法包括几个关键部分：示范行为、接受咨询师的反馈、不断练习目标行为。

如何实施行为演练法

在实施行为演练法时，来访者和咨询师会利用角色扮演处理日常生活事件，以减少来访者在表达自我时可能产生的焦虑。来访者扮演自己，咨询师则扮演会引起来访者焦虑的人物角色。咨询师会指导来访者表达自己对引起焦虑的人物或情境的感受。来访者需要用坚定的语言重复关于感觉的表述或恰当的行为，咨询师则会给来访者反馈意见。来访者继续练习，直到咨询师指出当前的陈述或行为能够进行有效沟通为止。咨询师与来访者应先尝试掌握简单技能，再学习复杂技能。咨询师应按照下列四个步骤实施行为演练法：

（1）练习示范行为；

（2）通过正强化策略建立来访者的动机；

（3）给予来访者大量有针对性的、具体的反馈，帮助他们掌握技能；

（4）运用积极的正强化策略塑造和磨炼技能行为。

为使行为演练法有效，布兹（Bootzin，1975）建议来访者在练习时遵循以下六条规则：

（1）用语言表达情感；

（2）用肢体语言表达情感；

（3）与他人观点不一致时，可以反驳；

（4）用第一人称讲话，要经常使用"我"；

（5）赞同咨询师的赞美；

（6）即兴发挥，活在当下。

行为演练法的变式

现实生活演练可帮助来访者在自然环境中表现目标行为，治疗效果更明显，而咨询师必须针对来访者表现出的目标行为给予具体评论和反馈（Naugle & Masher，2008）。在取得初步进展后，布置的行为任务会逐渐变难，来访者也可以在心理咨询时间外进行实践练习。

塞利格曼和瑞森伯格（Seligman & Reichenberg，2013）建议，咨询师除了要求来访者在心理咨询期间练习行为演练法外，还可以让其在咨询外练习。在日常生活中，来访者可以与朋友一起练习行为任务。他们还建议，咨询师应为来访者的行为演练做好记录，或者鼓励来访者在镜子前练习，从而让来访者能够进行自我监测和自我反馈。

斯莫克维斯奇（Smokowski，2003）通过录像和计算机模拟，将这项技术应用于来访者的行为演练咨询。在这个变式中，斯莫克维斯奇在团体咨询中使用了摄影机。他建议当人们努力表现目标行为时，用摄影机录下他们的演练行为，让团体成员角色扮演这种情境或行为演练中的个体。在这一点上，当角色扮演过程中需要得到响应时，录制停止，成员做出响应。由于演练的开始部分已经录制下来了，因此成员可以练习几种不同的反应。斯莫克维斯奇还建议，通过让成员扮演他自己难以应对的角色来建立自信。

行为演练法的案例

下面两个案例均是第 32 章讨论示范法案例的后续内容。示范后通常会进行行为演练，然后是角色扮演（见第 34 章）。下文摘自一次深呼吸的指导和行为演练记录，接续第 32 章中妮可的案例。

咨询师（C）： 好的。我希望你放慢呼吸，每分钟呼吸降到 8 次或 6 次，甚至是每分钟 4 次，这样可以放松身体（停顿）。然后继续，我希望你再次集中注意力呼吸，非常缓慢地吸气，再非常缓慢地呼气（妮可吸气）。很好，用鼻子吸气，让肺部充满空气。现在，呼气（妮可呼气）。你的嘴唇紧闭，我几乎感觉不到你在呼气。很好，现在吸气。

妮可吸气和呼气。

妮可（N）： 我感到有点头晕。

C： 嗯，你现在放慢速度，放慢呼吸，从正常的呼吸频率放缓至更慢、更放松的速度，你可能会感觉有点头晕，但通常在进行 4 ~ 5 次呼吸后，症状就会减轻。

N： 好的。（继续几次呼吸）你说得对，我现在感觉不头晕了。

C： 继续，你的大脑在告诉自己要调整身体，这样会产生放松反应，你的整个中枢神经系统的速度会放慢。你感觉到焦虑或其他情绪了吗？

N：（继续呼吸）完全没有，其实，我开始有点想睡觉。

妮可打哈欠。

C： 这是因为你的身体放松了。当你放松时，有时就会睡着。这也是很多人在睡觉前会练习深呼吸和渐进式肌肉放松训练的原因，这样可以让他们快速入睡，提前进入放松的深度睡眠状态。

N： 我可以理解！

依照咨询师的反馈意见，妮可练习了 6 次，然后又独立进行了 3 分钟的深呼吸。

C： 很好，你现在已经能够每分钟呼吸 4 次了，这样呼吸舒服吗？

N： 哇，我都不敢相信。4 次吗？真的吗？的确很舒服。

C： 你学得很快，你学会了深呼吸技巧，就像你原本就是这么呼吸似的。

N： 嗯，是这样（大笑）。

C： 好的，你知道我会告诉你下一步做什么。

N： 家庭作业吗？

C： 正确。每天进行 5 次深呼吸练习，每次至少 3 分钟，每次最好能达到 5 ~ 10 分钟。我希望你进行长长的、深深的、缓慢的呼吸，持续约 3 分钟或更久（停顿）。我希望你早上醒来后，在起床之前，先练习深呼吸。我希望你在早餐前后、午餐前、晚餐前及睡前也进行练习。

下文是戴维的示范法案例（见第 32 章）的延续，他在学习用其他选择来提高自我控制力以避免打架。

戴维（D）： 我能把这些选择写下来吗？这样我能记得更牢。

咨询师（C）： 当然可以啦。如果有新的想法，还可以补充到清单中。

咨询师列出了清单：（1）从 1 数到 10；（2）进行几次深呼吸放松；（3）运用视觉意象让自己放松；（4）进行肌肉放松训练；（5）走开；（6）与信任的人交谈；（7）在日记中写下感受；（8）用积极的、自我肯定的语言进行自我对话。戴维想象那些男孩侮辱自己后，通过夸张的深呼吸法进行行为演练。

戴维深呼吸，转身，从假想的男孩身边走开，走向咨询师。

D： 咨询师，我能跟你谈谈被戏弄的事吗？

咨询师（C）： 很好，戴维。我看到你进行了几次深呼吸，你走开了，你用至少 10 秒慢慢地向我走来，所以我猜你也数到了 10，然后你找到一个信任的成年人谈话，做得很好。

D： 谢谢！我可以再试一次吗？

这次，戴维进行了几次深呼吸，转身，走到房间的角落，坐下并闭上眼睛。咨询师提供了更多具体的关键反馈，然后他们又练习了十几次，直到戴维对自己所做的选择感到满意。此时，咨询师开始设想在不同情境中与德肖恩进行角色扮演，如此一来，他可依据变化的情境重新定义并调整策略。他的家庭作业是继续进行行为演练，尝试将其灵活运用到现实生活中，并在尝试后立刻向咨询师报告效果。

行为演练法的有效性及评价

行为演练法已成功用于治疗有愤怒、沮丧、焦虑、恐怖症、惊恐发作和抑郁障碍的来访者（Turner，Calhoun，& Adams，1992）。针对在特定预期情境下很难与他人交流的来访者，咨询师通常会采用行为演练法，这个方法经常被用来宣泄情绪、改变态度或实行具体目标行为。

沃尔什（Walsh，2002）发现，将行为演练法应用于患有社交障碍的来访者时效果明显。来访者首先需学会新的思维和行为方式，在心理咨询情境下练习新反应，然后在自然环境背景下练习新的行为方式。在现实生活中采取行动前，先在安全的环境中练习，可帮助来访者培养更多自信，目的是使其掌握改变后的思维和行为方式，最终摆脱害羞或不良行为倾向。特纳等人发现，在治疗有约会焦虑的异性恋男性来访者时，行为演练法也很有用，可以减少他们在约会时产生的焦虑感，提高自信，并能增加约会的次数。行为演练法也适用于那些被告知不要做什么或不知道做什么的个体，咨询师可帮助他们停止不良行为，用恰当的亲社会行为替代。运用这项技术，人们可以明白犯错很正常，而且可以从错误中汲取教训，改正不良行为。

尽管关于行为演练法的实证研究数量很少，但由于它通常对来访者构不成危险，故被咨询师广泛运用。行为演练法还是一种省时、经济的技术，适用于多种群体，甚至适用于在认知、社交和情感上有障碍的群体。这项技术的应用相对简单，而且见效很快，有时甚至在几次咨询后就能起效。不过，诺格尔和马歇尔提出警告，在面对下列来访者时应谨慎使用行为演练法：

- 无法对自身行为承担责任的；
- 对后果感到害怕，无论是不是真的；
- 不愿意进行演练的；
- 不会完成咨询外作业的；
- 有日常危机的；
- "有精神运动性激越或迟滞"的来访者。

康托尔和肖梅（Kantor & Shomer，1997）研究了应激管理方案对个体生活方式的影响。行为演练法是教授给来访者的一种应对技术。尽管有些研究表明，这种方法是有效的，但从统计数据方面来看，运用这种方法的实验组与对照组并无明显差异。结果显示，来访者并没有坚持使用教授给他们的方法。这个研究结果提醒咨询师，需要让来访者频繁地重复进行行为演练，并接受多次具体的反馈。

行为演练法的应用

现在，将行为演练法应用于与你合作的来访者或学生，或者重温本书前言中介绍的简短案例研究。你将如何使用行为演练法来解决问题，并在咨询过程中取得进展呢？

第
34
章

✤ 角色扮演法

角色扮演法的起源

角色扮演法是不同理论流派的咨询师在面对需要对自身有更深理解或改变的来访者时所使用的一种技术。进行角色扮演时，来访者会在安全零风险的环境下执行决策后的行为。角色扮演融合了索尔特（Salter）的条件反射疗法、莫雷诺（Moreno）的心理剧疗法和凯利（Kelly）的固定角色疗法。莫雷诺的心理剧包括热身、扮演、再扮演这三个阶段。哈克尼和科米尔（Hackney & Cormier，2017）描述了角色扮演中常见的四个基本方面：

（1）在大多数角色扮演中，一个人需要再次扮演自己、他人、一组情境或自己的反应；

（2）会收到咨询师的反馈，如果角色扮演是在团体中进行的，那么会收到成员的反馈；

（3）角色扮演发生在当下，而非过去或将来；

（4）开始时通常会选用比较容易重现的场景，再逐步过渡到更复杂的场景。

如何实施角色扮演法

对于咨询师来说，在实施这项技术前，要了解角色扮演的四个要素和三个阶段。四个要素如下所示。

（1）会心，即理解另一个人的观点。会心是角色扮演的重要组成部分，因为来访者有时需要转换角色去扮演情境中的另一个当事人。

（2）舞台，即一个配备简单道具、可为来访者提供现实体验的空间。

（3）独白，是来访者表达个人想法及相关感受的演讲，这是咨询师必须了解的一个术语。咨询师可通过来访者的独白对其有更深入的了解，包括他们的非理性信念。

（4）替身，可增强来访者对自身角色的意识。当来访者表演时，咨询师或其他团队成员要站在他的身后，然后，咨询师或其他团队成员将来访者未察觉的想法或感受表达出来。

角色扮演的三个阶段包括热身、表演、分享和分析，但存在一些争议，也有人建议应将其分为四个阶段。

角色扮演有以下三个阶段。

（1）热身阶段。这个阶段的目标是鼓励来访者与情境建立联系，包括将要重现的情绪。热身活动既可以是身体上的也可以是精神上的。

（2）表演阶段。在这个阶段，咨询师通过详细描述帮助来访者设置情境，将来访者从现实引至想象的情境，再从想象的情境中带回现实。

（3）分享和分析阶段。在这个阶段，咨询师和团队成员（如在团体中进行）分享他们在角色扮演中的经验。分析通常在后续咨询中进行，因为来访者通常在角色扮演结束时情绪激动。在后续咨询中，来访者有机会处理信息并接受反馈。

扬（Young，2017）提出，咨询师在实施角色扮演时应遵循以下七个步骤。

（1）热身：向来访者解释这项技术，来访者需要详细说明他想改变的行为、态度或表现。应鼓励来访者讨论其对角色扮演的任何不情愿的想法。

（2）场景设置：帮助来访者设置舞台，如有必要，可重新布置陈设。

（3）角色选择：来访者指定场景包含的重要人物，并进行说明。

（4）扮演：来访者需表演目标行为，且当来访者感到有困难时，咨询师可以为来访者进行行为示范。不过，来访者应从最简单的场景开始，逐步进入难度较大的场景。在这个步骤中，可以打断来访者，并向其说明导致其产生困扰的行为。

（5）分享和反馈：应给予来访者具体的、简单的、可观察的、可理解的反馈；

（6）再扮演：来访者在心理咨询内外重复练习目标行为，直至来访者和咨询师均认为已实现目标。

（7）随访：来访者将实践结果和进展情况告知咨询师。

角色扮演法的变式

行为演练法是角色扮演最常见的变式。当来访者执行目标行为时，行为会得到强化和奖励——首先会得到咨询师的奖励，其次是来访者的自我表扬。如需了解更多内容，见行为演练法的章节（第33章）。

另外，还有一种五个步骤的角色扮演变式：

（1）明确要学习的行为；

（2）确定某个事件的情境或环境；

（3）从小场景开始，再构建更复杂的场景；

（4）在咨询中，先进行低风险的角色扮演，然后努力适应高风险的情境；

（5）在现实生活中进行角色扮演，同样要从低风险的情境开始，逐步进入高风险的情境。

角色扮演的视频记录对分析来访者在特定角色中表现出来的优势和挣扎非常有帮助。

扬（Young，2017）提出了角色扮演法的另一种变式——团体治疗中的镜像技术。在这个方法中，再扮演场景的成员在重要行为出现时会停下来，而另一个团体成员会代替他，甚至会夸张地再现原表演者的行为或反应。原表演者可以观察并评估，还可通过讨论获得新的反应，然后原表演者可以练习这种反应。

格式塔治疗师常用的一种变式是，用两把椅子代替场景中的其他人。椅子可以象征多种不同事物，包括来访者及与来访者有争论的任何其他人、同一人的两个部分（如理性和欲望）、情感冲突等。当来访者坐在其中一把椅子上时，需要表达这把椅子所持有的观点，来访者在此时通常会表达之前未能说出口的真实情绪或想法。

这项技术的另一种变式通常在与儿童交谈时非常有用。如可能，在转换角色时，儿童可以穿上不同服装，促使其明白不只是在表演自己。

谢泼德（Shepard，1992）描述了另一种角色扮演的变式，可将其用于初学心理咨询的人员培训。正在接受培训的咨询师常会被要求一起进行角色扮演，并用他们所学的不同技术获得经验。谢泼德教授来访者用电影剧本创作技术进行角色扮演，往往更真实。第一步是创建角色，来访者需描述角色的一般特征，包括姓名、年龄、民族、职业、情感状态和家庭。此外，还需创作背景故事，包括个人经历及对角色生活的重要影响因素。创作背景故事时，应考虑人物角色的梦想、幻想、目标、危机、意识层面以及潜在欲望、社会影响。创造背景故事需要考虑的另一点是参与人物角色成长过程的家庭生活，以及决定来访者的个人动力和促使来访者寻求心理咨询的事件。呈现的问题应是现实的，并且至少具有下列任一表现：情感、认知、躯体或行为表现。在课堂上创建示例后，学生应利用这个模式创建自己的角色。在整个学期，谢泼德给学生的角色生活创作剧情转折点（重大事件）。

角色扮演法的案例

以下案例中的心理咨询干预是针对高中生的团体心理咨询，旨在改善他们与同伴和家庭成员的情绪表达与社会互动。蒂娜是本次咨询的重点对象，也是团体成员之一，她在与他人的交往中比较被动，常会为了维持友谊、和平或获得他人的青睐而忽视自身需求。

咨询师（C）： 好的，除了你以外，每个人都进行了检查。蒂娜，你似乎有什么想法。

蒂娜（T）： 是的，我想是的。嗯，我想我可以告诉你们所有事？我是说，如果你们愿意听的话。

C：（看了看所有团体成员，看到成员点头表示支持）我们愿意，蒂娜。

T： 嗯，这对你们来说可能是件小事，但对我来说很重要，完全印在我脑海中，我不知道该怎么办（她环顾了所有人，在继续说话前看看其他团体成员的面部表情）。好的，你们中有些人可能知道我在说谁，我只是想确保在团体咨询中所说的话只是留在这一刻。

C： 我很高兴你说出了这件事。我想有必要不时提醒大家，确保大家都同意只在我们中间谈论这些事，（停顿）不会告诉不在场的人，也不会在其他地方对任何其他人谈起此事，好吗？

团体成员再次点头，打消了蒂娜的疑虑。

杰罗姆（J1）： 别担心，蒂娜，我们支持你，我们不会对其他任何人说的。

T： 我知道，我只是想确认一下。好吧，嗯，（深呼吸）我听说我最好的朋友四年来一直在对我们的共同朋友说我的坏话。起初我不相信这是真的，但她的举动很奇怪，比如我说话时忽视我，或者在我讲事情时打断我，我发誓我感觉她昨天甚至还对我翻白眼。我感觉她今天故意避开我，因为我今天几乎没见到她，但平时我们在课间经常能在走廊碰面。

J1： 天啊，我真高兴自己不是女的，男孩子不会玩这种把戏。我很同情你，蒂娜，你比我坚强多了。

苏珊娜（S）： 我懂了，蒂娜。你最好的朋友是不是在生你的气？或者，不管是怎么了，这都是世上最糟糕的感觉了。这会令人头脑混乱，感觉一切都像一出戏。

T： 是的，确实如此。

C： 那么，蒂娜，告诉我这周发生的一切对你有什么影响呢？

T： 我是个特别偏执的人，对小事特别在乎。我一直在想自己到底做了什么让她这么生气或讨厌我。我发誓我什么都想不起来，我甚至还更努力地对她好，陪她去做任何她想做的事，哪怕我自己不喜欢，只是想让她能像平常那样对我。我真的想把这些弄清楚，最重要的是，我想知道这是真的还是我自己的幻想。

杰西（J2）： 那你为什么不直接问她呢？

纳特（N）： 对啊，跟她谈谈啊，直接问她"你是在生我的气还是讨厌我"，或者"你最近是怎么了"。

C： 你有没有想过跟她谈谈呢？

T： 我想过，我知道需要跟她谈谈，这是解决问题的唯一方法，但我不太擅长。

C： 你的意思是，你尝试了，但效果不好，对吗？

T： 是的，好像我说什么都错，或者我没想过对方会说什么，所以……我只是……我不擅长……但我知道我必须这么做。我一直希望事情会奇迹般地消失，但显然没有，我知道在我抓狂前必须和她谈谈。我只是害怕……我不知道该说什么。

C： 那你愿意今天在这里尝试一下吗？

T： 你的意思是？

C： 不擅长表达自己或面对不舒服的情境这类问题，好像你之前处理过。我认为，我们在这里通过角色扮演来试着表达你想进行的对话会有所帮助，而且我肯定其他成员也可以从中学到很多。你觉得怎么样？

T： 嗯，我觉得很傻，但如果可以帮到我……

C： 好的，在开始前还有其他什么我们需要知道的吗？

T： 嗯，比如说什么呢？

C： 也许，你可以重申一下想要跟她谈话的目的。

T： 我只是想知道她是否在生气，到底是因为什么。

C: 好的，还有呢？

T: 嗯，我想告诉她我这一周的感受。

C: 好的。那么，记住这些目标，了解她的感受并表达自己的感受。让我们来思考一下，你希望在什么时间对话，还有对话的地点在哪里。

T: 嗯，你是说真正进行对话的时间和地点吗？

C: 嗯。

T: 嗯，明天放学后我们有篮球训练，我们通常会在训练后一起玩——就我们俩，那时可能是最佳时间。

C: 你也会在篮球馆吗？

T: 是的，我们会在那儿练习投篮。

C: 好的，那你看看房间里有什么需要移动的？或者，你看看需要做什么让房间看起来像你明天要进行对话的场所？

蒂娜环顾四周，思考了一会儿。

T: 没有，不用真的挪动，只要我们站起来就行了，其他都不需要。我手里应该拿着篮球，但我看这里没有，所以我站起来就可以了。

C: 好的。我们理解你和你最好的朋友之间的问题，还有你有多困扰，我们理解你想要且需要与她进行开诚布公的谈话，但这对你来说很难。我们也听到你说你想知道她的感受，你也想让她知道你的感受。我们还知道谈话的时间和地点。现在，在开始前我希望你做的最后一件事是选择一名成员扮演你最好的朋友。

到目前为止，咨询师已引导来访者经历了热身阶段，确认了需要改变的行为、场景选择和布置，选定角色后就可以开始角色扮演了。

T:（环顾团体成员，开心地笑）我选肯亚。

C: 肯亚？好的，很好。（看向肯亚）你愿意扮演蒂娜的好朋友吗？

肯亚（K）: 当然，让我来扮演吧！

C: 谢谢你，肯亚。在开始前你有什么要问蒂娜的吗？

K: 嗯，我想她多给我讲讲她最好的朋友是什么样子的，这样我才能更好地扮演啊。

C: 有道理，肯亚。你觉得呢，蒂娜？

T: 好的。嗯，这周一切都变得不一样了，很难说她平常是什么样子的。我想想……

她大嗓门、很开朗、有趣，大家都喜欢围着她，她绝对是个领导人物。她总会有一些奇思妙想，喜欢参加社交活动和聚会，总是能为他人做决定……但是，她也可能会有防御……并做出奇怪的反应。我猜，她还瞧不起人。是的，就是这样，够不够？

K: 我想可以了，这确实有帮助。

T: 哦。别对我手下留情，（对肯亚说）我是说……苛刻点儿比较好，这样当一切真发生时，我好有所准备。

C: 好的。

咨询师站起来，向蒂娜和肯亚打手势，一起站起来。

C: 我要请每个人都把椅子往后挪一点，以确保她们俩能有足够的空间。

咨询师移动椅子时，暂停说话。

C: 谢谢各位。蒂娜，如果你不介意，我会站在你的后面或右侧，就像这样。在角色扮演中，当我感觉你卡住了或很难找到问题的症结时，我会采用替身技术。也就是说，我会代替你发言，说一些我认为你没能说出口的话，来帮助你摆脱困境，可以吗？

T: 可以，那可帮了我大忙了。

C: 好的。当我做这些的时候，如果可以，那么我会把手搭在你的肩膀上。

蒂娜点头，似乎为得到支持松了一口气。

C: 同时，我想要你做的是，接受我说的话并大声重复，或者将我说的话更改得更好，然后大声说出来，明白了吗？

T: 我想我明白了，好的。

C: 好的。现在想象一下明天跟今天一样，你这周度过的每一天都差不多，假设什么都没有变，现在篮球练习快结束了，大家都准备离开，只有你们两个留下来练习投篮。

谨记：咨询师有责任将来访者从现实带入想象情境中。

T: 是的，好的。

C: 那么现在，就只有你和你的好朋友……她叫什么？

T: 史黛西。

C: 好的，现在只有你和史黛西在体育馆练习投篮，你准备好以后，就可以与她进行重要对话了。

T: 好的……这有点难……我可以做到。

T: 好的，史黛西，我想跟你说点儿事。

肯亚扮演史黛西（S）： 嗯，好的，什么事？

T: 嗯，你这一周的行为看起来似乎都很奇怪。

S: 你这话什么意思（仍然在投篮球）？

T: 嗯，我是说，你好像不是你了。

S: 我当然是我了，你到底在说什么啊（防御的语气，仍然在投篮）？

T: 我只是感觉你对我跟以前不一样了，我在想……

S: 你到底在说什么呀（很明显她被问得有点烦）？

T:（转向咨询师）我做不到。

C:（替身，同时把手放在蒂娜的肩膀上）这对我很重要，我说的是我的感受，我感觉你这一周都忽视了我。

T: 是的，这对我很重要，我感觉你这一周都忽视了我。

S: 是又怎样呢？

T: 我只是不知道，我是不是做错了什么？

S: 我不知道，也许吧。也不全是这样，我不知道。你为什么抓狂呢？

T: 我不知道，我想我不应该。

蒂娜低头看向地板，很明显为提起这件事感到羞愧，并且为自己的感受感到羞愧。长时间的停顿。

C:（替身）一直以来你都是我最好的朋友，想到这可能发生改变让我感到很心痛，感觉你在生我的气，这周真的很难熬。

T: 我很在乎我们的友谊，不想失去它。这周我真的很难过，你的行为已经伤害了我。

S:（态度改变，不再那么无礼了，开始严肃对待蒂娜的问题）好的，那我们来谈谈吧（思考）。我不想伤害你的感情，我真的不想。只是有时你刚好在身边，而且你太过努力了。你应该知道的，我们现在还是最好的朋友，你不必事事强求。你这样，有时候的确会有点儿烦人。也许我应该告诉你，而不是这样对待你，我只是不想伤害你的感情。但现在我知道了，我还是伤害了你的感情……我很抱歉。

T: 真的？我是说你现在还想跟我做好朋友？你只是希望我有时能给你点儿空间对吗？

S: 是的。

T: 我做得到，我真的可以做到，只要我知道你不是在生我的气就好。蒂娜看起来松了一口气，有一段长时间的沉默。

C: 好的，蒂娜，你觉得这样做有用吗？

T:（松了一口气）是的……是的……有用，我想明天我可以做到。

C: 很好！好的，现在我们可以坐回去了，我想听听成员的想法或其他反馈，当然了，还有你的，蒂娜。

咨询师继续推动团体进行反馈讨论，并讨论蒂娜的反应和感受。

角色扮演法的有效性及评价

角色扮演法是理性情绪行为疗法、认知疗法、格式塔学派和社会学习理论等领域咨询师常用的一种技术，用于帮助来访者改变自我。角色扮演法用于个体、团体和家庭时也十分有效。角色扮演法的一个特定家庭类型可促使人们认识到结构相似的家庭会产生同样的问题。此外，还可促使学生培养并加深对家庭情感、困境、动态和多样性的理解。通过角色扮演，来访者可以学到新的技巧，探索不同行为并观察这些行为对他人的影响。如果来访者难以设定心理咨询目标，那么咨询师可以让来访者进行角色扮演，从而帮助来访者了解其难以设定目标的原因。

在咨询师教育培训过程中，角色扮演法用于帮助咨询师获得多元文化的咨询经验。经证实，角色扮演可改善整体咨询技能。

角色扮演法可用于帮助教师为家长会做好准备，这项技术对那些因家长会感到紧张的新任教师十分有用（Johns，1992）。使用角色扮演法时，咨询师会给教师提供一系列情境，让他们扮演教师或家长的角色，在每种情境中会处理教师与父母之间存在的一种难题。教师通过角色扮演可获得实践，帮助他们在与父母真正见面时感觉舒服自在。

将角色扮演法用于青少年也十分有效。可以使学生对自己持有的信念和价值观有更多的了解，还可以进一步了解他人的信念和价值观。角色扮演对儿童的认知、情感、社交和语言发展有很大助益，对培养个体必要的文化适应能力至关重要（Papadopoulou，2012）。

角色扮演成为儿童表达当下理解、现有恐惧和发展性忧虑的手段，有助于提高儿童的社交技能、思维水平和倾听技巧，并使其变得更加自信。角色扮演对青少年也十分有用，因为这是要求学生参与的主动性技术。

这项技术可以令初中生学会换位思考，通过将学生引入常见困境，他们可能会开始理解一些不同于自身的观点。乌普怀特（Upright，2002）阐述了教师应如何在课堂上进行角色扮演，主要有九个步骤：

（1）观察学生并评估他们的道德发展水平；

（2）选择一个合适的故事，其中必须存在明显的问题；

（3）向学生说明故事的背景，并确保学生理解故事中的所有术语；

（4）读故事并提出道德两难问题，可以让学生扮演故事中的不同人物；

（5）提出一些问题，确保学生理解情境（包括冲突）；

（6）让学生分小组讨论道德两难问题，并让他们扮演道德两难问题的不同方面；

（7）如有必要，可添加故事细节，以改变学生的观点；

（8）为鼓励学生思考道德两难问题，可让他们创作其他故事结局；

（9）通过记录学生的反应，可以看到在整个学期内学生的换位思考能力和决策能力的改善。

为改善使用这项技术的效果，让来访者感到能够在咨询师面前坦然暴露自己的弱点十分重要。咨询师还应诚实地对待来访者，提醒自己和来访者这项技术发挥作用需要一定时间，这不是一个快速起效的解决方案。有些理论家认为，将角色扮演与认知重构结合使用更有效（Corey，2016）。

虽然角色扮演是一种有效的技术，但也会出现一些这样的问题：来访者可能会怯场，不想再扮演那些情境中的角色，咨询师需确保来访者可以掌控角色扮演的方向；来访者和咨询师有时还可能会因表达强烈的情感而感到不舒服。研究人员指出，在完全理解来访者的问题前不得使用角色扮演；此外，应在实施角色扮演后观察来访者的表现，以改善治疗效果（Ivey et al.，2018）。

角色扮演法的应用

现在，将角色扮演法应用于与你合作的来访者或学生，或者重温本书前言中介绍的简短案例研究。你将如何使用角色扮演法来解决问题，并在咨询过程中取得进展呢？

第九部分

基于运用正强化的行为疗法

本部分首先将简要介绍行为矫正，以及基于正强化、负强化和惩罚的行为方法的一般分类。还将介绍几种基于正强化的行为方法以帮助来访者增加目标行为，包括普雷马克原理（Premack principle）、行为图表（behavior charts）、代币法（token economy）和行为契约法（behavioral contracting），未涉及基于负强化的具体技术。在第十部分，将介绍几种运用惩罚的行为方法。

行为矫正原则简介

行为矫正是 B.F. 斯金纳（B.F.Skinner）的操作性条件反射原理的具体应用技术。操作性条件反射原理的首要原则是，真正的学习取决于哪些行为得到了强化。被奖励的行为在频率上有所提高，而未获得奖励的行为的频率降低，受到惩罚的行为的频率通常降低。操作性条件反射的应用可通过并置两个二分连续操作来加以定义，分别是操作（即刺激是被施加到环境中还是从环境中去除）和效应（即目标是行为增加还是行为减少）。这种并置如图 a 所示，并由此产生四类行为干预：正强化（奖励）、负强化（消退）、惩罚（增加刺激）和惩罚（去掉强化物）。关于惩罚，见第十部分。

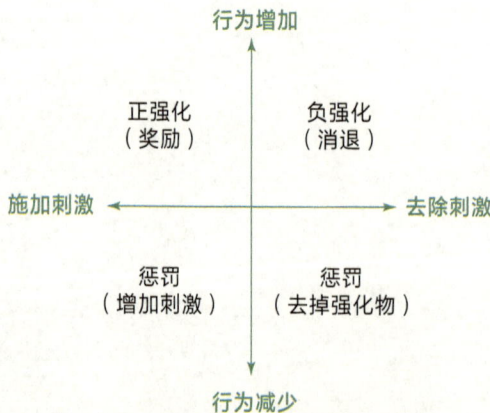

图 a　在操作性条件下操作连续体与效应连续体并置，以及行为干预的结果分类

正强化与负强化

正强化是指行为出现后，给予个体某些事物作为后果来加强或增加这个行为再次出现的可能性。正强化的常见同义词是奖励，如给予个体喜欢的食物或零食、喜欢的活动、贴纸、金钱、关注、社会赞誉等，包括所有人们愿意努力去争取的东西。关于正强化，有两个要点。

第一，目标行为要限定在一个行为方式的框架内，表明需要增加哪些适应性行为。来访者、学生、家长和老师通常都能告诉咨询师他们希望来访者停止做什么（如停止离开座位、打电话、咒骂、顶嘴、夫妻争吵、拒绝做家庭作业），但有时却很难说出他们希望来访者做出哪些或增加哪些积极行为。在这种情况下，向来访者或利益相关者（如家长、老师、配偶以及来访者）提出"您希望来访者多做些什么"这样的问题是很有帮助的，有助于利益相关者或来访者制定积极的目标行为，明确需要增加的行为。例如：

+ 将"停止离开座位"变成"留在座位上，直到允许你站起来"；
+ 将"停止讲话"变成"举手，等待老师点名再发言"；
+ 将"停止咒骂"变成"用恰当的语言表达"；
+ 将"停止顶嘴"变成"与成年人和同伴交谈时要措辞恰当"；
+ 将"停止夫妻争吵"变成"进行有效或愉快的交谈"；
+ 将"停止拒绝做作业"变成"在绝大多数时间（95%）完成作业"。

请注意，上述示例中提到的两个"恰当"可能需要进一步定义和说明。

第二，奖励必须发生在行为之后。如果来访者在表现出行为之前，或者虽然表现出目标行为但未能达到约定标准就获得了奖励，那么将无法在行为与奖励之间形成或然性联结。来访者需要习得，奖励会在恰当的行为后出现，否则不会产生预期结果。此外，要确保在来访者表现出恰当行为后及时给予奖励，不要让其等待太久。因为如果希望来访者在行为和奖励之间建立联结，以提高目标行为出现的频率，那么长时间的延迟可能会削弱这种联结。奖励是目标行为的动力，必须在行为发生后立即出现，以促进建立联结，同时也能增强先前的联结。

负强化是指通过减少或消除厌恶刺激来增加目标行为，与消退同义。人们经常会将负强化与惩罚相混淆，许多负强化甚至会被来访者视为惩罚。然而，二者有本质区别，负强化的目标是增加目标行为，惩罚的目标则是减少不良行为，这种区分对于理解这两个重要概念之间的差异至关重要。负强化是一个难以被理解和应用的概念，本书未包含有关其应用的章节。一个例子是，在来访者进行口头讨论时关掉恼人的噪声（如嗡嗡声），然后在沉默时重新播放恼人的噪声，以此增加团体咨询互动中的言语表达；另一个例子是，在儿童每次未经允许离开座位时将椅子移开 10 分钟，迫使他站立而不能坐在课桌上，以此增加儿童坐在椅子上的时长。需要再次强调的是，恼人的噪声、强迫站立，这些看起来似乎是惩罚，但在上述例子中，只要咨询目标是提高目标行为出现的频率，就不是惩罚。

问题行为评估

在讨论个体行为技术前，最后要简要讨论一个重要话题 —— 问题行为评估。对问题行为的评估通常相对较快，特别是当咨询师关注行为的频率（frequency）、量级（magnitude）和持续时间（duration）时。

频率是指行为发生的频率。要确定一个行为的频率，需至少从两个方面进行考虑。首先，要了解一个行为的问题程度，以及行为的表现是否正常。有时来访者和利益相关者只是追求完美，或者缺乏关于正常行为表现的背景知识，而咨询师可以提供这些知识。其次，如果咨询师要帮助矫正问题行为，收集基线数据至关重要，可以帮助来访者、咨询师及利益相关者确定合理的咨询目标，以及达成目标的时间点。

量级是指对来访者及利益相关者来说，问题行为的严重程度。如果量级不大，干预可能不是必需的；如果来访者或利益相关者追求不切实际的完美，或缺乏行为是否正常的背景知识，咨询师可以帮助他们将问题背景化或重构。第 1 章讨论的量表技术有助于确定问题行为的严重程度。

持续时间涉及评估问题行为的两个方面。首先，咨询师需了解行为的持续时间。对这个问题以及上述量级问题的回应，往往可以让来访者和咨询师了解问题的严重性、解决问题时可能遇到的阻力，以及解决问题行为所需的动机。其次，需回答"行为开始后会持续多久"这一问题，对于相同的行为，持续几秒钟与持续数小时的解决方案是不同的。

一旦确定了行为的频率、量级和持续时间，并制定了咨询目标，采用行为疗法的来访者和咨询师就可以实施策略，运用技术来解决问题了。本部分的其余章节回顾了在处理问题行为时对咨询师有所帮助的技术。如果咨询目标是提高目标行为的频率，咨询师可采用基于正强化的技术，如普雷马克原理、行为图表、代币法或行为契约法；如果咨询目标是减少或抑制不良行为的频率，咨询师可采用基于惩罚的技术，如消退法、暂停法、反应代价法或过度矫正法。有关惩罚的行为疗法见第十部分。

基于运用正强化的行为疗法的多元文化意义

具有某些文化背景的来访者欣赏行为疗法的直接性、以问题为中心以及以行动为导向的特质。例如，阿拉伯裔和亚裔的来访者通常希望获得建议，并在咨询中追求具体目标。总的来说，男性可能会喜欢行为疗法的以行动和目标为导向。拉丁裔美国人倾向于指导式方法，而非裔美国人通常在意行为疗法如何帮助他们使子女服从自己，这是一种重要的代际文化价值。

行为咨询不强调情绪表达和宣泄，或分享个人困境与顾虑，这使其更适合某些人群（如男性、亚裔美国人）。行为疗法重视并关注来访者的文化背景及社会维度，通过分析个体所处的特定环境，优化干预措施以达到特定治疗目标及个性化结果（Junko Tanaka-Matsumi et al.，2007）。在此过程中，咨询师帮助来访者了解个人生活环境如何导致困境、是否有可能改变或如何最大化实现改变，从而帮助来访者适应社会文化、发展和环境背景。行为咨询师施皮格勒和盖夫勒蒙（Spiegler & Guevremont，2003）进行了对文化敏感的功能行为分析，帮助来访者理解文化规范和来访者的视角对问题的看法。

使用行为疗法的咨询师有时会低估治疗关系的重要性，由于来访者可能来自不同民族，属于不同性别和性取向，所以对治疗关系的不重视是错误的。治疗联盟的密切度和强度会影响治疗过程和结果，因此，建议使用行为疗法的咨询师应与来访者建立融洽全面的关系。例如，一些文化背景的来访者对欧裔美国咨询师建立信任是一个缓慢的过程，对文化敏感的咨询师能够及早意识到并解决这些影响治疗关系的问题（Hays & Erford，2018）。

行为改变不仅会影响来访者本身，还会影响来访者在社会文化环境中的互动。咨询师和来访者需要讨论并预测来访者期望的行为变化带来的文化变化和人际分歧，以预测变化对来访者及其与重要他人的关系的影响。个人变化通常需要处于同一环境的其他人也进行调整，有时这些变化虽然事先预测是积极的，但在一段时间后却可能出现严重问题。虽然无法准确预测所有可能的结果，但提前进行讨论往往可以使人们认识到变化可能产生不同的结果。例如，如果一个男人希望可以从妻子那里和家庭中获得更多个人时间（如有更多时间与朋友交往、去更远的地方旅行），这样的行为改变会加剧关系的恶化，并在将来引发更多困难（如离婚、嫉妒与怀疑、低质量亲子关系）。行为有其结果，有时是积极的，有时会导致不良的未预期结果或混合结果。

第
35
章

普雷马克原理

普雷马克原理的起源

普雷马克原理是基于操作性条件反射原理的正强化，指用高频行为作为低频行为的强化物（Brown，Spencer，& Swift，2002）。换言之，如果一项不想做的任务后紧跟着想要做的事，那么后者可以激发个体完成前者。普雷马克原理常用于日常生活中，例如，家长禁止孩子看电视，直到他完成作业。这项技术又被称为祖母原理（grandma's rules），因为祖母会在给你饼干前先要你吃完蔬菜。

普雷马克原理以戴维·普雷马克（David Premack）的名字命名，最初用于动物实验，后来应用于人类，与当时的传统理论相矛盾。在传统的强化理论中，活动分为积极活动、消极活动、中性活动。只有中性活动才可以作为工具性反应，只有积极活动才能起到强化作用，因此，当积极活动的发生取决于中性活动的表现时就会发生强化。而普雷马克认为，积极、中性、消极与强化无关，并提出所有活动都是按照偏好或概率的连续体顺序进行排列的，而且只有偏好上的差异才是影响强化的必要因素，工具性反应必须比强化活动的偏好要低一些才能发生强化。为验证自己的理论，普雷马克于 1962 年用大鼠做了一项实验，结果显示饮酒可以强化跑步。而一项早前的实验结果显示，如果大鼠对跑步的偏好程度要强于饮酒，那么也可以通过跑步强化饮酒。

在测量两种或多种行为的发生概率时，应在配对操作的基线上做比较，且来访者可以在同一时间段不受限地选择两种行为。但有时很难衡量概率，因此常用其他更容易进行的测量代替概率测量。可以通过询问个体在特定情境下想做什么，或者通过观察能令其快乐的活动来衡量偏好，偏好似乎与普雷马克最初提出的概率测量相容。另一方面，在某种程度上，使用频率也是有问题的，因为它经常受制于外部，而不允许个体自由选择想要做的活动。类似地，对接下来的表现或这个活动下次出现的可能性的测量更像是通俗版本的概率测量，而不是普雷马克想要测量的经验概率。有一条非常好的准则值得参照：如果想要测量概率，就要确保对偏好或相对价值进行测量，而非对频率或接下来的表现进行测量。

如何实施普雷马克原理

在实施普雷马克原理前，必须先评估来访者的偏好活动，然后选择来访者偏好的活动来强化目标行为。应告知来访者普雷马克原理的相关信息，即为了能进行偏好活动，来访者必须先完成目标活动，完成目标活动后才可以进行偏好活动。必须记住，如果目标活动没有全部完成，那么是不允许进行偏好活动的，不存在"部分得分"！

普雷马克原理的变式

普雷马克原理可以简单地通过使用代币法实施（见第 37 章），来访者可以在完成较低程度的偏好活动后获得代币，以换取进行偏好程度高的活动的机会，可将强化选单或偏好程度高的活动列表呈现给来访者以供选择。

普雷马克原理的案例

18 岁的韦罗妮卡是一名心理学专业的新生，目前正在学习大一下学期的课程。为了改善自己的学习习惯，韦罗妮卡在春季学期开始时加入了一个学习技能小组，这个小组由她所在的姐妹会成员组成，并在姐妹会的所在地举办活动。在谈论了许多校园八卦后，韦罗妮卡的学习习惯并没有得到改善，于是她决定试试学校咨询中心提供的服务。她选择参加为帮助学生适应大学生活而设立的开放式支持小组，希望能在那里遇到与她面临同样困境的人。韦罗妮卡认为她能从这个小组中获益，因为与他人讨论并倾听他人对此类问题的想法是有帮助的，但她的日常生活方式并没有发生任何改变。韦罗妮卡将自己描述为那种只关注当下且对自己行为的最终结果没有多少想法的人。她说自己在高中时很少承担责任，把大部分精力放在了社交生活上，现在到了大学，成绩、信用卡债务、体重都成了困扰她的问题。以下是韦罗妮卡向咨询师求助的一个实例。

咨询师（C）：你将自己形容为缺乏自控力、相当冲动、对即时满足感兴趣的人。

韦罗妮卡（V）：是的，我就是这样。

C：这使你有些担忧。

V：的确如此，我讨厌这些长大成人和负责任的事情。之前的生活非常有趣，吃我想吃的东西，不用担心体重增长，可以整晚玩手机，仍能通过考试，但现在一切都不一样了。

C：事情发生了变化吗？

V：是的，我变胖了，成绩也令人尴尬。在引起他人注意前，我必须做一些不同于以往的事情！

C：请讲详细些，韦罗妮卡，你希望我们合作后发生什么改变？

V：具体来说，我希望成绩能有所提高，也想改变一些生活习惯，不想再做一个"鼠标土豆"。

C："鼠标土豆"？

V：是的，就像"沙发土豆"那样，但不是坐在沙发上，而是坐在电脑前一直上网的那种人。

C：好的，我和你一起努力。你想提高成绩，我想……

V：是的。

C：你想改变生活习惯，如花费太多时间上网？

V：相当多。呃，我在网上购物，并不总是买，好吧，通常我都会买东西。但我经常为了解时尚理念和时尚趋势而上网，会不停地刷网页。

C：这样就没有太多时间学习了。

V：也没时间锻炼了 —— 这也是我想做的。可是，我基本上只是非常想吃巧克力和逛网店。

C：我大概了解了。但是一部分的你也想要一些不同的东西，是除了吃巧克力和逛网店以外的东西，比如学习和锻炼。

V：是的，很大一部分的我想要这些东西，镜子和成绩单都让我想起这些事。我最不想要的事就是不健康，还有在学校成绩不好。我只是在某些时候无法坚持这些想法。

至此，咨询师要求韦罗妮卡制作一个强化等级清单，按最不喜欢到最喜欢的顺序列出10 项活动（见表 35-1）。

表 35-1　韦罗妮卡按最不喜欢到最喜欢的顺序列出的 10 项活动

最不喜欢	学习 / 写作业
	锻炼
	清洁 / 清洗
	去咖啡店打工
	上课
	看电视
	打电话聊天
	和朋友出去玩
	吃甜食（如巧克力）
最喜欢	上网购物

C：好的，现在我们对你最不喜欢和最喜欢的活动有了一个大体印象，我想问几个具体问题，可以吗？

V：当然可以。

C：你现在大概多长时间做一次运动？

V：大概是每周一次。

C：为了变成一个全新健康的自己，你认为应该多久锻炼一次？

V：理想情况下，我会在周一到周五每天晨练大约 30 分钟。我希望这能成为我上午日常生活的一部分，在做其他事之前完成。

C：很好，你每天花多长时间学习？

V：我在一些晚上完全不学习。其实，我本来是打开电脑要学习的，可是一旦我想在网上找一些东西，接下来的整个晚上就都在做这件事了。这也是我无法晨练的另一个原因，因为晚上花了太多时间上网，太累了，第二天就无法早起了。

C：那么，你想花多长时间学习？

V：我希望周一到周五都能学习，除非有特别的理由需要我投入更多时间，比如需要提交大论文、复习考试及其他一些事。对于日常家庭作业和赶上阅读进度这样简单的学习任务，我希望可以在周三完成……所以我想最多每晚用 3 小时完成家庭作业和阅读任务。如果需要完成更复杂的任务，那么我可以投入更多时间。

C: 好的，每晚有 3 小时用于学习，每天晨练 30 分钟。

V: 听起来很简单，但我该如何让自己做到这些呢？

C: 如果老板不再支付工资，你还会去咖啡店打工吗？

V: 不会。

C: 如果你不再工作，那么你会期望老板继续付钱给你吗？

V: 不会，这是不对的。

C: 现在你的情况就好像是在领取薪水的同时并没有在工作。在强化等级列表上，你列出了喜欢的活动，如吃甜食和浏览网店，你每天都在这两件事上花了很多时间。从本质上讲，你放纵自己做这些事但并没有付出什么来赚取。现在，我要制订一个计划，把体育锻炼融入你的晨间日程，把学习融入晚间日程，我不会要求你做这些努力而不设置"支付"方式，因为你不想要无偿工作。但你这些已经"支付"给自己的"薪水"必须是自己赚取的，在做完那些不喜欢但又知道自己需要且想要去做的事后，你可以给自己"支付薪水"，或者奖励自己去做那些喜欢做的事。

V: 嗯……好的，继续。

C: 从现在开始，每当你完成 30 分钟的晨练，就可以吃甜食，如一块小饼干。不过，我们可并不想吃过多甜食，否则将无法达成目标。现在，如果不锻炼，你就坚决不吃甜食，因为没有完成获得报酬所应完成的工作。

V: 好的，我喜欢。

C: 关于学习，你想每天晚上学习 3 小时，并认为这是合理且可以实现的。

V: 是的，的确如此。

C: 好的，你每学习一小时就可以奖励自己 30 分钟上网时间，但只有完成学习任务后才能上网。因此，在你每晚学习 3 小时后，就可以奖励自己上网购物半小时，但要在学习时间结束后才开始。

V: 这样来算，就没剩下多少时间来购物了。

C: 超过这个时间会影响你第二天按时起床，对吗？

V: 嗯，是的。

C: 不过，就像你说的那样，如果没有完成工作，你将不会从老板那里得到报酬，你说"这是不对的"，所以你也不能允许自己在完成任务前给自己奖励。

V: 我必须对自己非常严格，这是新规则，我必须这样去做，对吗？

C： 对，关注它们带给你的回报，更不用说实现这些后，得到你想要的改变会是多么大的奖励。

普雷马克原理的有效性及评价

普雷马克原理已被用于减轻长期拒食症状。研究人员在一项对 3 岁孤独症男孩的选择性食物治疗中结合使用了普雷马克原理和消退法（Seiverling，Kokitus，& Williams，2012）。布朗等人（Brown et al.，2002）对一个经常拒绝尝试新食物的男孩实施了普雷马克原理。在允许他吃喜欢的食物前，要求他吃少量新食物。干预开始后，为获得喜欢的食物，男孩立刻吃了新食物，且数量和种类不断增加。

在对有注意缺陷 / 多动障碍的较大儿童进行咨询时，研究人员将户外游戏活动用作普雷马克原理的可选事项，以延长结构化课堂活动的安静时间和注意力控制时长，这一结果有望推广应用于全年龄段的注意缺陷 / 多动障碍学生（Azrin，Vinas，& Ehle，2017）。还有研究人员将普雷马克原理应用于高年级学生（学生们之前经常缺勤），允许按时出勤且在日常阅读作业中做笔记的学生在考试期间查看笔记，这一做法在提高课堂出勤率和促进做笔记方面产生普遍效果（Messling & Dermer，2007）。

不过，普雷马克原理也有一些限制，现有数据表明，低频率行为有时可作为高频率行为的强化物。例如，早期的一项研究发现，在某些条件下，儿童会为了参加数学课而完成填色任务，这被认为是低概率行为（Konarski et al.，1981）。使用普雷马克原理的实验并不总是能充分控制日程安排的影响，因此难以判断强化是真实反应之间出现概率差异的结果，还是仅仅因为强化反应尚未出现。换言之，来访者工具性行为的增加，可能因为它是唯一可用的反应，而不是为了进行接下来的或有事项或强化活动。

普雷马克原理的应用

现在，将普雷马克原理应用于与你合作的来访者或学生，或者重温本书前言中介绍的简短案例研究。你将如何使用普雷马克原理来解决问题，并在咨询过程中取得进展呢？

第
36
章

行为图表

行为图表的起源

　　行为图表针对的是特定行为，在全天设置特定的时间点进行评估，以此在某种程度上加强这个行为（Henington & Doggett，2016）。行为图表源自行为理论，这项技术认为，行为是通过强化和惩罚来塑造的（Chafouleas et al.，2002）。行为图表包括几个重要组成部分，如指定需要监控的行为、按照既定时间表评估行为、与评估者以外的人分享信息、使用图表监控干预或作为干预措施。然而，行为图表会因所需评估的行为、评估系统的类型、评估频率、评估者、所采用的结果（强化与惩罚）、结果呈现方式与时间而有所不同。沙富利斯等人称，行为图表提供了一种向被评估者以及有关他人提供反馈的简单灵活的方式，可做出修改以满足特定需求，且修改方式简单。此外，行为图表时间效率高，每天只需 10 秒到 1 分钟即可完成。

如何实施行为图表

　　在实施行为图表时，需要先设计一张行为图表，步骤如下：

+ 用积极具体的术语定义目标行为，以便可以使用积极的强化方法（如"勒罗伊会在父母第一次提出指令时就遵从"）；
+ 决定使用的评分系统的频率和类型；

✦ 设计行为图表，明确表明所需行为及何时监测行为；

✦ 制定所获结果及获得方式（正面或负面）。

行为图表的案例

案例1：弗雷迪的案例

　　弗雷迪是个二年级学生，很容易注意力分散，老师经常需要重新吸引、调整他的注意力，以使他完成课堂作业。咨询师与老师沟通后，为他设计了一张行为图表（见表 36-1）以解决他的注意力和任务完成时间问题。请注意，这张图表包含了计分系统、评估量表以及奖励计划。

表 36-1　弗雷德的行为图表

弗雷迪的计划		
目标：弗雷迪能够在上课期间安静地坐着，参加课堂活动并完成作业。		
每天按图表进行监测，由弗雷迪的任课教师每 15 分钟标记一次，并在午餐时间和 15:00 列成表格。弗雷迪需要在上每节课时都带着这张图表，并将其交给任课教师，下课后取回。如果弗雷迪能够携带图表并证明自己可以做到将图表交给每位老师并按时取 回，就可以得到奖励。		
分数 *	**上午奖励 / 结果**	**下午奖励 / 结果**
54 ~ 60 分	优惠券	优惠券
52 ~ 53 分	奖品盒或粉色奖票	奖品盒或粉色奖票
0 ~ 41 分	无优惠券	无优惠券
* 分数代表如下含义：达成 90%= 优惠券；达成 70%= 学校商店的奖品盒或粉红色奖票；未达成 70%= 没有优惠券。		
进度奖惩计划 在一列中连续 4 次得 0 分后，弗雷迪必须去办公室找助理校长，他将决定如何处理。 **奖励：**如果弗雷迪在一周中的每天都达到 90% 的标准，将额外获得一张食品优惠券。 弗雷迪　　　　　　　　　　　　　周：＿＿＿＿＿＿＿＿＿ 评分标准： 5 分 = 合理使用时间，保持安静，专注于任务，完成作业。 3 分 = 需要调整注意力，以使他合理使用时间，能够专注于任务 1 ~ 2 次。 0 分 = 不能合理使用时间，没有完成作业，注意力被调整 3 次以上。		

（续表）

时间		周一	周二	周三	周四	周五
早课	8:45 9:00					
活动时间	9:15 9:30					
阅读课（利尔女士）	9:45 10:00 10:15 10:30 10:45					
特定安排	11:00 11:15 11:30					
办公室（上午总分）						
写作课（利尔女士）	11:45 12:00 12:15 12:30					
午餐休息						
数学课（利尔女士）	1:30 1:45 2:00 2:15 2:30 2:45					
办公室（下午总分）						

每天上、下午的奖励分数标准：

54 ~ 60 分 = 优惠券；

42 ~ 53 分 = 奖品盒或粉红色奖票；

不足 41 分 = 无优惠券。

案例 2：贾斯廷的案例

贾斯廷是个颇具攻击性的青少年，他经常不举手就大声说话，还会侵犯他人的个人空间（如打到或碰到他人）。贾斯廷的老师决定对其使用检查标记形式的图表监测系统。咨询师与老师沟通后，构建了行为图表（见表 36-2）以解决其大声说话、触碰、击打他人的问题。需要注意的是，这张图表是根据课堂活动及奖励计划进行分类的检查标记形式的监测系统。如果贾斯廷成功达到"9/16"的标准，那么将会提高检查标记的数量标准，直到问题行为消失。

表 36-2 贾斯廷的行为图表

目标 1： 贾斯廷能够控制自己的发言（如在发言之前举手并用恰当的音量说话）。
目标 2： 贾斯廷能够控制自己的双手（如不会打到或碰到他人）。

使用检查标记图表监测贾斯廷的行为。贾斯廷每天都有机会在每个"部分"（包括指导教室、午餐以及区块 1 ~ 6）得到 2 分。控制发言时可得到 1 分（如在说话前举手而不是直接喊出来、不在课堂上说不恰当的话），在一段时间内控制住自己的双手（如不打、不触碰他人）可以得到 1 分。

每天有 8 个时段，所以贾斯廷有机会获得 16 分。如果在一天内能得到至少 9 分，他就会在当晚获得奖励；如果一周内每天都能获得奖励，那么将会提高标准。奖励包括与校长或助理校长见面并分享他平日取得的进步，获得赞扬和鼓励。

尤格女士（贾斯廷的指导老师）会将他的进展同步给杰克逊女士（贾斯廷的母亲）。尤格女士每天都会给贾斯廷家送去一张便条，其中包含贾斯廷一天内的得分；在一周结束后，会送去一份检查标记图表的复印件。这些日常记录取代了贾斯廷的不良行为报告。尤格女士尝试关注并奖励贾斯廷的适应性行为，而非惩罚他的不良行为（尽管贾斯廷仍会因伤害其他学生或不听老师指令而收到警告）。

	周一		周二		周三		周四		周五	
	控制声音	控制双手	控制声音	控制双手	控制声音	控制双手	控制声音	控制双手	控制声音	控制双手
指导教室										
区块 1										
区块 2										
区块 3										
午餐										
区块 4										
区块 5										
区块 6										

行为图表的有效性及评价

行为图表可用于包括塑造特定行为在内的多种干预措施。目标行为可能包括关注自己的双手和使用恰当的语言（Henington & Dogget，2016）。行为图表已在多项实证研究中被证实是有效的，沙富利斯等人在一项研究中用行为图表监测学生对课堂规则的遵守程度，结果表明学生的不良行为明显减少，完成的作业数量明显增多（Chafouleas et al.，2002）。

当然，行为图表并不总是有效，主要是因为评分系统可能无法激发来访者的动机。在这种情况下，咨询师应重新审查奖励制度，找到更能激励来访者为之努力的事物。这种方法失效还可能是由于来访者不理解图表系统，或者负责监督监测系统的来访者或成年人不履行责任，这些困难在行为治疗中很常见，咨询师需调整行为体系，并最大限度地提高成功率。

行为图表的应用

现在，将行为图表应用于与你合作的来访者或学生，或者重温本书前言中介绍的简短案例研究。你将如何使用行为图表来解决问题，并在咨询过程中取得进展呢？

第 37 章

代币法

代币法的起源

代币法源于操作性行为主义理论家斯金纳的理论。斯金纳认为，结果可令人维持某一行为，强化物可增加行为发生的可能性。代币法采用正强化形式，当来访者表现出预期适应性行为时即可获得一枚代币，等来访者积累一定数量的代币后，这些代币就成了强化物。通过对特定行为予以奖励，使代币能强化适应性行为。能否收到代币取决于是否出现适应性行为，因此来访者并非直接获得有形强化物，而是用代币兑换（Comaty, Stasio, & Advokat, 2001）。

利伯曼（Liberman, 2000）称，代币法最早出现在封闭式精神病院，适用于各类人群和目标行为。实际上，工作报酬也是代币法的一种应用形式：金钱相当于二级强化物，能够兑换满足基本需要（和需求）的物品和服务。博雷戈和彭伯顿（Borrego & Pemberton, 2007）指出，这项技术颇受家长和老师青睐，其受欢迎程度仅次于常见行为矫正疗法中的反应代价法。

如何实施代币法

里德（Reid, 1999）提出了使用代币法的步骤。由于代币法的主要目标是矫正某个行为，因此第一步是要确定目标行为。里德提议为目标行为命名，并阐明相关标准。例如，不要说"要保持卫生"，而是"去沐浴或刷牙"。同样，咨询师不要对儿童说"安静"，要说具体点，让儿童"待在座位"或"举手，等老师点名后才可以大声回答"。

第二步是制定并演示规则。帮助来访者理解代币分配规则、不同行为可得到的代币数量，以及用代币兑换奖励的时间。接下来，咨询师选择代币类型，代币本身要安全、耐用、便于分配、难以复制（如伪造），可使用检查表上的分数、木棍或塑料游戏币。还需要确定强化物或用代币可兑换的奖励。强化物要对来访者有一定的重要性或吸引力，如果来访者爱看电视或吃糖果，那么可提供这些作为强化物，用于交换代币；如果咨询师意在鼓励来访者社交，那么奖励清单要包括来访者与他人的活动（如与老师共进午餐、与朋友玩耍15分钟、与家长做游戏15分钟）。

第三步是设定"价格"，即兑换强化物所需的代币数量。在应用之前，咨询师要先进行现场实验，以保证价格的精准，如果来访者根本没办法赚到足够代币，就会失去做出目标行为的动力。用代币设置多种类型的奖励清单是一种可行的做法，能鼓励来访者将代币存起来，累积增多后兑换更大的奖励（如家庭比萨之夜、与朋友彻夜狂欢），而非马上消费（如买糖果、玩具等）。

代币法的变式

反应代价法（见第41章）是惩罚策略，是代币法的一种发展变式。默多克（Murdock，2003）指出，运用反应代价法，来访者既能因积极行为获得代币，又会因不良行为（如违反目标行为或规则）而被扣罚代币，以降低将来出现不良行为的概率，并增加出现目标行为的可能性。参与者的目标是保留一定数量的代币，然后在给定时段结束后予以奖励。

神秘动力是基础代币法的一种变式，咨询师不透露强化物是什么，奖励被放在一个信封里，保持神秘，这能在特定情况下激发来访者获取代币的意愿，以探索装在信封里的物品。研究人员对后天性脑损伤儿童进行了研究，他们根据儿童的兴趣将神秘奖励放入多个信封，并标记问号，如果儿童赚到了符合要求数量的代币，就会得到相应的信封内的神秘奖励（Mottram & Berger-Cross，2004）。随着研究的不断推进，获得神秘奖励所需的代币数量会相应增加，故这个变式能提升标准代币法的行为依从性。代币法的另一种发展变式是自我监控，目的是在奖励逐步消失后，使行为改变得以持续。在基本代币法中，来访者要记录不良行为出现的情境。咨询师要出示具体明确的规则内容，以便来访者识别违规行为。兹洛姆克（Zlomke）夫妇于 2003 年做了一项关于自我监控的课堂研究，他们给几名破坏秩序的学生分发一张用于记录各自不良行为的索引卡。课堂结束后，老师与每名学生比对索引卡，如果学生与老师记录的不良行为数量相同，则可多获得一枚代币。与单独使用代币法相比，与自我监控结合使用能大幅减少问题行为。

代币法还有一种发展变式是群体和个人法。在对一个群体（如一个班级、学校或监狱）使用代币法时，需要实施者付出更多的时间和耐心，制订更详细的计划。菲尔查克等人（Filcheck et al.，2004）采用全班法进行了一次课堂研究，同时使用了一套分级疗法，即给每名学生分发一个带有自己名字的模型，然后每天把模型放到梯形图的中心。如果学生行为得当，则沿梯形图上移模型；如果违反规则，则沿梯形图下移模型（与反应代价法相似）。然后，根据每天指定次数后模型达到的级别，给予学生相应奖励。在完成这些次数后，要将所有模型移回梯形图的中心位置，以便重新开始。

代币法的案例

8 岁的查理是一名小学生，患有注意缺陷 / 多动障碍。咨询期间，查理的母亲和老师均在场，方便所有主要参与者制定并理解代币法的规则。查理的老师制定的课堂目标行为如下：

+ 待在座位上；
+ 举手，等待老师点名；
+ 把手放下；
+ 说出自己对课堂讨论问题的看法；
+ 立即听从老师的安排。

查理的母亲制定的目标行为如下：
+ 保持房间整洁；
+ 立即听从父母的要求。

请注意，要写下目标行为，并具体说明需要强化的行为。然后，可采用代币法等策略性正强化方法。每个上学日是 6 小时，故查理的老师针对目标行为设定 6 分的奖励分，所有目标行为同等重要。在上学日期间，每小时对各个目标行为打分，得分不超过 1 分（即 0 、0.5 或 1 ），故每个上学日可累计获得 30 分。

母亲认为，查理在家听话比保持房间整洁的重要性要高出一倍，因此规定查理每天保持房间整洁，可获得最高 3 分的奖励。同时，早上上学前的 1 小时，以及下午和晚上放学回家后的 5 小时内听话，即可每小时最多获得 1 分。这样一来，查理能够在上学日当天在家的时间内获得 9 个代币。为将代币法扩展到上学日以外（即周末、节假日），查理母亲可对保持房间整洁的行为奖励 3 分，听话行为奖励最多 36 分。

总体来说，查理每天可获得最高 39 分，或者每周获得 273 分。咨询师制定每日进度表（见表 37-1）以监测查理的进展情况，便于家庭和学校的每日沟通。

表 37-1　查理每日进度表

天数：_____　　　　　　　　日期：_____　　　　　　　　学生：查理

学校	1	2	3	4	5	6	总计
1. 待在座位上							
2. 举手，等待老师点名							
3. 把手放下							
4. 说出自己对课堂讨论问题的看法							
5. 立即听从老师的安排							
在家							
1. 保持房间整洁							
2. 立即听从父母的要求							

总计天数：

接下来，还要制定奖励清单，为每个可兑换的强化物设定分数，并将兑换强化物所需的分数与每天可获得的总分数相结合，这点至关重要。如果分数设置不合理，就不会对查理起到激励作用。例如，如果将"与朋友玩耍 15 分钟"这一项设置为仅需 1 分，查理很快就会意识到，即使大多数时候无法实现目标行为，他依然可以用最小的努力获得丰厚的奖励。表 37-2 是多方共同约定的奖励清单，即他的母亲、老师和咨询师提出建议，经过查理同意，将每项奖励置于清单。注意，如果来访者认为某项奖励没有激励作用，则无须将其列入清单。

表 37-2　查理的奖励清单

项目	分数
与朋友玩耍 15 分钟	7
与父母做游戏 15 分钟	7
家庭比萨之夜	125

（续表）

项目	分数
一副棒球手套	1000
家庭电影	75
与朋友彻夜狂欢	250
骑单车 15 分钟	7
玩电脑 / 在游戏室玩 15 分钟	10
挑选食物	10
看电视 15 分钟	10
晚睡 30 分钟	12
出游（去公园、动物园等）半天	200

随后，大家讨论了代币法的监测及强化物的管理方式，最终决定：当查理在家时，在妈妈的监督下采用记账法核算代币分数；当每天结束时，将当天所赚的代币存进代币账户；或者从奖励清单中选择强化物，即进入"提款交易"。

最后，确定跟进和评估流程。母亲和老师使用日常清单进行必要的沟通，每周五告知咨询师查理每日所得分数、选择的奖励，以及一周内遇到的困难。小组要根据需要予以矫正，包括删除始终能实现的目标行为、添加新的感兴趣的目标行为。之后的一个月，小组要不断精减目标行为，去掉能始终达成的行为。

代币法的有效性及评价

本书介绍的所有技术中，代币法是颇具争议的，但其在成果文献中覆盖面最广。代币法已成功用于矫正不同背景的群体或个人行为，并有可能矫正所有群体的行为，而且取得了一定成功。

在将代币法用于教育领域时，老师可能已在某个学生身上或整个班级注意到了行为问题。代币法有助于课堂管理，尤其是有以下问题的情况：破坏性行为、注意缺陷 / 多动障碍和重度心境障碍。代币法也可用于提高课堂参与度（Boniecki & Moore，2003）。代币法可增加与拒学症、发脾气、吸吮手指、遗粪症、好斗等不相容的积极行为（Wadsworth，1970）。在评估课堂参与度时，使用代币法设定奖励来鼓励正确解答问题的学生，发现尝试正确回答问题的学生数量有所增加，学生课堂讨论的参与度有所提高，自主提出问题的学生的数量也有所增多。研究人员对 28 篇涉及代币法干预的研究进行了元分析（$n=88$,

AB 阶段变化），发现治疗效果显著，且效应量较大（Soares et al.，2016）。他们还发现，在代币法的行为目标上，6 ~ 15 岁的人群的效果显著高于 3 ~ 5 岁的儿童，但是学术目标上差异并不显著。研究人员报告了一个为期 10 周的代币法干预研究，发现其可有效减少 ADHD 患儿的冲动、多动、组织混乱、不遵守规则、独立能力低、挫折容忍度低、强迫行为和反社会行为（Coelho et al.，2015）。

心理健康专家曾成功使用代币法治疗与多种心理障碍有关的问题性行为，包括孤独症、进食障碍、抠抓损伤皮肤和成瘾。斯托尔兹（Stolz）等监狱行为管理专家于 1975 年将代币法成功用于帮助囚犯学习必要技能和行为，使他们将来重获自由后能够适应社会。

代币法受到的主要批评之一是，外部强化物会减少内在激励。内在激励源自内心，能促使某个或某个系列任务的完成。代币法的批评者们担心，个体行动是出于代币的外在奖励，一旦代币奖励停止，从某种程度上来讲，动作或行为激励就会消失。反驳这一观点的人则认为，如果来访者本身具有内在激励，能坚持不懈地完成一项任务，则无须外部强化物。例如，代币法及其他正强化策略的目的是激发动力，利用外部奖励完成目标，来访者会因此体验成功，在强化系统消失后，也会保持不断取得成功的内在渴望并扩大行为收益。例如，研究人员在教育领域做了一项研究，使用代币法提高学生学习数学的内在动机（McGinnis，Friman，& Carlyon，1999）。结果表明，实验停止后，学生在数学方面仍在不断进步，表明代币法可有助于创造和激发内在动力，而非阻止或补充。

代币法在教育领域的应用也遭到了批评，因为代币法引导学生制定的是表现目标，而非学习目标。一组研究人员在一项对照研究中发现，代币法组的学生制定的目标与课堂表现和行为有关，而非提高自身知识或对学术的理解（Self-Brown & Mathews，2003）。而另一组研究人员回应了此类批评，指出学生学会服从是学习的前提条件，而且研究结果显示，学生在改进行为后，成绩确实有所提高（Martini-Scully et al.，2000）。

还有一些批评很可能源于代币法缺乏有效的标准化执行程序。艾维等人（Ivey et al.，2017）对已发表的文献进行了研究，他们发现，作为一种干预手段，很多文献对代币法如何实施的过程描述并不相同，且难以复制操作；换句话说，研究人员可以使用不同的程序得到相同的结果，这就像是在比较不同种类而非同一种类的苹果，毫无标准可言。他们回顾了 2000—2015 年发表的代币法的文献，发现对该方法的基本操作过程的描述和术语的描述经常模糊不清。事实上，在 96 项研究中只有 19% 的文献包含了对项目过程实施的可复制性描述。显然，我们需要更多关注代币法过程的标准化描述，以确保结果的通用性。

对代币法的最后一个批评是，在来访者离开咨询环境后，往往无法适用于现实生活。

格洛瓦茨基等人（Glowacki et al., 2016）对 1999—2013 年发表的 7 个高质量研究论文进行了综述研究，这些研究普遍针对的是患有精神疾病并使用代币法干预的住院病人。他们得出结论，在短期内，代币法对减少包括暴力和攻击在内的负面行为和症状是有效的，但是他们并没有发现参与者出院后的长期影响的证据。不过尽管代币法的批评非常多，但这项研究还是为其在不同群体或个人中的有效性提供了绝对支持。

代币法的应用

现在，将代币法应用于与你合作的来访者或学生，或者重温本书前言中介绍的简短案例研究。你将如何使用代币法来解决问题，并在咨询过程中取得进展呢？

行为契约法

行为契约法的起源

行为契约，又称相倚合约（contingency contracts），源于正强化操作性条件反射原理，是普雷马克原理的发展变式，是一种双方或多人之间的书面契约。契约约定一人或双方同意参与一项特定的目标行为，对相关积极后果（有时可能是消极后果）的管理取决于目标行为是否出现（Miltenberger，2016）。契约详细说明了目标行为的所有细节，包括行为出现的地点、行为的实施，以及需要完成行为的时间，全部参与者须协商契约条款，以便所有人都能够接受。

霍姆（Homme，1966）使用契约解决高辍学率问题并提高学生的学习成绩，他在报告中首次提到"相倚合约"一词。虽然行为疗法治疗师和现实疗法治疗师使这一概念广为人知，但行为契约法仍需与包括动机式访谈在内的多种理论研究方法结合使用。

行为契约法要求参与者始终保持一致，这是行为契约的一大优势。因此，契约非常适合儿童，因其可让父母或老师在契约期限内对儿童负责。儿童也不会再觉得在权威者面前无力反抗；相反，如加拉格尔（Gallagher，1995）所说，儿童会学着接受自己行为所产生的责任。行为契约在各方之间（可以是夫妻之间、亲子之间或师生之间）设定了一个相互作用的平台，可以随时间予以修改或重新商定，并在目标行为最终变成习惯后结束。

如何实施行为契约法

当简单的干预疗法（赞扬和强化）不起作用而需要更强效的方法时，可应用行为契约法。行为契约应针对个体独立设计，而非针对群体一概而论。制定行为契约前，要先确定目标行为。米尔腾贝格尔指出，目标行为包括要减少的不良行为或需增加的良好预期行为。应尽量使用积极词汇来表达，如"坐好，继续完成任务"，而非"坐好，不要让他人分心"。选用积极措辞便于应用正强化策略，可对良好预期行为给予奖励。契约各方以小组形式会面，共同确定目标行为，这通常是最有说明性或说服力的情况。要收集基线数据，记录当前行为出现的地点、情境和频率，这些信息将用于确定起始目标。

行为契约的构成包含多个成分（见表 38-1）。确定目标行为后，制定行为契约前还需三个步骤：首先，确定测量目标行为的方式，可根据结果直接观察或测量行为，并选择应用契约的地点和测量目标行为的参与者；其次，用行为出现频率的基线数据确定可实现的行为期望和目标，并详细说明达到成功标准所需的目标行为频率。契约要灵活，逐步逼近目标，也就是说，要逐步达到目标频率并提高期望值。要改变行为，就要观察来访者的适应性行为并予以强化，因此让其在第一周就体验到成功的感觉是非常重要的。最后，在确定目标行为后，要为成功实现契约设定强化物和 / 或惩罚。

表 38-1 行为契约的构成

1. 确定目标行为
2. 介绍并就制定行为契约的想法展开讨论
3. 制定契约并分发给所有相关人，契约需要包含下列细节
   （1）来访者姓名
   （2）目标行为（从小目标开始）
   （3）来访者成功的标志
   （4）成功执行的强化物
   （5）（可选）违约行为的自然后果
   （6）（可选）奖金规定
   （7）随访（时间和日期）
   （8）签字
4. 随访过程概要
5. 启动程序
6. 记录进度并评估成果
7. 必要时予以更正（从小处着手，逐步扩展）

如有可能，应允许来访者协助创建强化物清单，尤其是针对儿童群体时，但要保证强化物小巧并便于管理，还要确定无法完成目标时的消极后果。此外，要确定临时方案的实

施者及强化方案。固定比例或固定时间间隔的计划在最开始的效果往往是最好的，在达成目标行为后，采用可变比例或可变时间间隔的计划将有助于保持行为，还可以运用奖金制度对来访者的持久或显著进步给予奖励。

完善行为方案细节后，方可制定契约，契约内容需包含起始日期、目标行为、任务完成的标准和截止日期以及强化物，还要讨论与来访者所有相关人士的契约。契约条款要使各方都清楚明了，且目标行为要具体。所有参与者都应签署契约，并获得一份副本。最后，一到两周后开展评估会议，监测契约进度，采用进度表、日志等有形方式记录目标进度。

在监测进度时，要全面审查契约。要确保目标行为适当、能够完成并被来访者理解。不仅要审查完成任务的时间是否合理，评估强化物是否适当、有效、及时，还要判定契约的期望值是否实际可行、清楚明了、接近预期目标。

行为契约法的变式

目前，行为契约有几种发展变式。米尔滕贝格尔提出了单方行为契约（又称单边契约），即单个个体期望改变目标行为，并安排一名契约管理者实行强化物或惩罚，用于强化预期适应性行为，如锻炼、学习、良好饮食习惯或与学校/工作相关的行为；或者减少不良行为，如暴饮暴食、咬指甲、过度看电视或拖延。此外，双方契约（又称双边契约）允许双方确定目标行为和对彼此的契约，通常是重要关系人（如配偶、父母子女、兄弟姐妹、朋友、同事）之间达成的书面契约。抵偿契约规定了目标行为之间的关系，即想要获得某物，需付出另一物作为抵偿。然而，这些平行契约允许每个人朝着自己的目标努力，无须依赖他人的行为。

哈克尼和科米尔（Hackney & Cormier，2017）提出了"自我契约"（self-contracts）的概念，目的是帮助个体实现目标。除了来访者要自我管理奖励外，自我契约与其他契约类似。当用于儿童或青少年时，自我契约可能非常有帮助。实施时，要详细说明目标行为，并将其分解为较小的子目标，分别予以奖励。传统行为契约通常会转变为自我契约，因为来访者会成功实施目标行为，所以契约管理者要逐步放弃控制，先是强化物，然后是确定任务，最后是时间或频率要求。

行为契约法的案例

16岁的帕特里克是一名十年级的学生，因逃学而需要咨询师的帮助。他之前并无行为问题记录，而且在就读期间的成绩始终处于中上等，但到了春季学期，老师开始越来越担心他会因旷课而无法顺利升入十一年级。

咨询师（C）： 你没有逃掉整天的课程？你在学校……只是在有些课上旷课，对吗？

帕特里克（P）： 我想是的。

C： 能告诉我原因吗？我相信你一定有自己的原因。

P： 也没有什么原因吧，我也不确定是什么原因。我是说……刚开始，有一两个原因，因为我的朋友们都有点坏坏的，喜欢躲在停车场或足球场消磨时间，而我一开始也只是跟他们坐坐。后来，我感觉自己迷失了，想要避开老师，因为我感觉老师会对我发火。或者，我会再次缺课，你知道，一旦开始缺课，就会落下一些东西。我可能会错过获知所需的作业安排或学习资料。这样的情况就像滚雪球，我想你懂我的意思吧？

C： 是的，我认为我懂，帕特里克，我能感觉到。

P： 真的吗？

C： 当然，我很欣赏你来这里与我坦诚相待！能做到这一点，需要很大的勇气。当然，我明白了起因，也知道随后情况有点失控。

P： 是的，的确如此。

C： 如果继续旷课可能会导致你无法顺利升入十一年级，这会给你造成困扰吗？

P： 不会，我想不会。实际上，我并不认为这是什么了不起的大事。我的父母很担心，可能得让我去暑期补习班。不过，这并不是多大的问题，我的大多数朋友可能也会去。那么，我是说，无论如何，这不会对我造成太大的困扰。

现在，咨询师明白了帕特里克行为的诱因，也明白留级这一自然后果并不足以刺激帕特里克提高课堂出勤率。最后，咨询师注意到，帕特里克在咨询期间始终有礼、坦诚，所以咨询师认为行为契约法可对帕特里克及其状态有所帮助。以上，行为契约法的第一步（确定目标行为）已完成。接下来，咨询师进入第二步（介绍行为契约的概念），由此收集制定书面契约所需的信息。

C： 即使你的父母很担心，也不会对你造成困扰吗？

P： 我是说……是的……不会。我到这里来，心想"我今天不想上英语课"或其他课，这样旷课会更容易，因为我不会去想父母担心的问题或顺利升入十一年级的问题。这些事并未近在眼前，而且我的父母也很容易放松下来，就像我说的那样，暑期补习班也不是什么大事。

C： 帕特里克，你是否希望在课堂出勤方面做得更好？如果有个动力对你非常重要，那么你愿意更常去上课吗？

P： 当然，我想会的。我是说，如果有动力，那么我愿意做得更好。

C： 好的，我想找出什么是16岁的年轻人在意的。你觉得跟父母、你自己或老师经常需要谈判的事情是什么？

咨询师正在努力寻找可能存在的正强化物。

P： 周六早上睡懒觉！我爸妈一直都不允许我周六早上睡到八点半或九点，真让人发疯……这真是要把我逼疯了！我喜欢睡懒觉，最好能睡到吃午饭的时候。但我父母对此很恼火，就像是在我家设定了黄金定律。

C： 睡到吃午饭的时候，嗯？不错，挺好，还有吗？

P： 我一直想要辆新车，这算吗？

C： 好吧，请允许我谈谈自己的想法，然后咱们看看你的两种想法如何实现。你的父母和老师希望你在学校好好表现，他们明白，如果你继续旷课，就不会有好的表现。现在，我也知道你不在乎我所说的自然后果……无法顺利升入十一年级，或者你父母会很担心……至少你不在乎。当你在停车场或足球场与朋友闲坐，错过家庭作业安排或学习资料时，又增加了再次旷课的概率，（停顿，帕特里克陷入沉思）这就形成了一个恶性循环。

P： 你这样说是对的，（停顿，点头，沉思）我猜是这样的。

C： 如果你与老师、你自己、你的父母能达成某些共识，让你更愿意去上课，那就太好了。

P： 我认为这不可能。

C： 好吧，父母不想让你再旷课，但旷课并没有给你带来太大的困扰。你想周六早上睡懒觉，但父母不允许，我说得对吗？

P： 我认为是这样的。

C： 有了这种针锋相对的想法，你还能想到其他可以与父母进行谈判的事情或想法吗？周六想睡懒觉，可以向父母提出，这是需要他们加以考虑的事情。尽管我们确定你想要辆新车，但这可能无法实现。

P：是的，他们已经明确拒绝我了。晚睡也总是一件大事，我不断要求推迟晚上睡觉的时间，他们每次都拒绝。

C：好的，很好！办法有很多。我想跟你和你的父母一起坐下来，达成一份契约，为你能去上课提供更多动力，契约会考虑你的期望、你守约的结果，还有违约后果。

P："违约后果"是什么意思？

咨询师想尽力介绍违约的自然后果。

C：我注意到你之前所说的事。你说，旷课了老师会生气，你自己也会落后，对吧？而这些又会导致你再次旷课，对吗？

P：是的。

C：很好。我们还不知道，如果你的出勤率提高了会产生什么积极结果……我们还需就这一点跟你的父母协商。不过，我希望你每天结束时都能将负面后果报告给老师，并以此获得你错过的有关家庭作业和学习材料的信息。你每天旷课后都要面对老师，这种方式有助于抑制旷课现象。出现旷课现象，但获知错过的家庭作业和学习材料的信息，能减少第二天旷课的可能性，你认为呢？

P：哇，这有点难办。不过，无论如何，我想我会喜欢的。我是说，这么做也是为我好……我需要进一步了解。在确定之前要了解具体的做法，不是吗？

C：是的。实际上，我们会采用书面形式，在签署契约前会向你详细说明。我们会在本周稍后时间与你和你的父母再约见一次，我也会与你的老师讨论这些，怎么样？

P：很酷！

在这周的稍后时间，咨询师为帕特里克及其父母安排了咨询。

C：帕特里克，只要你提出来，你的老师就会为你提供你错过的家庭作业和学习材料的信息，他们也同意每天为你单独准备出勤表，每天下午课程结束后我会去取。我会保存你当天每堂课的出勤记录，并直接告诉你的父母，可以吗？

P：听起来不错，也就是说，如果旷一节课，就需要找到相应课程的老师，请求老师告诉我关于我错过的家庭作业和学习材料的信息，对吗？

C: 就是这样。

P: 那老师就会知道，当天我真的在学习。

C: 是的，帕特里克，你需要勇敢点，做点什么以避免自己落后……就像你说的，避免出现滚雪球的现象。

P: 你是对的。

C: 那么，二位（看向帕特里克的父母），我们今天想跟你们讨论的是，帕特里克和我反复讨论的一些想法，能够鼓励帕特里克提高课堂出勤率，我知道这也是你们的期望。

母亲（M）: 好，我们听听。

C: 帕特里克，请开始吧，告诉大家我们在考虑的两种想法。

P: 好的，有两件事可能对我有帮助，我想在周六早上睡懒觉，或者周五、周六晚上晚点睡。

父亲（D）: 真的吗？睡懒觉和晚睡比升入十一年级更重要吗？这想法很与众不同。

C: 帕特里克的父亲，有时对我们来说显然很重要的事，对青少年则未必是这样。

D: 我想是这样的。（转向母亲）你怎么看？

M: 我们可以考虑一下，将其中之一当作不旷课的奖励。

C: 是的，就像我们在电话中谈到的，我希望达成行为契约，列出能让帕特里克去上课的积极行为，以及每次旷课的消极诱因，这是我们截至目前的成果。每次旷课时，他答应在当天结束时去找老师，一是保证在旷课当天出现，二是请老师告诉他关于他错过的有关家庭作业和学习材料的信息。我们知道，这正是帕特里克想要避免的，这么做也是一种预防措施，防止他第二天继续旷课。

M: 不错，我喜欢这个主意！

C: 现在，我要做的是在契约中说明，每五天——但不是连续五天，只要累计五天即可，一门或各门课程均未缺席时，他就会得到一定奖励。他需要得到你们的承诺，即每天都会履行今天的决定，尤其是他关于晚睡晚起的要求，这些是他可获得的特殊权益。

M: 我明白。当然，相比早睡，我更愿意对他周六早上睡懒觉的要求做出让步。

D: 我更愿意同意他晚睡。

M: 晚睡会导致更多问题，更不必说危险了。早上睡懒觉能有什么危害啊？

D: 好的，我明白你的意思，我不反对早上睡懒觉。

P：你们都不知道，我多想去上课！

C：好吧，我们把这些都记在纸上，要尽可能详尽，所有人都要签字。同时要记住，契约包含了每个人的想法，我们所有人都要同意。

咨询师在契约中列出了所有约定的事项，包含用积极词汇表述的目标行为、咨询师监测帕特里克出勤情况的方法、上课或旷课的积极与消极结果、起始日期和结束日期。最后约定两周后安排一次会面，评估帕特里克是否遵守契约条款。表 38-2 是为帕特里克设计的行为契约。

表 38-2　帕特里克的行为契约

学生姓名：帕特里克·丹尼尔斯	日期：2015 年 3 月 2 日

契约内容

　　帕特里克同意在就读佩恩高中期间，周一至周五每堂课都上课。帕特里克明白，只有在重病、紧急家庭情况等情形出现时才能缺勤。需要参加的课程包括美国历史课、解剖学与生理学课、英国文学课、社会学课和 Excel 应用课。

　　当帕特里克累计五天出席全部五门课程时，父亲戴维斯·丹尼尔斯和母亲艾琳·丹尼尔斯就要给他奖励，允许他在当周的周六早上睡到中午，这一约定在整个契约期内有效。

　　如果帕特里克旷课，那么他同意去见当天这门课程的老师，并请求老师补发当次课堂材料并告知家庭作业，这一做法在整个契约期内有效。

　　咨询师莫妮卡·里德负责保存帕特里克的出勤记录，并将情况告知丹尼尔斯夫妇，此规定在整个契约期内有效。

　　本契约自 3 月 2 日（周一）开始生效，在整个春季学期有效，结束日期为 5 月 15 日（周五）。各方均同意上述行为契约。

帕特里克·丹尼尔斯	日期	艾琳·丹尼尔斯	日期
莫妮卡·里德	日期	戴维斯·丹尼尔斯	日期

行为契约法的有效性及评价

　　行为契约的成功应用已有 40 多年的历史记录。唐宁（Downing，1990）指出，行为契约既能发展新行为，又能减少不良行为并增加预期良好行为。契约对学习能力和社会技能的获得都非常有帮助，已成功用于普通教室和特殊教室的学生。研究发现，行为契约能即时且大幅增加二、三年级学生完成任务的行为（Allen et al.，1993）。此外，研究人员指出，在职业培训计划中，以金钱奖励完成学习任务的行为契约能提高年龄较大的弱势学生的学习效率（Kelley & Stokes，1982）。心理咨询专家为父母设计了行为契约，帮助其子女提高完成家庭作业的效率（Miltenberger，2016）。当与父母每周协商行为契约时，75% 的小学生提高了家庭作业的准确度，50% 的小学生大幅增加了完成任务的行为（Miller & Kelley，1994）。

除了应用于学校外，契约还曾成功地用于监狱、精神病院和社区矫正中心（Mikulas，1978）。此外，行为契约也曾用于住院患者和门诊患者的医疗和精神环境构建，因为在长期治疗中，工作人员面临的最大问题是来访者不遵守相关规定、抗拒关爱或滥用关爱。此外，行为契约为居民提供了接受关爱的框架（Hartz et al.，2010）。契约也常用于婚姻或夫妻关系救治和动机式访谈，也曾成功用于保持体重、药物与酒精治疗、减少吸烟和身体健康监控（James & Gilliland，2003）。

行为契约法的应用

现在，将行为契约法应用于与你合作的来访者或学生，或者重温本书前言中介绍的简短案例研究。你将如何使用行为契约法来解决问题，并在咨询过程中取得进展呢？

第十部分

基于运用惩罚的行为疗法

从图 a（见第九部分）可知，惩罚是指通过增减事物来减少或抑制不良行为。当来访者的目标是减少某种行为时，惩罚手段会非常有效，能有助于其实现这一目标。然而，咨询师要认识到，再频繁的惩罚也无法完全消除不良行为。惩罚通常会在惩罚所在的环境下减少不良行为，如惩罚一名在家里吸烟的青少年也许能减少他在室内吸烟的行为，但并不一定会减少他在室外吸烟的行为。要明白，要想完全杜绝这种行为，既要惩罚不良行为，还要使用强化手段强化预期良好行为，双管齐下。

惩罚既可以是增加刺激，也可以是去掉强化物。施加刺激的惩罚包括体罚、做额外家务或家庭作业、额外练习；去掉强化物的惩罚包括限制儿童外出玩耍（禁足）、不再给予某些事物（如玩具、自行车、电子游戏）或常见优先权的限制。

虽然惩罚能有效减少不良行为，但能否成功取决于诸多因素。设计惩罚手段时，需考虑行为类型、惩罚类型、惩罚时间表、施加惩罚前是否要给予警告，以及是否配合使用正强化等技术。另外，使用惩罚技术的咨询师要确保后果具有即时性，强度适当，且施加的惩罚要前后一致。

惩罚是一种有争议的技术。一方面，惩罚曾用于多种情境和群体（智力残疾患者、孤独症来访者、精神分裂症儿童、精神病来访者、自虐或具有攻击性个体，以及有不良行为的儿童），并且非常有效。反应代价法等惩罚措施能成功减少来访者的爱哭、多动、叛逆和酗酒行为（Henington & Doggett，2016）。此外，作为惩罚技术的一种，暂停法曾成功用于减少儿童的破坏性行为。另一方面，有些研究人员认为，惩罚流程仅可用于极端情境，如有可能，正强化物要单独使用。但通常来说，惩罚比强化见效更快，故惩罚可能对威胁生命的行为（如自伤）很有效。

要知道，惩罚的效果可能是暂时性的。在移除惩罚性后果后，原有行为往往会重现。鉴于效果的灵活性，惩罚通常被称为行为抑制剂。惩罚还会产生其他负面效果。多伊尔（Doyle，1998）指出，惩罚有时会导致逃离、逃避或好斗。惩罚还可能是一种不良社会学习模型，可能教会儿童对他人施加惩罚。此外，某些不利刺激反而会产生生理副作用，最终弊大于利。

本部分介绍了几种惩罚性技术，包括消退法（extinction）、暂停法（time out）、反应代价法（response cost）和过度矫正法（overcorrection），可以帮助来访者减少不良行为。

消退法是一种经典技术，能基本去除助长不良行为持续的正强化物。例如，当儿童在课堂上的某些行为因老师的注意而得到强化时，老师要彻底忽视，以减少这一行为。当儿童不再有这些行为时，老师要对预期良好行为予以奖励。

暂停法能让来访者从奖励丰厚的环境中脱离出来，进入无奖励区域。典型的暂停法是让儿童坐在暂停椅上一段时间，在这段时间内不能有不良行为。

反应代价法与正强化基本相反，在反应代价法中，来访者起初有一定数量的代币，每次出现不良行为就扣除一枚代币。在这个时段结束时，来访者将获得事先约定的奖励。

过度矫正法有时也被称为正面练习（positive practice），需要来访者重复做出矫正行为，通常是 10 次，目的是既要教会来访者保持恰当行为，还要使其成为将来不良行为的抑制剂。如果孩子在进家时会习惯性地"砰"一下关门，就要让孩子连续进出并轻轻关门 10 次，他在日后多半会记得轻轻关门。咨询师要知道，当将惩罚与正强化结合使用时，惩罚干预的效果会得到提升。

基于运用惩罚的行为疗法的多元文化意义

有关行为疗法的多元文化意义，详见第九部分。

第
39
章

消退法

消退法的起源

消退法是一种基于惩罚的经典行为疗法，通过去除强化物来降低出现某种特定行为的频率，这种技术常用于家长培训和课堂管理，应用历史逾 50 年。消退法可用于消除之前已强化的行为（有时在不知不觉间即可完成）。例如，如果有一名学生在课堂上大喊大叫以期引起老师的注意，老师就要忽略他，而不是去关注他，因为承认这个学生的大喊大叫的行为将构成正强化。只有去掉强化，大喊大叫的行为才会停止。

正如其他形式的惩罚一样，在将消退法与应用替代行为的正强化技术结合使用时通常会更有效。乔治和克里斯蒂亚尼（George & Christiani，1995）提出，用良好行为替代不良行为的策略有时被称为对抗性条件作用。需要注意的是，消退法通常会导致不良行为在减少之前暂时性增加，这个现象被称为"削弱突现"（extinction burst）。此外，单独使用时，消退法会逐渐减少行为，而非立刻减少。将消退法与其他替代行为（即相反）的持续正强化技术结合使用会快速产生更持久的效果。

如何实施消退法

决定采用消退法前，咨询师需考虑不良行为的性质，如果行为极具破坏性，达到再加重就无法忍受的程度，或者这个行为被忽略时会被他人模仿，就不适用消退法。

实施消退法的第一步是找出不良行为所有可能的强化物。破坏性行为的常用强化物包括成年人关注、成年人意见、同伴关注或逃避活动。可使用预想事件分析确定强化物，研究不良/预期良好行为出现前的事件和条件，以及每种行为的结果。一旦找出所有强化物，即可设计一种能去除这些强化物的方法，若无法去除全部强化物，则代表消退法不成功。实施消退法的最后一步是选择一种替代行为，随疗法进程对之进行正强化。

使用消退法时，咨询师要为不良行为突然增多做好准备（即削弱突现）。当出现不良行为时，咨询师要去除所有强化物，并且当替代行为（相反）出现时，要给予正强化。咨询师也可监测或绘制来访者行为图，来确定消退法的成功节点和正强化物。

消退法的变式

研究人员提出了消退法的多种典型变式。阿舍尔和考泰拉（Ascher & Cautela，1974）指出，内隐消退法与消退法相同，但内隐消退法存在于来访者的想象中。在确定不良行为及其后果后，咨询师应引导来访者想象一种不会出现强化物的情境，让其不断想象这个情境，直至这个行为在现实生活中消除。当强化物在真实情境中难以控制时，内隐消退法尤为有效，也可将传统消退法和内隐消退法结合使用。他们还指出，内隐消退法能成功消除已强化的外显反应，无论外部条件是否支持消退法。

消退法的案例

5岁的小男孩克雷格最近频繁发脾气，这种情况是周末在奶奶家做客后突然出现的。当时，他3岁的堂弟也在，那是个喜欢发脾气的小孩。克雷格的父母对儿子令人失望的变化感到非常惊讶，但未能制定高效、作用持久的方案予以矫正。

咨询师（C）： 请简要介绍克雷格的新行为。

母亲（M）：（怀里抱着克雷格）嗯，每天都有一段时间会这样，有时是一天几次。开始时他会哭得很大声，然后把脸贴在地板上，看上去不只是生气，更像是发狂，只要你不马上让步，他就会更加愤怒。嗯，他的痛哭会变为嚎叫或尖叫……不是直接对着我俩，只是哭嚷尖叫，这真让人伤脑筋，我能感到自己的血压飙升，只想让他停下来。

C： 这确实让你烦心，是吗？

M: 哦，看到他趴在地板上哭、伤心欲绝的样子，我也很难过。每个母亲都是这样吧，不希望看到孩子伤心难过。当时我就想："至于这样吗？"比如，让他上床睡觉，收拾玩具或刷牙，也不是什么大事吧？似乎不至于这样吧。所以，我只好选择让步。

C: 你就选择让他睡得稍晚点，或者不收拾玩具，或者不刷牙？

M: 是的。

C: 你让步时他有什么反应？

M: 噢，他很快就恢复了正常，有时甚至比发怒前更开心。

C: 这么一来，你会习惯性地让步！　好吧，我明白了。在他发怒期间，出现过自伤行为吗？

M: 从来没有。虽然很心烦，我也知道他是故意的。有时候，他会在哭闹期间停下来一段时间，观察我们是否在注意他。

C: 噢，我明白了。克雷格的爸爸，你能说说吗？

父亲（F）: 我只是感觉，这是他需要经历的一个阶段，或者说，我一开始是这么认为的。不过，最近情况似乎有点严重，让我很困扰。我感觉我们用尽了一切办法，但都徒劳无功，情况不但没有变好，反而更糟。

C: 是的，能告诉我你的应对方法吗？

F: 嗯，我通常都是让妻子来解决。要是她不在旁边，那么我会走到孩子身边，想让他平静下来。我尽量保持平静、严肃，但似乎不太奏效。

克雷格从妈妈怀里下来，从书柜里拿出纸和画笔，坐到办公室的另一侧，开始涂鸦。

C: 好吧，我梳理一下。克雷格可能是在学习他的堂弟，他可能发现，堂弟在无法达到目的时会发脾气，并通过发脾气达到了自己的目的。退一步讲，他至少看到堂弟赢得了关注。因此，克雷格判断，这似乎是一种非常有效的行为，他自己也要尝试。从奶奶家回来后，在没有得到自己想要的事物时，他尝试了这个方法。你们当时可能都觉得奇怪，认为是哪里出了问题。当你冲向他、满足他的要求并安抚他时，不难想象他有多开心。

M:（笑）孩子们都很聪明，不是吗？

C: 他们学东西很快，能洞悉大人的想法。当然，克雷格会继续这一行为，因为越来越有效，而且，他也会稍微调整自己的情绪表达方式。虽然父亲不总是让步，但父亲也会给予关注，这就够了。母亲几乎总会让步，这就更好了。我不得不说，你们有一个聪明的孩子！

F：他很像我。

M：是的。

C：（笑）好吧，为了搞清楚状况，我想再问一两个问题。在我看来，克雷格用发脾气的方式获得关注，既可以避免他不想做的事情，又可以得到他想要的，最终达到自己的目的。想想孩子近期发脾气的情况，他发脾气前有什么异样？或者，在他发脾气后，你们发现他发脾气的原因了吗？

M：（父母稍做思考，母亲先开口）每次我想到的都是这些原因，是这样的。

F：（同意，点头）是的，我同意。

接下来，咨询师介绍消退法，也称为故意忽视。

C：我建议使用消退法，其基本原则是，如果你想让某些行为持续并延伸，就关注它；如果你不想让这些行为再出现，就不要关注它。现在，孩子越想得到强化物（在克雷格的案例中，强化物是指关注），就越会抗拒消退法。

F：小男孩就这样！

C：是的，只有了解清楚才能做好准备。实际上，你们应该明白，他可能一开始脾气会更大。

这就是削弱突现。

C：你们爱看电视吗？

F：下班回家后会看，每周六大学足球联赛时也会看。

C：好吧。嗯，请想象一下，你在一个周六下午，坐在椅子上喝着饮料，吃着点心。你甚至可以让自己更舒服些，跷起二郎腿，端起饮料，拿起遥控器，在按下电视的电源键后，电视却没有任何反应，你会怎么做？

F：当然是再按一下！

C：也许要按好几下。以前按下遥控器的电源按钮，电视机就会打开。如果没打开，要是不停按，也许用点力，或者举起遥控器调整方向，也会起作用。可为什么不放下遥控器，走到电视旁，用电视上的电源键打开它呢？

F：因为我知道遥控器一定会起作用，我坐着感觉很舒适！

C: 这就对了，这正是你第一次平息克雷格怒火时他的想法，因为他确定他的办法最终会像过去一样奏效，他会更加努力。现在，你愿意放弃遥控器吗？

F: 愿意。

C: 那么，克雷格也一样。你可以做一些事情来加快这个进程。首先，你要始终如一。如果你有时采用消退法，有时又不用，就会增加他的愤怒，因为你给出的结果让孩子无法预测。其次，之后才让步比从一开始就让步更糟糕。所以，要提前决定，如果你拒绝了克雷格的要求，就要坚持下去，旁观。如果你认为自己最终会让步，那最好在他发怒前就让步。最后，当他开始平静下来并表现出良好行为时，要立即给予注意并予以表扬。他发怒和平静时你对他的反应要明显不同。请记住，忽视不良行为，关注良好行为。

M: 这有点难度，对吗？

C: 的确不容易，但一切都值得。只要原因判断准确，并且坚持不放弃，就会有效（停顿）。为什么不现在就试试呢？

克雷格一直坐在地板上，在办公室的另一边涂鸦。

F: 你是说现在吗？在这里？怎么试呢？

M: 拿走蜡笔就行吧。

C: 好主意！我们可以让他自己收起来，过来加入我们。你认为呢？

M: 那我们究竟该怎么做呢？

C: 你们在离开这里后准备怎么应对，现在就怎么做。如果什么都没发生，我们就要继续。不抬头，不皱眉，不以任何方式回应他。在他自己平静下来后，我们会为他的表现欣喜若狂。

M: 这可能会真的有效。好吧，我们试试。

C: 克雷格的爸爸呢？

F: 当然，为什么不呢？反正其他方法也不奏效。

C: 克雷格的妈妈，为什么不这样做呢？

M: 好的。（转向克雷格）克雷格，把蜡笔放回书柜，来我们这里待一会儿。

克雷格（Cr）： 我还没做完。

M: 你可以在跟我们聊完后再继续。我想让你把蜡笔放回书柜，来我们这里待一会儿。

Cr: 妈妈！我还没做完！（停顿）啊！（开始哭叫）我不要！

克雷格的哭叫开始更大声，他双手遮脸，弯腰、趴向膝盖，把脸埋在手中。克雷格母亲明显变得紧张。

C：嗯，克雷格的妈妈，请看向我！尽量像平常一样跟我说话，就像一切都没发生，依然只是我们三个成年人在聊天，一切都正常。为什么不跟我谈谈你有多焦急呢？请告诉我你的感受。

克雷格母亲有较长的停顿，她看向地板，避免去看克雷格。

M：他看上去很失望。

克雷格母亲看向克雷格，克雷格正在哭叫。

C：请看这边。请记住，不要有眼神接触，不要有肢体动作，不要有任何回应。

M：好吧。（深呼吸）我有点想给他蜡笔，这样他就不会这么失望了。

咨询师瞥了一眼，发现克雷格正在观察自己是否得到关注。然后，他的哭泣声变大，就像他父母说的那样，听上去没那么伤心欲绝，而是愤怒。

C：哇，你的估计很准确，但你也想要他变得更好。我们继续聊，这会帮你分散注意力。

克雷格的母亲看了一眼克雷格的父亲，他抓着妻子的手。

M：好的，但这很好笑……事实上，现在情况是可预测的，这让我感觉好一些。如果只是他的习惯，那他就不是真的伤心，对吗？

克雷格将声音提高了一个等级。

M：你认为大厅的人能听到吗？

克雷格突然停住，安静下来，咨询师才有机会对他说话。

C：噢，克雷格，我喜欢你安静的样子。非常棒！现在，我们想让你加入我们！

克雷格再次开始痛哭并尖叫，甚至更激烈。

C：没关系，不要关注他。请记住，就像什么都没发生一样。

M: 但他为什么又哭起来了？一般他在停下不哭后就没事了。

C: 以前他之所以能停下，是因为得偿所愿了。这次不同，我的要求实际上没有变。这就是我们讨论过的削弱突现现象。

这次更加强烈，但愤怒的时间较短，克雷格再次停止。

C: 克雷格的妈妈，这次你来。

M: 非常好，克雷格！你现在到这边来。

克雷格听话地过去了，走到母亲身边，母亲给了他一个大大的拥抱，父亲轻轻地拍了拍他的背。

C: 克雷格的妈妈、克雷格的爸爸、克雷格，你们都做得非常好！请注意，无论他哭得多大声、多伤心，也不管他是开始哭还是停止哭，你们的反应都不要变。注意，他现在没有得到蜡笔，但他很好。同样，当他愤怒时，要注意我们应有不同的反应——当他愤怒哭闹时，我们忽视他；在他平静下来后，我们给他称赞，并拥抱他。

M: 现在他看上去还好。

C: 的确如此。

F: 我认为我们可以做到，这对我们真的很有帮助。我们已被他的第二波愤怒所困扰，不知如何应对。

C: 很好。很高兴能帮到你们。你们自己回去处理前，还有什么疑问吗？

M: 偶尔适当让步没有关系的，对吗？我想在开始之前确认一下。

C: 当然。不过，一旦决定下来，你就要坚持下去。

M: 好的。

C: 记录他每天发怒的频率及持续的时间，这能帮你测量消退法的效果。

M: 好的，是需要记下开始和停止的时间吗？

C: 是的，要这么做。如果你们愿意，那么可以记得更详细些，以帮助你们了解未来几周的进度。如果家里还有其他人，请提前向他们解释，你们正在消除克雷格的愤怒行为，强调一下这件事的重要性，并忽视克雷格的行为。

F: 祝我们好运！

消退法的有效性及评价

消退法的很多研究成果源于 50 年前，是一种经典疗法，可用于多种情境，只要不良行为不是太具有破坏性或者不便于他人模仿即可（Benoit & Mayer，1974）。在实施消退法前，咨询师要对所有可能存在的不良行为的强化物进行管控，这是很重要的。在与其他行为的正强化结合使用时，消退法曾成功用于治疗儿童叛逆和攻击性行为（Groden & Cautela，1981）。消退法可成功消除儿童的愤怒（Williams，1959）。在孩子上床睡觉后，家长不再进入孩子卧室，以免强化儿童的愤怒，在这样坚持 10 次后，孩子的愤怒将彻底消除。要成功应用消退法，父母的动机是一大挑战，研究人员在对父母进行的一次调研中发现，消退法是六大行为策略中最不受父母欢迎的疗法［继反应代价法（最受认可的）、代币法、暂停法、过度矫正法和差别注意法之后］（Borrego & Pemberton，2007）。

消退法的应用

现在，将消退法应用于与你合作的来访者或学生，或者重温本书前言中介绍的简短案例研究。你将如何使用消退法来解决问题，并在咨询过程中取得进展呢？

第40章

✛ 暂停法

暂停法的起源

暂停法应用广泛，是基于操作性条件反射原理的惩罚性行为疗法。赞成行为疗法的人士认为，无论是适应性行为还是适应不良行为，都是通过操作性过程和建模来实现的。负面惩罚包括去除刺激，降低不良行为再次出现的可能性。由于暂停法具有积极的作用，因此它已成为学校减少儿童行为问题的一个重要组成部分诺夫（Knoff，2009）。暂停法是专业人士在减少儿童行为问题时最常用的行为干预技术（Evere，Hupp，& Olmi，2010）。这项技术在家长眼中居六大管理行为的第三位（Borrego & Pemberton，2007）。暂停法是父母培训流程的一个常见环节，也是广受欢迎的一种干预方法。

暂停法是一种负面惩罚，在儿童出现不良行为后，惩罚可消除各种正强化作用，从而让儿童不再继续不良行为，因为他们想要得到正强化物。暂停法可用于减少不良行为和增加良好行为。因此，诺夫指出，暂停法旨在教育儿童哪些可以做，哪些不能做。暂停法是对当前不良行为的惩罚，也是对将来不良行为的抑制。

如何实施暂停法

暂停法最常用于儿童，咨询师在实施前要先熟悉三种不同类型：把儿童送到另外一个房间（即暂停屋），属于隔离暂停（seclusionary time out）；让儿童离开行为出现的环境

（即将其送到别处，如楼梯或走廊），属于排除暂停（exclusionary time out）；让儿童继续留在环境中，但不许其参加强化活动，属于非隔离暂停（nonseclusionary time out）。

实施暂停法时，成年人需用简洁明了的语句告诉儿童对其使用暂停法的原因，在又一次发出指令和警告后方可使用，要根据不良行为的类型选择要使用的暂停法。在不限制儿童自由的情况下对其使用暂停法，有时还需使用强迫手段迫使其遵守，采用身体限制手段需要经过专门培训，而且只有在儿童遭受危险或使他人处于危险时才能采用。对儿童使用暂停法的时间各有不同，通常是 5 分钟。儿童年龄越小，需要的时间越短；年龄越大，有效抑制将来不良行为所需的时间越长。当儿童接受暂停时，成年人要对其进行监控，到了规定时间后，需让儿童重新参加活动。当暂停结束后，成年人一定要尊重儿童，并告知重新参加活动需要做什么。不要训斥或强迫儿童道歉，当其自愿道歉时，要予以鼓励。强迫儿童道歉是无用的，因为强迫也许可以得到道歉，却无法让儿童真正认识到自己行为的错误。

选择暂停法时，建议收集基线数据作为这项技术的支持，记录内容包括使用前对儿童行为的说明、行为每天出现的时间、暂停时儿童的行为。两周后，成年人要审查数据，评估暂停法是否有效。这项技术通常适用于 2 ~ 3 的儿童或青少年早期群体，对患有智力残疾的成年人也适用。

我建议，在对儿童使用暂停法时，应遵守七条规则，以提升其行为依从性：（1）脚踩在地板上；（2）椅腿放在地板上；（3）双手放在腿上；（4）牢牢地坐在椅子上；（5）双眼睁开，靠在墙上；（6）不要发出声音；（7）坐直，背靠座椅。虽然允许直接当着儿童的面讨论暂停法，但最好给家长、老师或照料者一些私人时间用于讨论，预测有必要进行更正和解决的问题。儿童离开座椅前，需保证遵从成年人的要求，这点至关重要。例如，可对儿童说："你是准备好了做我要求的事，还是想在座椅上再接受一次暂停？由你来决定。"

暂停法的变式

我还介绍了暂停法的一种或有延迟变式，即进入暂停治疗并了解上述七条规则后，来访者需在整个期间遵守规则，当违反任意一条时，可予以警告并延长一分钟（即总时长等于五分钟加上判罚的一分钟）。应用这项技术时，要对判罚的时间严肃以待，否则儿童不会把暂停当作惩罚。

这项技术的发展变式"坐下观看法"适用于课堂。实施时，学生要拿着一个沙漏（内装沙量要充足，足以持续三分钟）走到教室的角落坐下，观察计时器（沙漏）。沙子流尽后，可重新加入活动。老师认为，在使用坐下观看法时，规定或有延迟是非常有用的，案例如下：

> 学生一旦被送去使用坐下观看法，就失去了每天玩电脑的时间，超过一次时，就损失了两周自由玩耍的时间。坐下观看时如果出现破坏性行为，就失去当天剩余的所有自由时间。坐下观看时与他人谈话或闲聊，就要继续坐下观看。
>
> 资料来源：White & Bailey，1990。

暂停法的案例

以下案例介绍了针对8岁男孩凯文及其母亲使用暂停法的过程。咨询师先是评估了凯文的行为，决定使用暂停法作为减少其问题行为的干预方法。然后，咨询师指导并培训凯文的母亲使用暂停法。在下述咨询中，咨询师先与凯文进行角色扮演，然后帮助其母亲参与角色扮演。

咨询师（C）： 好了，凯文的妈妈、凯文，我们现在要做的是，完成每一步，还有或有延迟的暂停细节。那么，凯文的妈妈，我在角色扮演时，你可以看着，我们会尽量简短，但足以让你和凯文都能理解。然后，我会让你做同样的事情，可以吗？

母亲（M）： 可以。

凯文（K）： 好的。

C： 我们开始吧。"凯文，到时间关电视了，换好衣服，上床睡觉。"现在，凯文，轮到你了，你可以不遵守我的指令。凯文的妈妈要记住，他有五秒钟来完成指令，如果他说"不"或最终选择拒绝，你就要给予警告！

K： 好吧，那么……我不！我不要！

C： "凯文，你可以选择过来换衣服然后上床睡觉，或者等待暂停。你来决定。"像这样，凯文的妈妈，让凯文自己做决定，要么换衣服上床，要么接受惩罚，由他来决定。

M： 好的，我喜欢，由他自己决定。

凯文向咨询师吐舌头，将双臂交叉抱在胸前。

C：好吧，再说一次，他有五秒的时间。"好，凯文。请坐在暂停椅上，直到获得我的允许才能起来。"

凯文满腹牢骚地走向座椅，但还是照做了。

C：凯文的妈妈，记住，一旦凯文坐上座椅，你就要提醒他暂时法的七条规则。或者，要是在家里，可以把规则贴在座椅前的墙壁上，用于提醒。

M：好的，七条规则。

C："凯文，记住要遵守暂停椅的七条规则：脚踩在地板上；椅腿放在地板上；双手放在腿上；牢牢地坐在椅子上；双眼睁开，靠在墙上；不要发出声音；坐直，背靠座椅。如果违反其中一条，暂停时间就增加一分钟。"

M：可以先让他违反一条规则吗？我就知道你怎么处理了。

C：当然！凯文，我们来向妈妈演示一遍，现在就打破一条规则吧。

K：好。

凯文开始左摇右晃，用力跺脚。

C：（用和善而坚定的语气）"我说过，要把双脚放在地板上，凯文，加时一分钟。"（停顿几分钟）现在，凯文的妈妈，凯文通常需要花至少五分钟来完成整个过程，若违犯七条规则中的任意一条，就还要加上惩罚性的延时时间。最后要开展互动，确保他会依从你的初始要求。"凯文，时间到了，你可以关掉电视准备上床睡觉了吗？或者你想要暂停？你来决定。"

K：好的。

C：好吧，凯文，我们已经完成了暂停法的角色扮演。你做得非常好，感谢你的配合。

K：当然，这样就可以了吗？

C：是的，如果是在真实情况下，你的感觉会有所不同，因为你会真的很伤心，还可能不喜欢，你可能想做其他事，而不是坐在角落。好吧，凯文的妈妈，轮到你了！凯文，妈妈现在要和你进行角色扮演。

到目前为止，咨询师已评估了凯文的问题行为，教授了凯文的妈妈或有延迟的程序，并为其做了示范。这时，妈妈与凯文一起扮演角色，先在咨询师的办公室里进行，然后回到家中继续实践。

K：我会待在椅子上。

M：好吧，为什么你不过来坐在椅子上呢？他会这么做吗？

C：好吧，现在，请重说一遍暂停座椅的七条规则。

M：现在，请记住，双脚踩在地板上，向后靠着坐，双眼望向墙壁，保持沉默，不要发出任何声音或做其他事，保持五分钟。

C：还有，椅腿放到地板上，双手放在腿上，牢牢坐在椅子上，凯文。一旦你觉得他已经了解了规则，就不用每次都重复。但我们要教他规则，他才会明白为什么会有延迟时间。我之前也说过，有些家长把规则写下来贴在座椅前的墙壁上，就像是一种契约（停顿）。那么，凯文的妈妈，他这五分钟表现得怎么样？

M：他闭上了眼睛。

C：提醒他睁开眼睛。

M：凯文，把眼睛睁开。

C：要记住，如果他违犯了一条规则，就要额外增加一分钟。

M：凯文，你闭上眼睛了。我不得不给你增加一分钟，可以吗？

C：你发出命令时，我注意到一件事，我不知道你在家是否也注意到了自己这一点。我发现，你在下达指令时，有点像提出问题。请不要采用问句的形式，也不要在最后加上"可以吗"之类的词。

M：好吧。

C：他是否同意你的指令并不重要，重要的是，他必须这么做。结束时的疑问语调会让他认为"我可以选择"，或者"不行！妈妈，事实上，不可以"。用"可以吗"结尾会让他以为，他可以不同意或者与你争论。要想指令真正成为指令，就要在语句最后结尾时放低声调，而不是抬高。

M：好吧，有道理，我不擅长这么做。天啊，如果我能改正这一点，应该会很有帮助。

C：我也这么认为，将会很有意思。那么，他一直做得很好，似乎他的时间到了……

M：凯文，你能过来吗？

C：（纠正凯文的母亲的表达方式）凯文，请到这里来。

M：好的。凯文，请到这里来。现在，你跟我一起去奶奶家，不要有任何疑问，好吗？我能说"好吗"，是吧？

C: 是的,用"明白吗"也可以。

M: 你需要跟我去杂货店购物,明白吗?不要发牢骚,也不要抱怨。

K: 我想行吧。

C: "我想行吧"这种说法我不接受。

M: 好吧。

C: 要么说"是",要么说"不"。

M: 好吧,我跟他说。凯文,我需要你回答"是"或者"不"。"我想行吧"这种回答我不接受。

K: 不。

M: 嗯……

C: 要么跟我一起去购物,要么去坐暂停椅五分钟。你来决定。

K: 我跟你一起去。

C: 非常好,凯文的妈妈!此时,座椅不是他想要的。好了,回家使用的话,你感觉怎么样?做好准备了吗?

M: 我想是的,尽管我还有疑问和必须面对的挑战。

C: 好,当疑问和挑战出现时,我们能够解决。记住要继续使用上次我们见面时我给你的不顺从图表。接下来的一周要继续记录凯文的行为,下次见面时我们一起讨论,就可以评估暂停法是否有效了。

凯文和他的妈妈一周后回来就暂停法的有效性进行评估,并讨论了需要细化的部分。现在,凯文的妈妈已经能够在家里与凯文一起,在现实情境中使用这个方法,而凯文的反应以及凯文的妈妈的情绪反应也都涵盖其中,肯定会存在一些问题,或者需要微调的地方。暂停程序无效往往是因为未能按预期实施,或是没有持续进行,因此针对这一点进行咨询是非常必要的,以下是简要摘录。

C: 我们将要进行的谈话,我称之为故障解决会话,可以监测凯文行为的变化,并讨论暂停法的效果。

M: 我记录了凯文上周的表现,并与前一周进行对比。他的确有所改善,我们遇到的问题少了一些,但并没有少到……

C: 是没有你想象中那么少,还是没有你想要的那么少?

M: 是的,也许就是会这样……

C：你认为暂停法应该更有效，是吗？

M：是的，我发现暂停法比我想象中要难得多。

C：好的，目前我们知道暂停法对减少凯文的不良行为是有效的。我们还知道，如果它不像预期的那样有效，那么通常只需做一些调整。因此，请多告诉我一些你实施暂停法时遇到的具体问题。你刚刚说比你想象中要难，对吗？

M：是的……嗯，首先从我认为不难的部分讲起，然后我再告诉你其他部分。

C：好主意，让我先听听适合你的部分。

M：我记得你强调过，会很无聊……但我觉得在明确他何时处于暂停与何时停止方面我做得很好。我的意思是说，我可以确定他能在解除暂停后按我提出的原始要求去做，我也能确定在他表现出良好行为时及时给予表扬，我还可以确定当他处于暂停时不会得到任何正强化。

C：好的，太好了，听起来你的确用心做了。

M：我尽量。我还感觉到，我已经能够明确是他自己做出了接受暂停惩罚的决定，这使我不再对此感到懊恼。

C：这个观念很重要，很好。

M：但当他没有及时遵守所有规则时我不应该感到恼火，我在完成这一项时遇到了困难。

C：也就是说，当凯文不能安静地坐着时，你发现你将情绪卷入了其中。

M：是的，而且我觉得，当他处于暂停时，我们的权力争斗结束了。

C：请再详细讲讲，这是什么意思？

M：好的，比如，他不会保持双脚贴地安静地坐好。我会提醒他，但他还是做不到这一点，我会告诉他我要让他多坐一分钟，但他仍然不遵守规则，于是我说："好的，那就再多加一分钟，凯文，因为你没做到双脚保持不动。"然后，他开始与我争论、发牢骚。这让我更加恼怒，继而再增加一分钟，然后我意识到加得太多、太快了，于是我就试着向他解释，如此往复……我感觉暂停法持续的时间太久了，而且有太多的工作要做。

C：我明白了。我认为最大的问题是，当你对凯文实施暂停法时，你是带有情绪的，这也使暂停惩罚变得不那么无趣——它本该是无趣的、令人厌烦的。事实上，凯文在这个过程中并未感到无趣，反而乐在其中。有些家长在使用暂停法时也遇到同样问题，这是许多人都会遇到的问题。我知道这很难做到，但重要的是你要将与他对话的次数尽量降到最低限度。你和凯文能否演示一下你们在这周使用暂停法时的对话？凯文，可以吗？

K：好的，我现在坐的椅子可以作为暂停椅吗？它很豪华！

C：当然可以。

M：好的。现在他正处于暂停中，不久后他就开始用脚趾敲地板或是扭来扭去，有时甚至故意闭上眼睛。

C：好的，凯文，来吧，选择其中一项来做。

凯文的脸上露出了笑容，闭上了眼睛。

M：凯文，你应该睁开眼睛注视墙面。凯文，睁开眼睛，否则我就要再给你增加一分钟……好吧，凯文，你现在要多暂停一分钟了，因为你没有睁开眼睛。

C：好的，我明白了。你说，凯文随后会开始争辩或发牢骚，你也试着解释？

M：是的。

C：好的，谢谢凯文。

凯文回到母亲身边。

C：我再一次确定，在刚刚发生的一幕中，你正在以一种对他有利的方式让他参与对话，并让他认为在暂停时他仍然可以做出选择。我将给出一些可供选择的方案来解决这个问题，你可以从中选择一种你最想使用的。

M：好的。

C：请回忆上周的情形，当我要增加一分钟时，我简单地说："我说过把你的脚放在地板上。延长一分钟，凯文。"非常坚定的表述应该是这样的，这样的表述不会鼓励他讨价还价。暂停时也不会给出警告，像你之前做的那样。在暂停时是没有警告的，暂停之前可以进行警告，但是一旦开始暂停，他就知道要遵守七条规则，不需要警告。如果他违反规则，就为他的暂停时间增加一分钟，如果又违反另一条规则，就再增加一分钟。

M：如果我说的比你刚刚说的还少，只简单地对他说"增加一分钟"，这样可以吗？

C：你为什么这样问？

M：因为他可能已经知道为什么增加一分钟了，正如你说的那样，他知道规则是什么。

C：的确有可能。如果他对原因感到困惑，那么他可以在暂停结束时与你讨论。因为在暂停期间与凯文进行全面对话对你来说是有困难的，这会导致效率降低。另一个建议或许会对此有帮助，即当他处于暂停时，无须和他有任何言语交流，这会给你俩带来很大改观。你们仅仅需要一个煮蛋计时器，或是凯文也可以看到的其他定时装置。当他违反了暂停规则时，你无须说任何话，只是简单地给计时器增加一分钟即可。他看到你这样做，就知道发生了什么，也知道为什么。还有一种方法叫手指法，即当凯文在暂停期间违反规则时，你仍然不用说话，只简单地伸出一根手指，让他知道暂停时间增加了一分钟。采用这些方法，在暂停过程中不再需要对话，也没有解释和警告。

M：好的，我喜欢伸出一根手指就增加一分钟的方法。

C：我相信这也有助于防止权力斗争，并会减少你的挫败感。为什么我们不再做一次角色扮演呢？

凯文和他的母亲在两周后再次与咨询师见面，咨询师评估他们的进展，并提供可能需要的额外帮助。

C：自从上次见到你们后已经过去了两周。上次你掌握了暂停法的程序，然后我们做了调整，帮你实施时更简便，也能对凯文更有效。效果如何？

M：凯文，你希望你先说还是我先说？

K：我表现得很好！

M：的确是。

C：凯文，告诉我"好"是什么意思？

K：我只暂停了两次！

C：两周内？在过去的两周你只暂停了两次？你在开玩笑吗，两周内两次？真的吗？

M：太不可思议了，实在太棒了。

C：告诉我是怎么回事。

M：首先，暂停不再是我们之间展开的一场情绪战争。我给出一个指令，他可以选择是否遵从。暂停时，他遵守规则，如果不遵守，我就会举起一根手指，告诉他增加一分钟。我不会感到烦躁，他了解这一程序，当暂停结束时，一切恢复正常，他遵从初始要求。他现在真的想避免暂停的发生，对他来说那真的很无趣，与之相比，他更愿意遵从要求。

C：这就是我们之前谈过的威慑力，对吗？

M：对，我们只用了两次，他表现得十分厌烦，还有其他行为。他前所未有的急躁，当他感到烦躁、厌烦时，会更固执且目中无人。但我们使用了暂停法，它发挥了作用。

C：那么，凯文，你认为暂停是你不想去做的事吗？请具体点告诉我，对你来说，暂停的哪些方面让你想远离它？

K：我必须静坐不动，而且当它结束时，我仍旧要做先前要求我做的事。

C：凯文，过去两周你的表现如此出色，你为自己感到骄傲吗？

K：没有那么多麻烦，让我感到很开心。

M：事情进展得如此顺利，与之前相比现在平静多了。我必须说，作为父母，有掌控力的感觉太好了。

暂停法的有效性及评价

暂停法已被用于减少多种不良行为，包括发脾气、吮手指及攻击。暂停法也曾被应用于不同群体，包括有破坏性行为的智力残疾儿童（Foxx & Shapiro，1978）、接受特殊教育的儿童（Cuenin & Harris，1986）、就餐时表现出不良行为 / 自伤或者表现出攻击性的有智力残疾的成年人（Barton et al.，1970）、注意缺陷 / 多动障碍儿童（Reid，1999）、拒绝服从指令的儿童（Erford，1999），以及表现出暴力和攻击性的儿童（Sherburne et al.，1988）。在学校的多种教育环境中，暂停法已成功被用于多种儿童行为问题。在普通教育中当然可以使用暂停法，但在特殊教育中的应用也同样是有益的（Ryan et al.，2007）。在进行较大规模的家长培训项目时，暂停法也可作为较小的组成要素融入其中，这些项目通常被称为家长管理培训，可以使家长从较少采用干预转变为使用更严格的干预。

有几个因素会影响暂停法的效果，促使暂停法成功起效的许多因素都来自实施者。此外，我发现，几乎所有儿童都不喜欢无聊的体验，会竭尽全力避免这种情况发生。因此，暂停环境需要缺乏视觉和听觉刺激，这样儿童在暂停时就无法得到任何正强化。

大量实证研究支持暂停法用于有自控问题的儿童的有效性。有研究指出，使用暂停法作为针对心境障碍学生治疗计划中的一部分，能产生积极影响（Ruth，1994）。也有研究提出，暂停法能有效帮助有智力残疾的学生在自我控制方面取得更好发展（Barton，Brulle，& Repp，1987）。心理咨询专家声称，暂停法可有效减少 4 岁儿童不恰当、不顺从行为的数量（Olmi，Sevier，& Nastasi，1997）。研究人员提出，暂停法能有效减少同胞之间的攻击行为（Olson & Roberts，1987）。暂停法可以帮助儿童进行情绪调节，能让其有机会冷静下来，并学会应对困难及挫折，这不仅会改善儿童的行为，还能改善亲子关系（Kazdin，2008）。因此，暂停法已成为一种有效的家长实践训练（Morawska & Sanders，2010）。研究人员调查了教师认为有效的暂停法程序，发现这项技术更适用于严重的问题行为（Tingstrom，1990）。为提高暂停法的有效性，我认为，将暂停法与正强化相结合，可以教导儿童做出目标行为。

研究人员对父母群体进行了调查，发现暂停法并没有反应代价法和积极强化法受欢迎，但要比传统的体罚方法更受欢迎（Stary et al.，2016）。尽管它很有效，但父母往往认为暂停法并没有其他纪律约束的方法有用，这可能是由于暂停法在现实中实施起来会发生一些变化。德雷顿等人（Drayton et al.，2017）要求55位母亲对暂停法的程序进行评估，发现她们对暂停法的感知往往与以往经验上认为的有效的暂停法有显著差异。贝茨（Betz，1994）指出，暂停法的一个主要问题是经常被滥用，他建议只使用暂停法解决严重问题，并将其作为最后手段。海曼（Haimann，2015）等不支持暂停法的人士批评道："这不是一种恰当的处理不良行为的方式，可能会引起后续童年问题——可能会影响儿童的幸福感，并严重伤害亲子关系。"培根（Bacon，1990）认为，当暂停法无效时，实施者应确保暂停椅或暂停空间的布置不会比儿童之前的环境更有趣，否则有些儿童可能会主动犯错让自己被暂停。

对于患有孤独症谱系障碍的低功能儿童，暂停法通常是无效的。根据孤独症谱系障碍的定义可知，他们并不介意减少社交联系。降低暂停法生效可能性的因素包括：对每个违反规则的行为都过度使用、推迟暂停时间、不坚持到底、对孩子吼叫。对暂停法的实施者而言，实事求是很重要，并要记住这项技术不是万能的。斯潘塞（Spencer，2000）认为，当这项技术不被频繁使用时最有效。暂停法是作为一种威慑以防止将来的不良行为。

在使用暂停法时，了解可能存在的法律和道德影响是很重要的。耶尔（Yell，1994）为采用这项技术的学校提供了以下指导方针：了解当地或所在国家关于暂停法的政策；关于使用暂停法的书面程序；在使用暂停法前获得许可；当对象是接受特殊教育服务的儿童时，邀请个别化教育计划（Individualized Educational Plan，IEP）团队参与制定行为消退程序（如暂停），确保暂停法用于合法教育功能，合理使用并保存完整记录。

暂停法的应用

现在，将暂停法应用于与你合作的来访者或学生，或者重温本书前言中介绍的简短案例研究。你将如何使用暂停法来解决问题，并在咨询过程中取得进展呢？

第
41
章

反应代价法

反应代价法的起源

　　反应代价法是一种基于操作性条件反射惩罚原理的方法，即去除积极刺激以减少特定行为（Henington & Doggett，2016）。反应代价（又称不可预见费）是罚款、交通罚单及足球比赛中判罚的基础，通常采用积分或代币的形式。如果个体表现出不良行为，就会被扣分或罚没代币。儿童如果表现出特定积极行为可获得积分，如果表现出消极行为则会被扣分。在预先确定的某一时间段内，儿童可将积分兑换成相应奖励（Curtis et al.，2006）。反应代价可由外部管理，也可自我管理。在外部管理中，教师、家长或其他接受过训练的人员负责去除积极刺激；在自我管理中，个体自己负责去除刺激。

　　反应代价法在消除不良行为方面非常有效，尤其在与表扬、积分（代币）结合使用，并以暂停法作为备选方案时效果明显。反应代价法可在家中、教室或操场上使用，且易于实施（Keeney et al.，2000）。研究人员在美国进行了一项关于行为管理的调查，他们让参与调查的父母在六种常用行为管理策略中进行选择，发现反应代价法是最受欢迎，也是最易被接受的行为管理策略，因为这项技术可以仅由一人监测，且无须额外时间和开销（Borrego & Pemberton，2007）。

如何实施反应代价法

　　反应代价法通常用于学龄儿童，在实施前，要先完成以下三个重要步骤。

✦ 确定具体目标行为，每次尽量只关注 1 ~ 2 种行为。

✦ 确定每种行为对应的处罚或代价。如果可能，所用的处罚或代价应是与目标行为对应的自然后果，或是符合逻辑的后果，常常用代币作为提醒。有时，来访者可帮助决定处罚的种类或代价。

✦ 在开始实施前，要告知来访者代价或处罚的具体内容，可使用提示列表或行为契约。

可通过多种方式构建反应代价方案，其中重要的组成部分是，个体一旦表现出需要消除的不良行为，就会失去一个特定积极刺激。具体步骤如下。

✦ 应观察计算不良行为的基线。

✦ 咨询师应决定每天开始时，个体是否拥有一定数量的分数。可通过积极的强化程序获得代币，或者通过去除刺激的形式（如减少休息时间）来推动系统的运行。

✦ 每当个体表现出不良行为时，通过去除刺激实施反应代价程序。

✦ 如果程序是基于计分或代币，那么在一天、一周或一个阶段结束时，应进行奖励兑换。如果来访者在阶段结束时仍持有代币，就要给予奖励；如果失去了所有代币，就没有奖励。

借助一些指导方针可使反应代价法更好地发挥作用（Walker，Colvin & Ramsey，1995）。反应代价系统应与强化系统结合使用，以增加预期行为的数量，还应多表扬个体的积极行为。此外，反应代价必须在不良行为出现后立即实施，且每次都如此。不应让个体积攒负点数，同时要控制好得分及失分的比例。

应监测代币的剩余量，如果来访者连续 3 ~ 5 天都得到奖励，可降低标准。例如，如果每天代币的初始量是 15 枚，来访者第一天剩下 5 枚代币，第二天剩下 7 枚，第三天剩下 8 枚，那么咨询师应在接下来的一天只提供 6 枚或 7 枚代币，并重复这个过程，直至初始代币为 1 枚。这个过程本身体现了不良行为逐渐消失的过程，并且可以测量结果，以确定反应代价程序的有效性。当来访者持续一周不被扣分或不失去这唯一一枚代币时（如没有不良行为），程序结束。

反应代价法的案例

在父母和咨询师的帮助下，9 岁的萨曼莎已经在行为方面取得了很大进步。到目前为止，她的父母通过表扬和奖励积极行为（如整理床铺、完成作业，以及表现出良好的餐桌礼仪等）形成了强有力且一致的积极强化系统。他们还成功使用或有延迟作为对萨曼莎不良行为的惩罚手段，这些行为通常与拒绝遵守父母指令和规则有关。在接下来的会话中，萨曼莎与她的父母讨论某一行为，这一行为似乎不太适合正在实施的行为矫正计划。

咨询师（C）：当你打电话预约时提到，萨曼莎表现出某一特定行为，你很想矫正，但积极强化和暂停法都没奏效。

母亲（M）：是的，我希望你能为我们提供一些建议。

C：如果我们可以一起想办法，我相信可以想出一些有帮助的办法！

M：这正是我希望的！萨曼莎已经做得非常好了。但有个小问题，就是她很喜欢发牢骚，这很难被忽视，而且也不应该被忽视。在家庭以外的生活中，发牢骚也不是受人欢迎的行为，所以我认为有必要改变这一点，否则对萨曼莎也没有益处。

萨曼莎（S）：还有尖叫。

M：你没有像发牢骚那样频繁尖叫，你不是个爱尖叫的人。

S：（发牢骚的声音）但我想针对尖叫做点什么。

M：明白我的意思了吗？

C：我知道，我知道。是的，这是发牢骚。萨曼莎的爸爸，你认为发牢骚是你想让她克服的困难吗？

父亲（F）：我认为发牢骚和顶嘴都需要改正。

C：好的。现在我们可以将这些视为一体，但更好的方法是，如果我们能……

M：分开。

C：是的，把它们分开。由简单的部分开始，这可能是最好的选择，每次只针对一种行为——也就是你最想要改变的那一种。所以，你们认为从发牢骚开始，还是从顶嘴开始？

F：发牢骚是对要求的回应，还是只是抱怨？我试图弄清楚这一点。

M：对要求的回应。当我们提出要求时，她就会发牢骚。

F：这是对要求的回应。所以，这是顶嘴的一种形式，对吧？

C：现在，请详细说明对她发出指令或提出要求时的情况。可以这么认为，定义想要消除的行为就是我们要做的工作。不过，只有在她通过发牢骚回应要求时才使用这个新制订的行为矫正计划，而不对其他发牢骚的情况使用这一方法。我不确定这是不是你想要的。如果我们对所有发牢骚行为都做出矫正，包括对要求的回应及其他形式的发牢骚行为，那么可能会更有效，同时也更不容易混淆。你们怎么看？

M：为什么只针对回应要求这一种发牢骚的情况呢？我们希望给出更全面的定义，只要她发牢骚，不管是什么原因。

C：萨曼莎的爸爸，你认为呢？不要因为感到有压力而同意。告诉我你的想法。

F：我正在厘清思绪，尝试回想一下萨曼莎的具体例子……似乎每次她都是以发牢骚的方式来顶嘴的，但并不是所有发牢骚都发生在顶嘴的时候。所以，是的，我同意，要针对所有情况的发牢骚。

C：好的。现在，下一项我们必须做的非常重要的事，就是对发牢骚加以定义。尽管从某些方面来看这似乎很明显，但重要的是要说出来，因为我们不希望萨曼莎的妈妈心中有一种关于"发牢骚"的定义，而爸爸心中的定义是另一种，萨曼莎也有与你们不同的定义。我们希望每个人都能就何为"发牢骚"达成共识。

M：对。

C：那么，我们现在要做的是让萨曼莎的妈妈给出一个例子，当萨曼莎发牢骚的时候是什么样子的？现在请各位集中注意力。请妈妈先开始吧。

M：好的。比如，我可能会说："萨曼莎，我们一起去旅行，你要和我们一起去。"她会立即回应："我不想去，我不会去的，我不想，我不希望你们带我去！"她的表情会发生变化，声音也会变，甚至站立或坐着的姿势都会变，这是一种全方位的变化。

F：（笑）你学得很像，甚至模仿出了她那种提高的音调。

C：很好，萨曼莎的妈妈。萨曼莎的爸爸，根据你的评论，我猜测这个例子符合你对发牢骚的定义，对吗？

F：当然。

C：好的，萨曼莎，我希望你以一种你认可的方式演示一遍你是如何用发牢骚的方式回应妈妈的旅行要求的。我想听到你的抱怨，萨曼莎。

S：很简单。（噘嘴，甚至假装哭泣）"妈妈！但是，但是，我不想去旅行……我不喜欢旅行……"

C：哇，你妈妈对面部表情和身体语言变化的描述也是正确的。萨曼莎的母亲点头同意。

C：好的，萨曼莎，现在我想听听你回应你妈妈的要求的例子，这一次你仍然不同意参加这次旅行，但不发牢骚。

S：我不知道该怎么做。

C：当你回应妈妈说让你们一起去旅行时，假装你是我，假如你已经长大了，你会怎么说？

S：（嘻嘻笑，在椅子上坐直，双手放在膝盖上，清了清喉咙）我更希望你不带我参加这次旅行，我不想去旅行。

F：萨曼莎真可爱，你可以以后都这样做吗？

C：萨曼莎，刚刚你的表现说明，你清楚地知道什么是发牢骚，什么不是……而且你也知道如何回应妈妈和爸爸的要求，而不是抱怨。

S：糟糕！

C：所以，我们似乎都同意，发牢骚是一种包含恳求、噘嘴的对话，是使用不同声调说话而不是像平时正常讲话时那样。发牢骚的时候，话音会拉长。现在，每个人对什么是发牢骚以及什么不是发牢骚都有清晰的定义了吗？

M：你知道吗，萨曼莎，如果你真的可以像刚才那样回应我们提出的你不喜欢的要求，我们其实是可以认真地进行讨论的。

F：或者如果你有其他意见，你可以用一种不那么幼稚的方式提出，而不是非要发牢骚……

S：（深吸一口气，抱怨着，头靠着椅背）我是，我不是，我会，我不会，我愿意，我不愿意……

C：萨曼莎，你理解了吗？你刚刚表现出你知道如何以负责任、尊重的方式回应母亲，然后你又发牢骚，这是一种不成熟的表现。

萨曼莎低声发牢骚。

C：的确如此，你证实了我的观点。因此，我们想要做的是让你从这种不尊重人、爱抱怨的方式，变得更加成熟且尊重他人。

咨询师现在已帮助萨曼莎的父母选择了一种特定行为作为目标。他们一起合作，以每个人都同意的、非常具体的方式来定义这种行为。

C：我们一致认为，发牢骚是重点，我们也就什么是发牢骚、什么不是发牢骚达成了一致看法。今天我想和你们谈论的方法，是非常适合矫正发牢骚这一行为的，称为反应代价法，与正强化相反。正如你们所知道的，正强化是每当萨曼莎表现出恰当的或是非常好的行为时，你们就给出一个积极刺激。现在，我会向你们提供使用反应代价法所需的信息和工具，稍后你们会带着一份成熟的计划离开这里。但在开始前，你们首先要将她接下来几天发牢骚的情况记录下来，这一点非常重要，我稍后会加以解释。

M: 你的意思是说，我们要像之前记录她的其他行为那样记录她发牢骚的行为，是吗？

C: 正是如此。你们主要记录一天内她发牢骚的情况、频率以及何时发生。

M: 好的，我明白了。

C: 好的。那么，让我们看看……从哪里开始。反应代价就像开学第一天有的老师会对学生们说的那样："班里所有人的起始分数现在都是"A+"，你们必须努力保持它。"

S: 我喜欢这样的老师！

C: 的确如此，这对学生来说是非常好的激励。有这样一个积极的开始，能让学生们感觉很好，这会激励他们加倍努力，以使这个分数尽可能变高。

M: 所以，让我给萨曼莎一个"A+"作为初始分数吗？

C: 不完全是，但与此类似。比如，在你记录了几天萨曼莎发牢骚的情况后，你会发现，平均来说，在你们的印象里（看向萨曼莎的父母），她每天可能会发几次牢骚？

F: 20 次！

S: 才不是！

M: 3 ~ 5 次。

F: 是的，好吧，5 次更接近，应该是 5 次。

萨曼莎轻轻拍了一下爸爸的手臂，微笑。

C: 好的，记录几天后我们就会知道了，现在我们先假设是 3 ~ 5 次。反应代价系统意味着，不是出现一个积极行为就给出积极刺激，或是出现一个消极行为就给出消极刺激，而是出现一个消极行为后要撤销一个积极刺激。发牢骚就是消极行为，每当出现发牢骚的行为时，就撤销一个积极刺激。我们先将积极刺激称为标记物，接下来我们会决定具体是什么。但现在，萨曼莎每次发牢骚你们都要拿走一个标记物，能理解我的意思吗？

M： 理解。

C： 萨曼莎的爸爸，你能理解我的意思吗？

F： 理解。

C： 好的。实施反应代价前，确定发牢骚的平均次数十分重要，因为要从初始阶段就设置一个有利于帮助萨曼莎的系统，这样才有可能获得成功。你也不会希望出现比标记物更多的消极行为，否则孩子会没有动力去克制消极行为，会放弃甚至可能会变得更糟。这说得通，对吗？哦，还有一件事，你也不会希望每天都剩下太多标记物，否则会削弱那种要努力才能获得奖励的感觉，这将导致她可能会不努力。我的意思是，如果太容易得到，就没什么大不了的了，对吧？你会希望在整个过程中都能很好地匹配标记物与消极行为。

M： 在整个过程中都要这么做吗？

C： 是的，随着她的行为改善，其实每隔几天就会减少标记物的初始量。因此，如果她 3 ~ 5 天都没有失去她全部的标记物，你就要相应地减少标记物的初始量。

M： 哦，好的。

C： 好吧，假设萨曼莎平均每天发牢骚 3 ~ 5 次。在使用反应代价法的第一天，你会希望从 5 个标记物开始。早晨，提醒萨曼莎她有 5 个标记物，发牢骚的情况越少，她就能在一天结束时保留越多的标记物。因此，她的目标、她这一天的动机就是尽可能多地保留标记物。这样一来，她从每天早上开始，每发一次牢骚，就会失去一个标记物—— 你们只需要简单地拿走一个标记物就可以了。

M： 稍后我们会决定标记物是什么吗？

C： 是的，或者如果你愿意现在决定，我们就可以……

M： 事实上，我一直在思考这件事，并且已经有了一个想法。但首先，你能否给我们一些别人通常使用什么作为标记物的例子？

C： 当然。标记物本身可以是奖励，也可以代表奖励。我的意思是，举个例子，你可以用 25 美分的硬币作为标记物。你可能在每天开始时给出 5 枚—— 我们先用 5 次来说明。同时，假设萨曼莎在一天中发了 4 次牢骚，那么在一天结束时，她只会剩下一枚 25 美分硬币。这枚硬币本身就是奖励，而激励就是尽可能少地发牢骚以保留更多的硬币。有些父母会用零食或糖果（如糖豆或口香糖）作为标记物。同样，在这些例子中，标记物本身就是奖励。另一种方式是使用代表某些其他奖励的标记物，就像代币一样。你可以使用便士、代币或棒棒冰，这些物品本身对萨曼莎没有多大价值，但我们可以设定多少个代币可以兑换什么，我们将这种奖励机制纳入系统。我讲清楚了吗？

F：一开始听起来有点复杂，不过接下来非常合理。

M：我觉得很清楚。

C：好，那么，萨曼莎的妈妈，你说你有一个关于标记物的想法，是吗？

M：是的，我在考虑使用贴纸作为标记物。

C：哦，很好，贴纸非常合适作为标记物。重要的是，标记物既要可以安全使用，又不能让萨曼莎复制或伪造，我认为贴纸符合这两个标准。

M：萨曼莎确实喜欢收藏贴纸，所以我们可以将贴纸作为奖励，就像你给出的第一个例子里面的那样。只是使用的贴纸得是她喜欢收集的、非常好的贴纸，不能只是星星或笑脸。

C：好的。

M：或者，如果是星星贴纸，那么我们可以把它当作兑换奖励的代币。（停下来思考）萨曼莎，你有什么喜欢的贴纸吗？

S：有时候，你没有我喜欢的贴纸。

M：的确如此。我现在就能听到……她抱怨我用来作为奖励的贴纸不够好。让我们使用简单的贴纸作为代币。我可以制作一个表格，在每天结束时把剩余的贴纸贴在上面，当她有足够多的贴纸时，可以用这个表格兑换奖励。这是它的工作原理吗？

C：的确如此。接下来，让我们谈谈想要设置的奖励。

F：我不想每次她交出一张贴满贴纸的表格时，我都不得不去买东西。

M：我同意。

C：那么，兑换活动或特权怎么样？

M：那会有效果的。我们可以给出一个列表供你选择，比如去公园野餐，或者是睡衣派对，还可以是吃着爆米花看一部你想看的电影。萨曼莎，你觉得怎么样？

S：（兴奋）太棒了！还有水疗之夜！

C：什么是"水疗之夜"？

S：当我和妈妈涂脚指甲和手指甲时，我们会给对方做面部美容。这是我最喜欢的！

C: 这些听起来都很棒，看起来萨曼莎已经有动力来停止抱怨了，这是最重要的一点。每当她发牢骚时，被拿走的积极强化都是她所珍视并希望努力保留的东西。你可以制作一份正式的活动清单，每次萨曼莎集齐一定数量的贴纸时，都可以换取一项活动。

M: 我认为我们已经设定好了！

C: 我们要讨论的另一个重要组成部分是拿走代币或贴纸的具体细节。之前我说过，每天早上都要提醒萨曼莎："萨曼莎，记住你今天开始时有五张新贴纸，你每发一次牢骚，就会失去一张。我希望你今天努力保留尽可能多的贴纸。"每当你听到她发牢骚时，就要立即拿走一张贴纸，并告诉她："萨曼莎，你刚刚违反了发牢骚的规则，失去了一张贴纸，你还剩下四张。"然后，你拿走一张贴纸并将它放回原处。记住，要做到简单明了，不附带情绪，不加以讨论。继续记录她发牢骚的情况，并记录每天她剩余的贴纸数量。随着她成功保留越来越多的贴纸，诀窍是在下一次使用前校准系统，这样她下一次只能以得到四张贴纸作为起始量，而再下一次以只得到三张为起始量，最终直到她每天只能得到一张贴纸作为起始量，这意味着她每天只有一次不良行为。一整周后，当她不会失去那唯一一张贴纸，也就是说一整周都没有出现发牢骚的情况时，这套干预系统就可以结束了。然后，如果你愿意，那么还可以针对另一种行为继续使用这种方法。你可以从头开始，先来定义具体行为，但要记住，一开始就要成功设置系统。很多人在一开始制定行为矫正系统时就出现了错误，使方案的执行变得非常困难，参与者体验不到成功，从来都得不到奖励，导致他认为这是无望的。参与者会想："我为什么要尝试啊，如果我永远都不会得到呢？"所以，如果你认为即使是五次或更少次数的发牢骚对她来说都是不可能的，那么可将这一数量仅限定于上午，在她起床后到午餐前这段时间内，如果上午她表现得好，那么下午还有另外五次机会。几天后，将次数减少至四次，直到她最终能成功消除不良行为，甚至不再需要反应代价系统，因为任何行为矫正的目标都是最终不再需要它。我们希望人们每天都能在最低限度的监督下获得成功，我们希望他们看到自己可以在没有干预的情况下做出恰当的行为，并最终为自己的行为承担责任，这就是我们的目标。

反应代价法的有效性及评价

反应代价法已被成功应用了数十年，包括管理个体、小组和课堂行为。人们研究了使用反应代价法对青少年破坏性行为的干预（Proctor & Morgan，1991）。学生在课程开始时获得五张票，一旦表现出破坏性行为就会失去票，课程结束时剩下的所有票都将放入奖池进行抽奖，这个程序对增加适当的行为及减少破坏性行为是有效的。研究人员指出，外部管理和自我管理的反应代价系统同样能有效减少有学习障碍的学生的不良行为，这两个反应代价方案大大减少了学生擅自离座及不恰当发言的行为（Salend & Allen，1985）。

反应代价法也被用于过度活跃和有反社会行为的儿童。研究人员测试了奖励及反应代价对 ADHD 患儿算术表现的有效性（Carlson，Mann，& Alexander，2000）。他们发现，尽管 ADHD 患儿与对照组儿童相比，能正确完成的题目更少，但在提高 ADHD 患儿的表现方面，反应代价法比奖励更有效。还有研究人员比较了表扬、代币强化及反应代价法在降低小学反社会性男孩攻击性行为方面的有效性，发现无论是单独使用表扬还是将表扬与代币强化结合使用，都不能控制消极攻击性行为或提高这些男孩之间的积极社交互动，但当将反应代价法用于消极攻击性行为时，社交互动行为开始大幅增加（Walker et al.，1995）。

反应代价法已被用于有智力残疾的患者。研究人员研究了反应代价法对有智力残疾的成年女性患者发挥的积极影响（Keeney et al.，2000）。他们比较了非持续性强化、注意迁移以及在基线行为的基础上去除音乐产生的影响，发现去除音乐作为反应代价对减少破坏性行为非常有效。

研究人员对父母群体进行了调查，发现反应代价法的受欢迎比例（71%）与正强化的受欢迎比例（73%）差别不大，但比暂停法（60%）和体罚（18%）更受欢迎（Stary et al.，2016）。部分原因可能是归功于纪律问题上父母最习惯使用直截了当的方式。对父母来说，使用几种不同的方法是一个好主意，最好是把它们结合使用。我经常将反应代价法与代币法结合起来使用，以减少问题行为及反应代价，同时还会（使用代币法或其他基于正强化的技术）强化未稳定的积极行为。研究人员将反应代价法与代币法结合起来，目的是减少课堂破坏性行为，他发现虽然两种方法本身都非常有效，而结合两种方法可能比单独使用任何一种方法的效果都更明显（Fiksdal，2017）。此外，研究人员比较了反应代价法和强化法，发现两者无论在组间差异还是个体差异上都同样有效（Hirst et al.，2016）。因此，它们并不是非此即彼的。在使用基于惩罚的技术时，最好的做法是将惩罚与基于正强化的技术相结合。

反应代价法的应用

现在，将反应代价法应用于与你合作的来访者或学生，或者重温本书前言中介绍的简短案例研究。你将如何使用反应代价法来解决问题，并在咨询过程中取得进展呢？

第
42
章

过度矫正法

过度矫正法的起源

过度矫正法由福克斯（Foxx）和阿兹林（Azrin）于 20 世纪 70 年代初提出，这是一种消除不良行为并对个体进行再教育的技术，与这项技术有关的经典文献及研究成果都很陈旧。过度矫正法包含两个部分：重建和正面练习。重建要求个体将自己损害的环境恢复到与之前相同甚至更好的状态。正面练习需要在同一情境下重复练习恰当的行为（Henington & Doggett，2016）。例如，如果孩子摔门，那么建议鼓励父母这样做：先让孩子道歉，然后让孩子练习在进出时轻轻关门，重复十次，或是在一个特定时间段内（如五分钟）持续进行这一练习。这种重复的正面练习的做法，会起到惩罚"比犯罪更糟"的效果，通常可使个体完成一次即成的学习，他就会记得再也不摔门了。

过度矫正法是惩罚的一种形式，但并不遵循单一理论，而是融合了许多不同的技术，如反馈、暂停法、合规培训、消退法和惩罚。然而，与其他形式的惩罚不同，过度矫正法并不是一种专制的惩罚方式；相反，它教导个体为自己的行为负责，并承认自身行为对他人造成的影响。重建旨在教导个体认识到不良行为的自然后果，正面练习教导个体学习恰当的行为，从而起到预防作用。

如何实施过度矫正法

在使用过度矫正法前，应尝试使用正强化法来塑造个体的行为。不过，如果正强化法不起作用，那么可以使用过度矫正法，包含以下四个步骤。

（1）咨询师必须确定不良目标行为，并通过正面练习教授来访者进行替代。当不良目标行为出现时，咨询师应立即告诉来访者这一行为是不恰当的，并要求其停止。

（2）咨询师应遵循过度矫正程序，口头指导来访者完成重建。

（3）在某一特定时间段内进行正面练习，或重复一定次数的正面练习。如有必要，咨询师可以在过度矫正程序中使用最小作用力来指导来访者。

（4）允许个体回到之前的活动。

福克斯和阿兹林提出了几条如何有效使用过度矫正法的建议。重建应与不良目标行为直接联系起来，还应在不良目标行为发生后立即执行，以产生以下两种效果：

（1）这个不良目标行为最终会消退，因为来访者没有时间去享受；

（2）这个方法会阻止将来出现不良目标行为，因为由此引发的直接的消极后果比非直接的后果更有效。

此外，还应持续重建。个体还应积极投入执行重建的程序，不应出现中途停止的情况。

过度矫正法的变式

福克斯和阿兹林的上述几条建议并非一成不变的，之后的研究表明，没有遵循他们的某些建议也可以成功实现过度矫正的效果。即使过度矫正行为与不良目标行为无关，也可完成过度矫正，采用即时和延迟正面练习的过度矫正可得到类似结果（Luiselli，1980）。此外，过度矫正法已被证实在短期、中期及长期都是有效的。

尽管大多数过度矫正程序包含重建和正面练习两个部分，但有研究表明，这两种程序在单独使用时也是有效的，可能没有同时使用的必要（Matson et al.，1979）。一项针对学龄儿童的研究发现，使用重建程序使不良目标行为减少了 89%，使用正面练习减少了 84% 的不良目标行为，说明这两种程序在治疗儿童期课堂不良行为方面是同样有效的（Matson et al.，1979）。事实上，有些程序可能仅包含一个简单的道歉，尽管无法保证道歉会引发积极的行为改变。在这种情况下，重复的正面练习变成主动干预。

过度矫正法的案例

8 岁男孩肯一直表现出对父母温和的对抗行为，他和父母参加了这次咨询，目的是减少不符合要求的情况，提高他对父母要求的服从程度。肯长期以来不能遵守的一个要求是整理好自己的东西，如他的外套、鞋子、衣服、课本、餐具等。正如他的父亲在开始咨询时所说的那样："肯已经把'停下、倒下和打滚'这些技术熟记于心，他从来没有整理过自己的东西！"需要注意的是，这个例子中使用了正面练习而没有使用重建程序，但在最后，重建作为建议被提出。

咨询师（C）： 这项技术被称为过度矫正法，它会帮助肯在进入房间后，不会随意地将毛巾扔在地上，防止他将外套、鞋及其他衣物脱下来随处乱放。有时我们称之为正面练习，属于惩罚的一种，但"正面练习"这种说法听起来比"惩罚"给人的感觉好些。过度矫正法会要求他做出恰当行为，并重复多次，以便在将来想要表现出不良行为前，他就能意识到受过的惩罚，所以我在大多数情况下都会使用十次练习规则。如果他进入房间后将外套扔下，那么要要求他走回去，拿起外套，把它挂在衣架上，然后放进衣柜里，做完这一套动作是一次练习。然后，他还要再把外套拿出来，扔到地上，把衣架放回原处，再重新开始。你需要让他这么做十次。那么，我们今天可以在这里做些什么练习？你现在穿着鞋子，而这也是问题之一（父母认为是，肯认为不是），所以，肯，脱掉你的鞋子。

肯（K）： 也脱掉袜子吗？

C： 小袜子很可爱。

K： 它们太小了。

C： 这次不用脱袜子。你每次到家后会把鞋放在哪儿？

K： 放进鞋篮里，我一直这样做。

肯露出笑脸，他的父母悄声嘀咕了几句并翻了个白眼。

C： 好吧，当你进入房间时，你把鞋放进鞋篮里。但现在让我们假装你没有这样做（每个人都笑），以便让你的父母练习过度矫正法。所以，你进入房间，脱掉鞋子，把它们放到……

K： 装鞋子的地方——鞋篮。

C： 鞋篮。现在，让我们假装你刚回到家，把鞋子扔在地上。

肯自然而然地这样做了。

C：肯的妈妈，你和肯一起进行角色扮演，演示一遍他应该怎么做。

母亲（M）：肯，你没有把鞋放进鞋篮，所以你必须练习十次正确的做法。请把你的鞋放回鞋篮，重复十次。

C：好的。现在你必须把鞋拿起来，重新穿上。

肯按照咨询师的要求做。

C：肯，系上鞋带，再脱下来，并把它们放进鞋篮，这算一次练习。

M：好，让我们来做第二次练习，把它们放回去。

K：我要练习十次吗？

M：是的。

K：哦！

肯再次开始。

C：是的，练习很难，这会让你意识到，第一次就做出恰当的行为会更轻松一些。正如我们已经讨论过的那样，这是一种威慑力。

M：（母亲鼓励）这次做得很好，肯。

C：我通常要求他们一边练习一边数，这是第几次了？

K：第五次。

M：不，是第二次。

K：好吧，第二次。

肯继续做十次练习。

C：很好，现在你可以看到这对于一个年轻小伙子来说有多恼人。肯完成最后一次练习。

M：这是第十次。

K：这太费劲了，而且很无聊！

父亲（F）：肯定没有那么费劲，肯，我看你在外面打球比这费劲多了。

C：很好。现在，肯，当你不得不像这样重复十次练习的时候，感觉如何？

K：我累了。

C: 你想重复一下吗?

K: 不想! 这会浪费我一整天!

C: 现在, 可将这种方法用于任何一种恼人的行为, 当他可以做出恰当的行为且应该做却没有做时, 特别是需要承担责任的行为, 比如把毛巾扔在地上、随意堆放大衣、摔门。这种方法对孩子有非常强大的威慑力, 有时甚至一次就能学会。也就是说, 他第一次这样做就会学会, 并且从那时起就会记得每次进入房间时, 应该把鞋放在哪里。

F: 如果你想锻炼一下, 可以把衣服放在地上, 然后拿起来, 放到洗衣槽里, 再从地下室取回, 做十次, 这将是真正的锻炼!

肯做出了他的专属表情——"死亡凝视"。

请注意, 在这个案例中未使用重建。如果要使用重建, 则需采取恰当的额外行为才能使环境恢复到与被不良行为破坏前相同的或更好的状态。例如, 可能会要求肯清理被他扔下的鞋弄脏的地板, 或者把鞋篮拿到室外, 取出鞋子, 清理鞋篮, 把鞋子放回, 然后把鞋篮拿回来。

过度矫正法的有效性及评价

过度矫正法已存在了几十年, 相关成果文献已经过时。过度矫正法最初被用来帮助有智力残疾的患者减少财产毁坏、身体攻击、自我刺激等行为, 以及教导其正确盥洗和饮食行为, 已有大量研究证明了这项技术在这方面取得的成功。例如, 研究发现, 重建训练在消除破坏性、攻击性行为方面 (如扔东西、攻击他人和尖叫) 很有效, 这项技术能即刻见效且效果持续数月 (Foxx & Azrin, 1972)。研究表明, 过度矫正法仅在三天内就将有智力残疾的患者群体中的盗窃案减少了 90% (Azrin & Wesolowski, 1974)。

过度矫正法现已被用于各类群体, 从健全人士到有重度障碍的患者, 包括精神分裂症患者 (Axelrod et al., 1978)。过度矫正法已被用于治疗习惯性紧张和擅离座位行为。研究人员建议教师将过度矫正法当作课堂管理技术, 因为这项技术可以让没接受过正式咨询培训的人士也能轻松使用 (Smith & Misra, 1992)。

过度矫正法有几个缺点, 其中一个是咨询师和来访者都需要投入相当长的时间。过度矫正的结果并不会泛化至其他行为，或观察这个过程的其他个体；相反，矫正结果仅限定于不良目标行为、接受治疗的情境及个体。因此，可通过改变治疗环境及治疗的管理者来实现泛化。使用过度矫正法的父母，其动机可能只是中等水平，因为在父母的可接受度方面，这项技术在六种常用行为管理策略中位居第四（Borrego & Pemberton，2007）。

过度矫正法的应用

现在，将过度矫正法应用于与你合作的来访者或学生，或者重温本书前言中介绍的简短案例研究。你将如何使用过度矫正法来解决问题，并在咨询过程中取得进展呢？

第十一部分

新兴技术

最后一部分内容旨在介绍三种难以用其他咨询范式或理论进行分类的新技术，这类咨询范式称为"新兴范式"，其包括以下三种技术：叙事疗法（narrative therapy）、基于优势法（strengths-based counseling）和来访者支持法（advocacy counseling）。心理咨询是不断发展的，这些新兴技术不一定适宜从范式的角度进行分类。尽管如此，这三种技术已经在专业咨询师的有效咨询干预实践中获得了一席之地。

叙事疗法假设来访者是自己生活中的"专家"。咨询的过程就是一个与有决定权的、机智的、有能力解决个人问题的来访者合作的过程，当然其中也需要咨询师的帮助。叙事疗法帮助来访者将出现的问题外部化，然后分析和理解问题对他们生活的影响。然后引导来访者构建一种新的、更积极的生活叙事，从而使其能重新规划如何处理重要的生活问题。不管我们现在的状态如何，我们生命中的故事仍然需要认真书写。

在基于优势法中，咨询师帮助来访者了解他们的优势以及面临人生挑战时的适应能力。因此，来访者可以展示优势因素，并利用可用资源来渡过难关、创造希望，并培养改变的动机。本部分将探讨基于优势法的几种模式，以及这些模式的几种变式。

值得注意的是，来访者支持法更多的是一种方法，而非一种技术，它由大量的概念、策略和技术组成，涵盖了许多哲学和理论观点。来访者支持法要求咨询师与来访者共同采取积极行动，以增强来访者的能力并消除其个人成长和发展过程中的障碍。咨询师必须反思并帮助来访者，特别是有色人种、女性、性别认同障碍者或少数情感群体的来访者，在多个层面上解决因偏见、歧视或其他社会和人际压迫导致的生活环境或经历问题。咨询师需要达到对来访者的社会、政治和环境障碍的全面理解，促进其自我认同和他人认同，并帮助其以促进发展和积极主动的方式重新界定问题行为。

新兴技术的多元文化意义

很多新兴技术的视角并不相同，因此不能根据多元文化的相似性进行分组。然而，某些特定的新兴技术强调融洽关系与治疗联盟的重要性，并且通常会吸引来自各种文化背景的来访者。叙事疗法是一种具有文化敏感性、非判断性的赋权方法，它尊重来访者的叙事故事，并能以促进发展的方式调整来访者的个人叙事。叙事疗法适用于众多心理咨询环境，包括学校、药物滥用、婚姻和家庭咨询，以及团体治疗，它也非常适合文化适应问题。叙事疗法等技术可能更容易被具有讲故事传统的文化所接受（Hays & Erford，2018）。例如，美国本土文化有着深厚的口头讲故事传统。

这三种方法都不具有评判性和威胁性，而且因为它们基于优势而非病理，不会将来访者及其症结与行为视为有问题的、病态的、糟糕的或低劣的，所以它们适合不同文化背景和世界观的来访者。这些方法加强了治疗的同盟关系，并使来访者能够以积极的、主动的和富有成效的方式掌控自己的生活。

叙事疗法

叙事疗法的起源

叙事疗法是怀特（White）和埃普斯顿（Epston）于 1990 年开发的一种后现代方法，它的基本信念是"来访者是其自己生活中的'专家'"。该咨询方法认为，来访者是有决定权的、机智的并有能力解决个人问题的个体，咨询过程只是咨询师与来访者的合作过程，咨询师起辅助指导的作用。叙事疗法是一种具有文化敏感性、非判断性并能给来访者赋权的方法，它尊重来访者的叙事，能以促进发展的方式调整来访者的个人叙事。叙事疗法适用于许多咨询环境，包括学校、药物滥用、婚姻和家庭咨询以及团体治疗，并且非常适合文化适应问题。

如何实施叙事疗法

叙事疗法帮助来访者将存在的问题外部化（即将人与问题分离），然后分析和理解这些问题对其生活的影响，再引导来访者创造一个新的、更积极的故事（叙事）来更好地生活。如此一来，来访者得以重新规划其生活旅程，并改进他们处理各种问题的方式。

人类都是建构主义者，永远在试图理解自己的生活，并经常在不知不觉中创造一个叙事或故事来解释他们的经历与存在（German，2013）。来访者以传统的方式开始咨询，谈论他们的问题以及这些问题如何影响他们的生活，而咨询师则不带任何评判地倾听，他们要做的只是帮助来访者澄清并理解发生的一切。然后，咨询师指出这并非来访者自身的问题，帮助其将问题外部化。问题即问题本身。咨询师需要帮助来访者弄明白：问题是外在的，有其独特的问题属性，不要将其与人混淆。

当问题被外部化时，咨询师可能会使用一种名为"投射效应"的技术，即每当问题发生时，来访者都会讨论自己所经历的各种想法和感受。然后，咨询师要求来访者思考其将来可能会如何处理这个问题。最后，来访者和咨询师合作创建一个新的故事（叙事），将问题重新语境化。这个新的故事（叙事）以积极的角度描述来访者，而不是聚焦在消极的问题上，这样来访者就可以解决问题，或者学会更有效地将问题作为生活的一部分，与问题和谐共处。

在咨询中，叙事疗法已经成为一种赋权工具（Duba et al., 2010）。通过一些课题与反馈，来访者能重新定义自己的问题，并激励他们在思想、感觉和行为上做出改变。他们提出可以通过两个阶段（即解构和建构）来帮助来访者打破困境、克服问题，并创造新的规范。解构由"将问题外部化"和"描述问题随着时间变化产生的相对影响"组成。为了促进问题外部化，来访者通过为问题指定一个身份（即名称）来将问题与人分开。命名之后紧跟着的是"展示支持该问题的理念，以及谁会从中获利、受益或赞同这些想法"。接下来，鼓励来访者分析他们过去是如何面对问题的，这有助于将问题普遍化，并使来访者在未来能勇敢地面对问题。经过这个过程，来访者可以识别自己最脆弱或与问题斗争最激烈的时刻，从而学会克服这些问题带来的影响。

建构过程则涉及创造一个新的可替代的故事（即加固），具体描述出"那些为了以全新的与问题相反的方式生活的人，他们的技巧、能力、偏好和愿望"。加固过程即能打造一条清晰的、促进改变的前进道路，还能在来访者在面对有问题的记忆时产生特定结果。与这些特定结果相关的思想和感觉记忆支撑着另一种故事（叙事）。最后，通过展示来访者摆脱问题后的自由生活状态，可以激励来访者做出改变并巩固那些能构建与支持他们做出改变的思想、感觉、行为及态度。

在叙事疗法中，日记常用来帮助来访者分享对所提问题的看法、行动和感受。来访者还可在其中记录自己用来解决非理性信念、感觉和行为的策略。一种叫"反击谈话"的策略可以用于对抗那些阻碍问题解决的人（如家人、朋友），它可以用间接［例如，写信（无论是否发送）及就针对不同情况下该说什么而进行的对话］或直接方式来完成。

叙事疗法的变式

当然，叙事疗法在嵌入其他活动中（如团体治疗和家庭咨询）时需要进行调整，该疗法的主要过程已经衍生出许多变式。例如，在家庭咨询中，家庭成员需要进行协作来解构家庭问题和无效故事，并构建对家庭有用的新叙事（Waters，2011）。让每个家庭成员给出各自对问题的解释是解构过程的关键。在与咨询师的合作中，先解构家庭问题、描述特定结果，然后创造一个涵盖不同家庭成员观点的令人愉快的新故事。接下来，咨询师和家庭成员共同制定策略、使用有效技巧来解决家庭问题。萨尔茨曼等人（Saltzman et al.，2013）实施的专注项目（the FOCUS program）就是一种独特的家庭模式，旨在促进军人家庭的适应力。

纸质和电子日记也是叙事疗法的很好的变式，它能够增强自我反思和每次咨询会谈之间的持续内省，从而发展更深层次的联系和支持机制（Haberstroh et al.，2015）。当然，咨询师必须对有写作或学习障碍，以及不喜欢写纸质或电子日记的来访者的需求或局限保持敏感，并应努力为所有与日记相关的内容保密。

杰曼（German，2013）提出的生命之树（Tree of Life，ToL）是一种灵活的工具，使用树的不同部分作为隐喻来代表我们生活的各个方面。树根代表对来访者很重要、能提供支持和有影响力的人；地面代表安全和可提供支持的结构；树干代表来访者的能力与优势；树枝代表当前和未来的愿望；果实代表与叙事相关的积极成就。他鼓励来访者分享他们在创建生命之树时选择各种物品的原因。在团体治疗中使用生命之树可用于构建社区森林（即生命森林），以促进建立"我们是一体的"的理念。然后是"生命风暴"，让来访者思考遇到困难时该怎么做。最后，通常会举行庆祝活动，由咨询师（或团队成员）进行颁奖。

叙事疗法的案例

玛丽亚是一名32岁的女性，她长期与抑郁症进行斗争并正在寻求帮助。抑郁症会随着其生活压力，尤其是工作和人际关系压力的增加而恶化。这导致她暴饮暴食，甚至出现强迫性思维和幻觉，以及失眠等症状。

我们选择了咨询师与她的第四次会谈作为案例，当时治疗关系已经得到加强，玛丽亚在学习和应用四大治疗技术（即深呼吸、渐进式肌肉放松训练、视觉意象和自我对话）

后取得了良好的进展。但咨询师担心玛丽亚仍然在将抑郁内在化，称自己为"抑郁的女人""悲剧案例"和"忧郁女孩"。咨询师制定了一套叙事疗法方案，帮助玛丽亚将问题（"黑暗"）外在化，描绘问题的影响，激励玛丽亚思考自己将来可能会如何处理问题，并创造一种新的叙事来重新将问题置于情境中。作为补充活动，咨询师还指定以日记作为家庭作业，要求玛丽亚给"黑暗"写一封信，让它知道自己不能再控制她。

咨询师（C）： 哇！这些都是很震撼的画面！你用讲故事的方式，说你注定要在余生背负着无法承受的负担在地球上前行的描述，让我很能理解你被困住的感觉。

玛丽亚（M）： 我已经好多了，但似乎它仍然牢牢地掌控着我。走出这种情绪低落的状态是如此之难，尤其是当生活或工作中出现压力时，还有，更别提男人了！啊！我命中注定总是这么沮丧，被无所不在的黑暗或阴郁吞噬。有时我觉得自己像一个被诅咒的忧郁女孩，在流沙中沉沦，毫无逃脱的希望。

M： 我知道。我听起来像个被诅咒的人，对吧。嗯，我有时确实有这种感觉，在黑暗之地被诅咒着。

C： 但你也说过大部分都是美好的日子，只有些许例外——在过去的一个月里，从你开始进行咨询治疗以来，生活已经越来越好了。

M： 是的。但每次我只要认真思考我的问题，我就会认为自己就是问题所在，我无法解决。情况似乎永远不会真正地变好。

C： 玛丽亚，问题不在你。问题本身才是问题所在。让我们回想一下你一分钟前提到的一些画面：流沙、黑暗、诅咒、忧郁，还有其他我们已经讨论过的词汇。如果你必须给这个问题起个名字，你会叫它什么呢？

M： 我的抑郁症？哦，这个词绝对是"黑暗"，因为它就像一片乌云一样笼罩在我身上，它是一种让我难以摆脱的恐惧，它主宰着我的生活！

C： 黑暗。我喜欢这个名字——恰如其分地描述了影响你情绪的事情，还有你感受到的巨大悲痛。

M： 确实如此。黑暗就像某种邪恶的电影角色——电影中的坏人一样。

C： 完全正确！你的描述很好地表达了黑暗。它就是一个恶人或邪恶力量，降临到你身上并试图影响你。那么当黑暗降临时，你有什么感觉呢？

M： 嗯……悲伤，显然，好像我做什么都无济于事，它牢牢地掌控着我。我很讨厌这种感觉，毫无希望且无助。同时我也很愤怒，这种感觉使我抓狂。

注意玛丽亚是如何开始使用"它"和"黑暗"这样的词语来外部化问题的。咨询师现在开始从外部对话进入内部对话。

C: 黑暗来临时你会说什么呢？

M: "玛丽亚，你真是个无可救药的笨蛋，陷入痛苦的无助女孩。"我希望它能走开，让我一个人静一静。"玛丽亚，根本没有人会喜欢你或关心你，更别说爱你了，因为你太可悲了。"我只想吃东西来安慰自己，但这适得其反——我已经 32 岁了，如果我继续暴饮暴食，我的身体很快就要垮了！当然，它会立即抓住这个话题。"玛丽亚，等你变胖、变老的时候，没有人会爱你！"这感觉糟透了！为什么我不能像我所有的朋友一样快乐？她们还能忍耐我这个忧郁女孩多久？我可真扫兴！我只想快乐一点，但黑暗……我似乎很久没有真正快乐过了。

C: 这些都是黑暗传递给你的非常有力的信息。如果让它控制你的感情、思想和行为，那么你就会受到影响。

M: 是的。那可恨的、恶毒的、糟糕的乌云占据了我的生活！我一感觉到胃和肌肉都在打结就知道，它又来了！

C: 当你感觉到黑暗降临时，你能做些什么来摆脱它的控制呢？

M: 摆脱他？嗯……我从来没有……我可以用四大方法把自己领到头脑中平静和放松的区域，重复使我平静和放松的自我对话、深呼吸，使肌肉放松。我应该勇敢地面对它，可它实在太强大了！

C: 你可以变得比它更强大！你用的策略很好，你应该已经掌握了如何使用视觉意象让自己平静和放松，这有助于阻止黑暗带来的所有负面想象，你积极的自我描述也将阻止它侵入你的思想，深呼吸与肌肉放松也可以帮助你重新控制身体。好，很好！我们刚讨论了黑暗出现的几种情况——特别是当你在工作和人际关系中感受到压力时。告诉我，你有没有勇敢地面对黑暗，有没有想打败它？

M: 嗯……我从来没有真正地思考过这个问题。但是，是的，确实有，有几次我就是不会屈服。比如去年我生日那天。

至此，黑暗真正被拟人化为一种外在力量，玛丽亚分享了几个勇敢面对黑暗的例子。咨询师继续指导玛丽亚如何度过这些反复的黑暗，当她站起来面对黑暗的降临时，他们一起制定了更多的应对策略，以便在未来实施。咨询师布置了写日记的任务作为家庭作业：玛丽亚要记录黑暗肆虐时的所有情况，以及她如何做出反应来阻止它。在成功完成日记任务的一周后，咨询师指示玛丽亚给黑暗写一封信，告诉它，它已经不能再控制她的思想、感情和行为了。并且，玛丽亚在信中介绍了"阳光"，以代表她新的积极态度及其对生活的影响。玛丽亚继续完善她的新叙事，主题思想是从现在开始，她有能力书写她自己的余生，没有任何力量可以掌控她的命运，她的未来在她自己手中。

叙事疗法的有效性及评价

鲜有关于叙事疗法的结果的研究。一组研究人员在一项临床试验中评估了叙事疗法和认知行为疗法对 63 名中度抑郁症成年患者的疗效，并发现这两种方法均优于对照组（无治疗）（Lopes et al.，2014）。根据贝克抑郁量表（BDI-II）的测量，研究人员确定 CBT 在减轻抑郁症状方面比叙事疗法更为有效，但两种方法在其他临床结果的变量上是等效的。另一组研究人员将 60 名智商正常的幼儿园儿童随机分为四组：游戏治疗组、叙事治疗组、综合组（游戏治疗和叙事治疗结合）以及对照组（Farzadfard et al.，2015）。在经过 12 个疗程的干预后，综合组的儿童表现出更高的注意力控制水平。

叙事疗法的应用

现在，将叙事疗法应用于与你合作的来访者或学生，或者重温本书前言中介绍的简短案例研究。你将如何使用叙事疗法来解决问题，并在咨询过程中取得进展呢？

第44章

✣ 基于优势法

基于优势法的起源

精神障碍的临床治疗以病理学为基础。就像保险公司要求获知来访者和患者出了什么问题，这样他们才能决定是否支付理赔费一样，患者和来访者一定会被视为存在某些需要补救的缺陷。在此背景下，基于优势法历来得到的关注都比较少。基于优势法是一种基于适应性、积极心理、健康或优势的咨询方法。在基于优势法中，咨询师帮助来访者认识到在遇到困难时他们可以利用哪些优势和适合的资源（Davidson et al.，2014）。来访者可以展现出优势因素，并利用现有资源来度过艰难时期，从而创造出希望以及改变的动力（Scheel et al.，2013）。基于优势法的主要观点是每个人在个人环境中都是独一无二的，因此这种方法可能尤为适合具有跨文化价值观和背景的少数族裔来访者。

基于优势法的起源很难确定，因为它似乎带有多种咨询方法和传统治疗的影子，包括跨文化咨询、社会工作、学校咨询、以解决方案为中心的咨询和叙事疗法等。多元文化咨询将来访者视为拥有自身系统背景以及独特的优势、价值和资源，与主流文化价值观和信仰相比，这些优势、价值和资源应该受到赞扬，而不是被视为缺陷。学校和职业咨询师在实施基于优势法中发挥了关键作用，因为学校各学科都有一个共同的目标，即帮助来访者和学生确定他们擅长的领域，以将兴趣、技能和能力与潜在的职业和高等教育路径相匹配。社会服务领域一直以来尤为支持以来访者优势为基础，认为过于关注问题和缺陷会建立一种人为的权力动态，从而妨害治疗联盟。因此，史密斯（Smith，2006）提出，对优势的关注减少了对缺陷的关注，并改善了咨询关系。正如本书第一部分所揭示的，以解决方案为中心的方法并不强调问题，而是聚焦于解决方案，或者来访者已经采取了何种正确措施来解决问题。叙事疗法则利用来访者的经验，首先将问题外部化，然后以更积极的方式重构或复述来访者的故事。此外，积极心理学关注来访者的优势，以帮助来访者自我实现，重建希望和爱，并保持坚持下去的动力。值得注意的是，积极心理学并不回避消极因素的存在，而是认为一个人生活中的积极品质更有助于其在未来维持成功。而基于优势法也是如此。

如何实施基于优势法

相关文献中至少出现了三种基于优势的咨询模型，以及大量的较为具体的技术与评估。本章涵盖的三个基于优势的咨询模型源于史密斯（Smith）、戴维森（Davidson），以及惠特马什（Whitmarsh）和马莱特（Mullette），每种模型都应考虑其变式。

史密斯于 2006 年提出了基于优势的治疗模型的十个步骤，包括：

（1）创建治疗联盟（融洽关系）；

（2）通过来访者复述其生活，确定来访者的优势（生物、心理、社会、文化、环境、经济、物质、政治等）；

（3）评估出现的问题；

（4）灌输希望和未来导向；

（5）使用例外问题制定解决方案框架；

（6）通过帮助来访者认识到他们具有影响变革的巨大力量来建立其实力和能力；

（7）允许来访者在内部寻求解决方案；

（8）利用来访者的基本优势来创造变化；

（9）通过提高个人解决问题的技能，建立适应力；

（10）评估和终止，关注来访者所经历的成长。

戴维森于 2014 年提出的基于优势法模型借鉴了其他咨询模式和技术（以解决方案为中心、以人为中心、叙事疗法）。STRENGTH 作为缩写代表以下内容：

（1）S：解决方案的焦点（solution focus）；

（2）T：轨迹预览（trajectory preview）——鼓励来访者思考变化如何影响未来；

（3）R：资源开发（resource development）——通过合作来确定和扩大资源；

（4）E：特异性分析（exceptions analysis）——发现成功点并找出成功的解决方案；

（5）N：关注积极因素（noticing positives）；

（6）G：目标设定（goal setting）；

（7）T：严格审查（tenacity review）；

（8）H：能力发展（human capacity development）——咨询师使用积极的肯定来帮助来访者获得掌控感，使用三种类型的赞美：直接赞美、间接赞美和自我赞美。

惠特马什和马莱特于2011年提出SEARCH模型，特别强调要从优势的角度辅导青少年，包括三个步骤：

（1）探索SEARCH模型的相关领域：自我领域（S），教育、工作和职业领域（E），活动领域（A），关系领域（R），社区和文化领域（C），家庭领域（H）；

（2）在先前确定的优势基础上设定目标；

（3）结束并将这些优势融入生活。

评估是将来访者的注意力集中在生活的积极方面的简单途径。有许多关于来访者优势的正式评估工具可供选择，以下每一项都可用于确定优势、创建目标、记录进度和确定干预领域：

（1）来访者风险和优势临床评估包（The Clinical Assessment Package for Client Risks and Strengths，CAPCRS）——评估来访者展现出的优势和劣势；

（2）儿童和青少年优势评估（The Child and Adolescent Strengths Assessment，CASA）——评估优势、家庭、学校、心理、同伴、道德/精神和课外活动；

（3）行为和情绪评定量表2（The Behavioral and Emotional Rating Scale-2，BERS-2）——评估人际优势、家庭参与、自我优势、学校功能和情感优势；

（4）优势访谈（Assets Interview）——主要用于儿童；

（5）40项发展优势——外部优势（社会支持、权力、界限和期望，以及时间的建设性使用）和内部优势（价值观、技能、社会能力和自我认知）；

（6）优势使用量表（Strengths Use Scale）。

基于优势法的变式

基于优势的方法可以应用于各种环境和来访者群体，但尤为适用于学校环境中的青少年，在这类环境中，尤其要避免使用病理名称（Bozic，2013）。研究人员指出，与学龄儿童（及其父母）建立好的咨询关系尤其关键，因为学校转介通常是基于问题的。基于优势的方法以积极的眼光看待学生，并通过创造希望与动力，使他们能够为自己的行为负责。

基于优势法的案例

16 岁的格里正面临着学业失败的风险。他的成绩一直在下滑，但他没有向外界寻求帮助和支持，而是一直在进行内心挣扎。他还跟邻居的孩子们一起惹了些麻烦，大家都认为他未来可能会堕落为罪犯。因为格里一直在内化他的问题，而且他身边的人都将他评价为"麻烦制造者"和"失败者"，所以咨询师决定使用一种基于优势法来向格里证明，他的生活中其实还有很多积极的东西，如果他愿意，完全可以解决这些问题。咨询师认识格里大约两年了，他们已经建立了良好的咨询关系，所以这次会面的目的是确定格里的部分适应性来源和优势。

使用史密斯提出的基于优势的治疗模型的 10 个步骤，格里完成了优势使用量表，并仔细研究了调查研究所制作的 40 项发展优势。咨询师使用这些工具作为优势识别的基础，即当事情逐渐变得困难时，格里可以依靠的适应性来源。与格里谈论他擅长什么以及其支持系统，也加深和巩固了来访者与咨询师的治疗关系，并让格里对自己能成为什么样的人有了新认识。

咨询师（C）： 我注意到你脸上的表情，当我们谈论到你所拥有的这些优势时，你的整体情绪与谈论你的问题时完全不同。

格里（G）： 嗯，是的，谈论我的问题让我很有戒心，并感到愤怒。而这些事情都是我擅长的，肯定比聊那些我自己犯下的错误，进而被羞辱要好得多。那些事情让我很沮丧。谈论积极的一面实际上给了我希望，让我感觉一切问题可能都能得以解决。

C： 有道理。你确实有很多优势和特长，从家庭支持和家长的高期望到一些支持你的老师和社区资源，比如教堂、篮球联赛。你也很有个人责任感，并具有诚实的特质。

G：是的。不过这种诚实的特质让我最近麻烦缠身。我不能对我妈妈撒谎！

C：明白。所以告诉我有没有一些时刻，这些问题算不上是问题。比如当你完成作业时、当你和朋友外出时，或者你的行为与自己的期望保持一致时。

这类似于本书第一部分中提到的例外技术：以解决方案为中心的咨询。咨询师引导格里重复几次当问题不存在时的情形，并把所有功劳都归于格里所做的选择，即这些选择导致了这些例外情况。之后，咨询师帮助格里运用他的一些优势和资源来解决问题，从而增加了"当问题不再成为问题"的实例。

G：嗯，好吧，我明白这是怎么回事了。杰克逊先生确实说过，如果我需要额外的帮助，他可以辅导我，但我觉得如果我先认真做好功课，再去社区就能解决大部分问题了。如果我去的是健身中心而不是社区，那么……

C：对。利用好环境，从中汲取力量，会让你在生活中获得极大的掌控力。它会影响你所做的决定以及你目标的实现程度。你只需要解放自己，利用自己的优势找到解决方案。你最终会发现，你所做的决定要么会让你的生活变得更好、更轻松，要么会让你的生活变得更糟糕、更艰难。

G：是的。我明白了。但外面的诱惑真的很多……

格里和咨询师继续重复这一过程，加上鼓励和个人责任感的作用，格里通过发挥自己的优势找到解决自身困难的办法，并利用这些基本优势在生活中实现积极的变化。在这个过程中，格里建立了他的适应力，发展了他未来解决个人问题的能力，并意识到他有能力使自己积极成长并获取幸福。

基于优势法的有效性及评价

研究表明，基于优势的咨询提高了来访者的总体幸福感与生活满意度（Proyer et al.，2015；Wood et al.，2011）。尽管如此，针对该方法的有效性只有少数几项研究成果。

研究人员进行了一项基于优势法的元分析，并实施了一项对严重精神疾病（主要是精神分裂症）成年人的比较研究（Ibrahim，Michail，& Callaghan，2014）。研究发现，与其他方法相比，该疗法有显著的优势，不过他们也提出，因为只涉及少数样本，所以效果并不显著。在一项规模较大的调查中，研究人员探索了一种新的基于优势的案例管理服务（SBCM）的有效性，他们将1276名以色列成年人随机分配到常规治疗组（TAU）或TAU

和 SBCM 综合组（Gelkopf et al.，2016）。经过 20 个月的治疗，综合组参与者在自我效能、需求满足和一般生活质量方面取得了显著的提升，并且跟踪随访期间他们需要的服务次数也相对更少。

基于优势法的应用

现在，将基于优势法应用于与你合作的来访者或学生，或者重温本书前言中介绍的简短案例研究。你将如何使用基于优势法来解决问题，并在咨询过程中取得进展呢？

第
45
章

✝ 来访者支持法

来访者支持法的起源

与其说来访者支持法是一种技术，不如说它是一种方法。它由大量的概念、策略和技术组成，涵盖了许多哲学和理论观点。来访者支持法要求咨询师单独或与来访者共同采取行动，以增强来访者的能力并消除其个人成长和发展的障碍。因此，来访者支持法的起源理所应当是多样化和多学科的。克利福德·比尔斯（Clifford Beers）、弗兰克·帕森斯（Frank Parsons）和卡尔·罗杰斯都是将支持法理论应用于心理咨询的早期历史人物，而当前来访者支持法的概念则源于女权主义和多元文化咨询运动。近年来，这类方法的兴起源于美国社会对有色人种和妇女不公生活状况日益增长的不满。最近，全面咨询支持范围也得以发展，扩展到所有在个人、社区和系统环境中遭受歧视或压迫的来访者。

如何实施来访者支持法

专业的跨文化咨询师会不断反思并自觉意识到个人价值观、态度和信仰问题。咨询师还必须反思并协助来访者（特别是有色人种、女性、性别认同障碍者或少数情感群体）解决生活环境与经历的相关问题，因为他们更容易导致偏见、歧视或其他类型的社会和人际压迫。这种反思和行动应该是多系统的，因为来访者处于多个层面的情境中，所以这些问题也应该在多个层面上解决。创建对来访者的社会、政治和环境障碍的多层面理解，可以促进来访者的自我与他人认同，并有助于重构问题行为。例如，并非从问题角度来看待来访者的行为，而是将问题行为视为来访者对社会和政治生活经历的适应。

基于第 44 章中讨论的基于优势法的各个方面，来访者支持法的第一步是确定来访者的优势如何能帮助其建立积极的自我认同，方法是让来访者以全新的方式了解自己的能力和态度，这与大多数社会和政治惯例不一致。

共同构建一种"问题行为"其实是"适应性行为"的新理解，有利于下一步共同构建行动计划，并能进一步增强来访者的自我支持和赋权。这可能涉及倡导"发出声音"的女权主义策略，以便来访者可以创建针对当前情况的个人（或群体）叙事。叙事疗法（见第 43 章）需要给来访者赋权，帮助他们叙述出更有深度的故事，不过咨询师可能需要为他们做出示范，甚至替他们发声，有时还会因为来访者为非英语者，难以获得必要的资源。咨询师需要不断完善行动计划，以获取所需的资源，但也必须解决可能阻碍进展的（社会、政治与环境）挑战和障碍，通常可以使用头脑风暴和问题解决法。这类似于标记雷区（见第 5 章），有助于改善行动计划。

接下来则是采取行动，这需要真正的赋权。来访者在这一阶段采取行动是最好的，但有时咨询师也需要代表来访者采取行动，与盟友合作，支持来访者建立伙伴关系以实现目标。通常，咨询师可以通过团体治疗、联盟或政治支持团体，帮助来访者与其他需要自我支持培训的人建立联系，旨在实现宏观层面的系统变革。

来访者支持法的变式

咨询师可以通过多种方式实施支持咨询法。一般来说，来访者最好能学会自我支持并为自己采取行动。在这种情况下，咨询师可以与来访者合作，并培训来访者执行该过程，以便将其应用至来访者未来生活中的问题上。与此相反，部分来访者并不总是能有效地进行自我支持，例如有智力障碍或说其他语言的来访者。在这种情况下，咨询师可以与其护理者或助理合作，并对其进行培训。然而，在某些情况下，咨询师可能需要带头并代表来访者进行支持。简而言之，咨询师的行动范围涵盖了与来访者共同行动到代表来访者行动。

自我支持的推广还衍生出大量培训需求，根据来访者的发展水平而有所区别地应用。技能培训的内容可能涉及自信、调解和沟通。培训通常通过模式说明、行为预演和角色扮演的方式来完成。最后，可以帮助来访者建立对自己与他人的文化背景和身份的自我意识，了解社会和政治权力动态，并在社区组织中承担支持和领导角色。

来访者支持法的案例

沙尼科是一名 18 岁有学习障碍的大一新生，正处于转型的阶段，她很担心自己在未来的社交和学业方面遇到困难。

沙尼科（S）： 我最担心的是现在学校给我提供的这些支持和食宿条件未来都没有了。因为听说学校需要重新评估，我上一次评估已经是在一年前了。

咨询师（C）： 所以这个变化使你担心。你需要继续获得帮助，才能成功。

S： 是的。我很努力地学习，我很害怕一切都会分崩离析。在大学里根本没有人认识我，我也不知道该向谁求助。我可能会挂科。

C： 这听起来是个极好的利用自我支持法的机会，以了解你可以获取哪些资源和服务。你有兴趣探索一下大学可能提供给你的其他资源吗？

S： 当然，我只是不知道从哪里开始。这所大学实在太大了。我承认我有点害怕。

这时，沙尼科和咨询师一同使用计算机搜索大学的可用资源。在搜索残障支持服务时，他们找到了大学残障服务办公室的网页，并通读了其政策和程序。在这个过程中，沙尼科意识到了自己的责任，她和咨询师为自己制订了一个行动计划。其中包括和学校办公室人员之间的一通电话，以确保她的申请文件正确提交，并详细了解了她能申请什么样的食宿条件。在这一点上，咨询师首先帮助沙尼科建立并整理了一份可能的问题清单，然后和她使用角色扮演法来练习对话，帮她做好准备。这份清单包括与残障支持服务申请、可选食宿、咨询服务、俱乐部及活动相关的问题，以及如何更好地进行大学的社交和学术转型。这次咨询持续约 40 分钟，结束时沙尼科的疗效和认知水平都有所提高。沙尼科随后给大学残障服务办公室发了一条信息，请求就她的转型期问题进行电话咨询。在第二天下午打过电话后，沙尼科和咨询师在隔天早上见面了。

S： 我的情绪好多了，现在也能为大学生活进行更好的准备了。

C： 太棒了。请给我讲讲电话的主要内容吧！

S： 嗯，我和一位非常和蔼的女士谈过了，她在那里工作了很长一段时间，她说在初入大学的过渡期，学生感到担忧，这是非常正常的现象，有成千上万的新生会经历同样的过程，每个人都十分紧张。我问到关于申请文件的问题，她说因为我一年前刚刚进行了一次评估，所以他们使用上次的文件就好。她还说三年内的报告都算是最近的。我真是松了一口气。我很担心钱的问题，你知道，我家并不富裕。最关键的是，她说大学里就有一个诊所，大约两年后，我可以在那里重新评估，如果需要的话，几乎不用花什么钱就可以继续享受服务。真是松了一口气！

C：听起来电话沟通很有成效。你问了一些很重要的问题，相关人员也给出了有用的回复。你们还讨论了什么呢？

S：确实很有帮助。她甚至还称赞了我见多识广、准备充分！我需要将申请副本发送给残障服务办公室，并与他们讨论了可以提供的食宿条件。她在电话里已经记下现在我能得到的支持，并列在清单上，说住宿应该不是问题。有很多学生都获得了同样的住宿条件。当我向她询问咨询服务时，我简直不敢相信。她说，大学咨询中心特别为有转型期问题的学生和残障学生设立了咨询小组。

C：那太好了。

S：是的。所以我要联系咨询中心，在接下来的几周内与他们进行更多的交流。看来事情最终都是会解决的。我开始很担心，但我们所做的准备真的都很有帮助。另外，我还问了课外俱乐部之类的问题。

C：太好了。他们怎么说的？

S：他们有各种各样的组织，其中一些听起来很有趣。

C：什么呢？

S：我在想，为什么不成立这样一个社团或学生组织呢？这个组织可以专注于残障人士和他们的盟友。这有点像我们这里的安全区或是 LGBT 学生组织。我的意思是，残障人士也有权利，也会感到受压迫和歧视。你认为呢？听起来是不是很疯狂？

C：一点也不，沙尼科！听起来你已经从自我支持提升到社区和社会支持了——关心他人是非常高尚的行为，也是非常必要的行为。你希望帮助其他残障人士顺利完成大学转型期。说不定甚至其他大学的学生也可能有类似的需求呢。

S：是的。这就引起了连锁反应！哇，所有这些伟大的想法就来自一个简单的电话。

沙尼科逐渐理解，其他人可以从她的经验和支持中受益。她开始考虑社区行动目标。在会面结束前，作为会面结束阶段的一部分，我们进行了"标记雷区"（见第 5 章）。通常我们会寻找 3 ~ 5 个来访者未来可能遇到的其他例子，并试图说明来访者如何通过应用自我支持咨询技术和其他策略来有效处理这些情况。

C： 现在你已经看到了自我支持是很有效的。我想让你再考虑一下近期和未来几年，你预计在什么情况下需要进行自我支持？我们从你的大学转型期中学到了哪些自我支持经验？哪些可以推广到未来的场合？

来访者支持法的有效性及评价

有趣的是，目前只有三项研究使用了来访者支持法，并且每项研究都是针对学龄儿童的。在咨询文献领域，需要更多、更广泛的研究。道登（Dowden，2009）在一个针对六名"高危"高中生的心理教育小组的研究中关注了人际沟通技巧、应用及强化。自我支持法的主题包括自我赋权、自我决定以及社会正义能力，其活动包括自我反思、写日记和制订行动计划，以解决学校环境中的不公现象。六名参与者中有四名在春季学期通过了所有课程，有五名表现出较低的逃学率。

两项关于高中残障学生的自我支持法研究发现，他们的自我支持在个性化教育会谈中发挥了积极的作用。研究人员帮助一组残障高中生准备个性化教育会谈，而对照组没有得到任何帮助（Bos & Van Reusen，1994）。治疗组参与者学习了如何识别兴趣、目标、优势和劣势，以及如何总结目标、如何沟通和回答会谈中可能出现的问题。正如在个性化教育会谈中所观察和分析出的情况，与对照组相比，治疗组的学生态度更积极，访谈的效果更好，确定和讨论的目标也更多。此外，研究人员对 25 名有学习障碍的九年级学生提供了自我支持培训来帮助学生准备个性化教育会谈（Hatch et al.，2009）。学生学习了被动、攻击性和自信行为之间的差异，并使用叙事、模仿、角色扮演和以解决方案为中心的策略来学习申请适当的食宿。与未接受培训的对照组学生相比，治疗组参与者参加了更多次的个性化教育会谈，参与了更多的对话，体验到了更高水平的人际舒适感，并且能更好地了解其个性化教育的结果。

来访者支持法的应用

现在，将来访者支持法应用于与你合作的来访者或学生，或者重温本书前言中介绍的简短案例研究。你将如何使用来访者支持法来解决问题，并在咨询过程中取得进展呢？

译后记

近年来，随着媒体的报道和身边发生的很多案例，我们发现，很多人都对心理学日益关心和关注。在我这个年代出生的人，能够深深地体会到，经济条件和物质生活都比过去 40 多年好太多，但是人们的心理和精神痛苦却日益增加。其中，最为人们熟知的是抑郁症、焦虑症及睡眠障碍。不仅是成人，就连很多小学生都要去心理科、精神科治疗抑郁症和焦虑症。当一位年过半百的教授对我说她得了抑郁症，希望找我咨询时，我很震惊。

前不久，中国科学院院士、精神医学专家陆林称，新冠疫情发生以来，全球新增超过7000 万抑郁症患者，9000 万焦虑症患者，数亿人出现失眠障碍问题。全球至少有 3 亿人患有抑郁症，青少年、退休老人、独居者、产后女性都是抑郁症的高发人群，患者会遭遇显著而持久的心情低落、兴趣减退、自卑自责，严重的会产生自杀念头。

从 20 世纪 50 年代以来，世界各国平均自杀率都在提高。由此可见，虽然我们的物质生活水平在提高，但是人们的精神和心理健康状况却未必在提升。

近年来，我国高度重视心理健康建设，颁发了很多相关的文件，并成立了许多相关的机构，还设立了国家心理健康和精神卫生防治中心。

事实上，已知的心理疾病超过 400 多种。如果心理疾病是一种发生在个人生活里的风暴，那么科学的心理咨询就是帮助人们对其进行积极的应对和治疗。

心理咨询工作者的教学和培训是最为接近公众心理咨询需求的一个环节。《这就是心理咨询》一书的翻译出版，正是希望将这本融合了理论、技术以及实际应用案例，涵盖经典流派且脉络清晰的著作，呈现给更多的中国读者，在心理咨询领域为希望了解相关知识、有志于从事相关工作的读者提供更加丰富和专业的学习资源。

感谢本书的作者埃尔福特撰写此书，感谢人民邮电出版社引进此书，感谢王丹帮我校对相关的章节，感谢本书编辑在和我沟通的过程中付出的心血和智慧。

谢丽丽

首都师范大学心理学博士

中国人民公安大学犯罪学学院副教授

参考文献

为了节省纸张、降低图书定价，本书编辑制作了电子版参考文献。请扫描下方二维码查看。